高等学校通识教育规划教材

职业素养提升

ZHIYESUYANGTISHENG

宁 焰 虞 筠 编著

西北工业大学出版社

【内容简介】 根据教育部印发的《大学生职业发展与就业指导课程教学要求》，全套教材分为《职业生涯与发展规划》《职业素养提升》和《就业指导》3册，先后安排在大学期间学习。

面对严峻的就业形势，大学生的职业素养需要提升。本书引导大学生深入学习职业素养，从对每个人职业生涯起着重要作用的一些隐性职业素养出发，按照职业道德、心理素质、行为习惯和职业能力4个模块所包含的一些具体素养，探讨在职业道德、职业意识、自我管理、情商培育、社会实践、人际沟通、礼仪、学习与创新、团队合作等方面提升个人素养的途径。

本书论述的职业素养具有广泛的适用性。其素材新颖、内容充实、紧密联系实际，主要用于大学生的职业教育，对于希望提升个人职业素养、拓展职业前途的其他读者也有一定的参考价值。

图书在版编目(CIP)数据

职业素养提升/宁焰，虞筠编著．—西安：西北工业大学出版社，2012.8
(2016.9重印)
ISBN 978-7-5612-3438-9

Ⅰ.①职… Ⅱ.①宁…②虞… Ⅲ.①大学生—职业道德—素质教育 Ⅳ.①B822.9

中国版本图书馆CIP数据核字(2012)第194839号

出版发行：西北工业大学出版社
通信地址：西安市友谊西路127号 邮编：710072
电　　话：(029)88493844 88491757
网　　址：www.nwpup.com
印 刷 者：虎彩印艺股份有限公司
开　　本：787 mm×960 mm 1/16
印　　张：17
字　　数：391千字
版　　次：2012年9月第1版 2016年9月第4次印刷
定　　价：35.00元

序　言

对毕业生就业的指导涉及多学科的知识结构和多方位的人才培养过程，应当融入职业生涯规划中。因此，应在大学四年内分期开展各具特点的职业生涯规划教育和就业、创业指导；倡导学生树立职业意识，提升职业素养，从容地开创职业前程。

教育部等部门《关于切实做好2007年普通高等学校毕业生就业工作的通知》中规定：将就业指导课程切实纳入高校教学计划，鼓励和提倡所有高校从2008年起开设就业指导必修课或必选课，并依据各校自身具体情况制订教学计划。

遵照教育部制订的教学内容，把就业教育安排在整个大学期间，全套教材分为3册：《职业生涯与发展规划》《职业素养提升》《就业指导》。在教学过程中，顺序地把它们安插在大学四年内的教学计划中。本书为就业指导全套教材的第二册《职业素养提升》。

笔者希望大学生都有一个符合自身个性特点的职业、职业发展和职业生涯；有为用人单位所看重的、能够推动事业强劲发展的职业素养；在严峻的就业竞争中具有相对优势；成为现代化建设所需要的社会职业人，展现个人价值，为社会做出贡献。

本书由宁焰、虞筠编写。教材内容集结了笔者多年来在该领域的教学、研究成果和实践经验。

本书在编写过程中得到了各级毕业生就业指导机构的领导、专家和同行的关心和支持；得到了西北工业大学明德学院学术委员会孙树栋等12位教授的评审和指教；得到了宁显宗副教授的大力协助；汲取了本书所列的参考文献中一些作者的卓越研究成果。在此，谨向他们表示由衷的感谢。

对于本书内容的缺欠和不妥之处，恳望业内专家、学者、同行和大学生们批评指正，笔者对此谨致谢意。

编著者

2012年2月

目　　录

第1章 绪 论

1.1 职业素养

1.1.1 职业素养概述

职业素养是近年来越叫越响的名词。因为大学毕业生就业困难的一个重要原因就是其职业素养难以满足各种用人单位的需求。

一、素养

1.素养的含义

《辞海》(第六版)对“素养”的解释有二,其一为经常修习涵养,《汉书·李寻传》:“马不伏历(枥),不可以趋道;士不素养,不可以重国”,也指平日的修养,如艺术素养、文学素养等。其二为平素所豢养,《后汉书·刘表传》:“越(蒯越)有所素养者,使人示之以利,必持众来。”

素养的解释中涉及“涵养”和“修养”两词。“涵养”是指人们身心方面的修养,也有滋润养育之意。“修养”原意为儒家通过内心反省来培养完善的人格,后来也指逐渐养成的在待人处世方面的正确态度,现在常指在政治、思想、道德品质和知识技能等方面经过锻炼和培养而达到的一定水平,如政治修养、文学修养等。

综上所述,素养是指一个人通过修习、锻炼和培养而在德、智、体、美、劳等方面达到的造诣和水平。进一步讲,在更多的情况下,我们谈到素养一词时,都有特定的指向。这种指向常常以冠于其前的定语来表征。例如职业素养、品德素养、人文素养等,其中“职业”“品德”“人文”就指明了素养的基本属性。

2.素养与素质

在我国大力推进素质教育的当今,“素质”一词的出现频率非常高。素质和素养有何异同呢?

根据《辞海》(第六版),素质的含义很丰富,除了有白色的质地,本质的释义外,它还有素养的含义,例如说政治素质、思想素质就等同于政治素养、思想素养。在这种情况下,素养与素质的概念是一致的。

但是,狭义而言,在生理学上,素质是指有机体与生俱来的解剖生理特征。在心理学上,素质也是指有机体的先天的解剖生理特点,主要是感觉器官和神经系统方面的特点。例如有的人嗓音美，有的人视力好，有的人大脑反应灵敏。这些特点是人的心理发展的生理条件，但不能决定人的心理内容和发展水平。在现实生活中，某些素质上的缺陷可以通过实践和学习获得不同程度的补偿。在这种情况下，素质与素养的概念是不同的。素质强调人的先天的解剖生理特点，即遗传因素；而素养则是指人的后天的学习养成的德、智、体、美、劳等方面的造诣和水平。

在教育学上，素质教育中的素质是广义性的，涵盖了人的道德素质、智力素质、身体素质、审美素质、劳动技能素质等。它是指人在先天的生理基础上，通过后天的教育、训练和环境影响，由知识内化而获得的身心特征及其基本品质；这种特征和品质的表现是内在的、相对稳定和长期发挥作用的。显然，广义的素质和人们所说的素养的概念是相同的。

由于词汇含义的丰富性，考虑到人们用词的环境和指向有所不同，素养与素质两词的意义有时基本相同，有时则各有特定的指向。

二、职业素养的定义

1.关于职业素养的流行观念

什么是职业素养呢？现在有许多说法。

有人说，职业素养是指劳动者适应社会职业活动与发展的素质和修养。

有人说，职业素养是人们从事某种职业活动所具备的专业技能和道德操守的总和。

也有人说，职业素养是专业知识、专业技能和专业能力等与职业直接相关的基础能力和综合素养。

中国知网(CNKI)给出的定义：职业素养是指职业内在的规范和要求，是在职业过程中表现出来的综合品质，包含职业道德、职业技能、职业行为、职业作风和职业意识等方面。

世界著名的“Hay Group”人力资源公司认为，职业素养是那些可以得到高绩效的知识、技巧、价值观、特质、自我形象及动机的组合……

至今，关于职业素养的定义，依然众说纷纭，尚无统一的定论。

2.本书对职业素养的界定

职业是人们所从事、赖以谋生的工作的性质、内容和方式。

我们这里所说的职业素养，是指一个人在先天解剖生理特点的基础上，通过后天教育和环境熏陶，由知识内化而形成的从事职业活动所需要的有关素养。具体地说，职业素养是指一个人从事职业活动所需要的在道德、心理、行为、能力等方面的素养。

从心理学来说，职业素养就是指劳动者从事职业活动应当具备的个性特征和行为能力。

职业素养既含有先天的遗传因素，更有后天的学习、锻炼和修养的成果。

一个人的职业素养一旦形成，便具有相对的稳定性。它会在较长时间和较广领域内持续地发挥作用，但也不是一成不变的。随着科技进步和社会发展，从业者为了更好地适应新的要求、促进业务拓展，通过再学习和新的实践，还可能使自己的职业素养在某些方面进一步充实和完善。

我们可以把职业素养看做是能使一个人在职业活动中更好地发挥作用的、相对稳定的基本素质和修养。它主要表现在职业道德、心理素质、专业知识技能、行为习惯和职业能力等方面。

在许多情况下，人们谈到职业素质，它和职业素养的基本概念是一样的。

三、职业素养的形成

一个人的职业素养离不开先天的生理基础，但是，它主要是经过后天教育（学习、培训）和社会影响，通过锻炼和自我修养等方式，由知识内化而逐步积累、形成的。

影响和制约职业素养的因素较多，主要是受教育程度、实践经验、环境（家庭、学校和社会）、职业经历、个人生理和心理条件（遗传特性、肢体机能、人格特征、健康状况）等的影响。

职业素养的形成是主体与客体在社会实践活动中相互作用的结果。它离不开个人的主观能动性和相应的社会教育环境。因此，为了提升个人的职业素养，大学生必须唤醒自己的职业意识，加强心理素质和职业能力训练，通过职业生涯规划来铺垫自己的职业发展道路。同时，社会和高校也要在教学环节和硬件环境方面为提升学生的职业素养创造良好条件。

职业素养教育是一种养成教育。大学生可以通过主动学习和实践锻炼来逐步提升职业素养。凡素养，皆有特定的范畴，每一种职业都需要多方面的素养，不同专业的学生，不同的个人条件，需要努力的方向不尽相同。一个人要提升哪一方面的素养，必须有明确的目标，有具体的要求，必须自觉、自律、持之以恒，方能见效。

四、职业素养的特性

1. 职业性

职业性是职业素养的基本属性。因为不同职业具有不同的社会使命、工作性质、运作方式、劳动强度、服务对象与活动场所，所以，从业人员为适应这种职业活动就必须具有相应的职业素养。例如，国家公务员、科学工作者、医护人员、教师、作家、工程师、矿工、演员等，他们的任职资格有着明显的差别，各自需要的职业素养显然不同。

2. 相对稳定性

职业素养是个体在长期的职业准备和职业活动中，通过学习、体验和实践，不断积淀和升华而形成的心理品质和机能。它使从业者具备了有效地开展某种职业活动的动力、能力和保障。优良的职业素养来之不易，它能在长时期的职业生涯中持续地发挥作用，因而具有相对稳定性。

3. 合成性

合成的含义是由部分组成整体。职业素养作为一个整体，它是由许多具体素养组成的。这些具体的素养包括道德素养、政治素养、专业素养、文学素养、艺术素养、礼仪素养、心理素养、健康素养，沟通能力、自我管理能力、学习与实践能力、创新能力、创业能力、团队合作能力等。各类职业对这些具体素养的需求是各不相同的。

因此，要提升职业素养，就要按照本专业所对应的职业群所需要的具体素养，结合个人实际情况，着重培养和修炼自己欠缺的那些具体素养。

4. 可扩展性

一个人的职业素养是通过不断学习，在某种职业环境下逐渐积累、升华而养成的。这本身就是一些具体素养不断增长和完善的过程。古往今来，长时间从事某类职业活动，就形成了适合该类职业发展的职业素养。依靠良好的职业素养，可以在一定的行业里成为行家里手、建树业绩。一旦客观需要或环境条件改变，人们需要“改行”，原来具备的职业素养中有些成分(可迁移能力)可以继续发挥作用，另一些成分则不再适用。在这种情况下，大部分“改行者”通过不断学习和实践，逐步补充所需要的知识、技术和能力，都能够获得新的业务素养，适应新职业的发展。

在汉朝，班超本来文学造诣极高，但为了报国立功而投笔从戎，在征讨匈奴的战争中功勋卓著；曾任长沙太守的张仲景为制止民间伤寒流行，潜心钻研中医，救死扶伤，写成《伤寒论》等巨著，被后人尊位“医圣”。近代史上，曾从医救国的鲁迅成为文坛巨人；大量参加革命的农民先后成为卓越的军事将领和国家领导干部；改革开放后，在经济浪潮中大显身手的许多“风云人物”中不乏弃旧图新的“改行者”，其中“联想”集团创办人柳传志就是从科研工作者变成全球25位最有影响力的商界领袖之一。在国外，也有许多人在两种或更多职业上取得成功。例如，英国的法拉第(M. Faraday)自学成才，成为伟大的物理学家和化学家；曾为美国独立做出卓越贡献的政治家富兰克林(B. Franklin)，早年是位科学家；美国的施瓦辛格(A. Schwarzenegger)曾获“20世纪最优秀健美运动员”金质奖章，经营酒店获利丰厚，在“好莱坞”成为世界级影星，从政后连任加州州长。

对于职业生涯发展来说，职业素养的可扩展性具有重要意义。它启示我们要用发展的观念去对待个人的就业和创业，从不断补充和完善自己的职业素养出发，就能够逐步做好本职工作，努力适应并做好新的工作。

职业素养的不断扩展，就意味着个人能够承担更高或全新的工作职责，更加具备了晋升较高职位的条件。只要我们扎实地做好职业生涯发展规划，按照既定的目标，注重培育和扩展自己的职业素养，那么，职业道路就是宽广的，事业成功也是指日可待的。

1.1.2 职业素养的构成

一、职业素养的构成

关于职业素养的构成，根据不同的论点而有许多说法。有人说是由德、智、体、美、劳的范畴构成。有人说是由职业道德、团队精神、职业能力和职业生涯规划实施能力构成。《百度百科》认为职业素养包括职业道德、职业思想、职业行为习惯和职业技能4部分。台湾管理学大师曾仕强教授提出“四识”：知识、常识、见识、胆识。美国职业学家鲍里斯主张“三能力”：专业知识能力、自我管理能力、可迁移能力。

这些说法虽各不相同，但都言之有理，现在还不能有一个公认的统一观念。本书根据职业素养的定义，对其构成综合叙述于后。

1. 一般构成

一般而言，职业素养主要是由职业道德、心理素质、行为习惯、专业知识技能、职业能力构成的。

(1)职业道德。它是人们在职业活动范围内形成的具有该职业特征的道德观念、行为规范和传统习惯。它是一般社会道德在职业活动中的体现,是从业人员在职业活动中应当遵循的道德。

社会主义职业道德的基本要求是爱岗敬业、诚实守信、办事公道、服务群众、奉献社会。

(2)心理素质。它是指一个人先天遗传的或长期适应社会所形成的稳定的心理机能,是心理品质和心理能力的统一体。它直接指导着人们思维模式和行为方式的形成,成为人们奋进的原动力。

心理素质反映着人在某一时期的心理倾向和心理发展水平,是人们从事各种社会活动的心理条件和心理保证。因此,它是职业活动取得成功的重要条件。心理素质涉及职业意识、情商培育、挫折耐受力、压力管理等内容。

(3)行为习惯。习惯是人在一定情境中所形成的相对稳定的、自动化的一种行为方式。它是由于重复或多次练习而巩固下来并变成需要的行为模式。一个人的习惯具有相对稳定的思维模式、行为倾向和行为表现。良好的行为习惯有利于个人的健康、工作和生活,对于个人职业发展起着很大的推动作用。

(4)专业知识技能。它是指从事本专业对应的一些职业活动必需的知识和技能。根据专业培养目标、通过大学四年全部教学环节的实施,大学生们都能学得从业必需的基础理论、专业知识和创新实践能力。

(5)职业能力。职业能力不是通常的一般能力,而是一种特殊能力;是顺利完成某种职业活动的能力。它决定一个人是否能做好所从事的工作和是否具有职业发展前途。

职业能力有两大类,一种是专门用于某种职业的专业能力,另一种则是可用于多种职业的通用能力,或称可迁移能力。大学生需要具备的可迁移能力很多,包括职业生涯规划能力、学习能力、实践能力、团队合作能力、信息处理能力、人际沟通能力、创新能力、就业能力、创业能力等。考虑到本课程三部分("职业生涯与发展规划""职业素养提升""就业指导")的分工,为避免重复,这里着重讲述学习能力、社会实践能力、人际沟通能力、创新能力等。

2.具体构成

职业素养的基本属性是职业性。每种职业活动在劳动性质、工作内容、社会责任、服务对象和业务手段等方面都有所不同。因此,它们对从业人员应有的各种素养就有不同的要求。这就体现了各种职业的个性特征,决定了职业素养因职业不同而有特定的具体要求。

举例来说,在职业道德方面,许多行业都有把我国职业道德基本规范行业化和具体化的规范。例如在信息技术行业,我国一系列相关法律法规(如《计算机软件保护条例》《中国互联网行业自律公约》《信息网络传播权保护条例》等)就体现了该行业从业人员特定的职业道德。

在职业知识技能方面,各行各业更有不同的要求。例如经济类专业毕业生应具备扎实深厚的经济理论基础和广博的知识面,较强的业务分析与处理能力;熟悉经济政策与法规;了解企业管理的基本原理与方法;能够主动适应社会,承受各种压力和挫折,坚忍不拔;善于发现和协调处理各种利害关系；掌握一些社会学、心理学、公共关系学、历史地理、文化风情等方面的知识；懂得与本专业相关的那些企业的生产过程和技术知识。

下一节，我们还将对此作进一步详述。

二、职业素养的冰山理论

自从 1895 年心理学家弗洛伊德(Freud)提出人格的冰山理论以来，文学、管理学、心理学、医学等领域陆续应用这一理论。

弗洛伊德认为个体的人格就像海洋中的冰山一样，露出水面的仅仅是一小部分，显示出人的存在和表象；隐藏于水下的绝大部分是支持水上部分的基础，正是这水下部分在很大程度上决定着人的行为和发展。

在人力资源管理中，人们也引用了冰山理论，把职业素养看做一座海中漂浮的冰山。水上部分由行为习惯和专业知识技能构成，表示冰山的可见相貌，代表一个人的显性职业素养；水下部分包括职业道德、心理素质、职业能力，表示冰山的不可见部分，代表一个人的隐性职业素养。在职业活动和发展中，隐性职业素养所起的作用远远大于显性职业素养。近年来，越来越多的用人单位在招聘员工时更加注重求职者的隐性职业素养。

显性职业素养，例如专业知识技能，是支撑职业人生的表象内容；例如工程设计、工艺制造、机械操作、电脑应用、驾驶技术等，都是可以通过定期学习和实践来掌握并熟练应用的。隐性职业素养，是支撑个体职业发展的基础和原动力，例如价值观、思想品德、职业意识、心理素质、职业能力等，是人在出生后通过长期的学习、锻炼、修养而逐渐养成的。

要想全面地了解一个人的职业素养是很难做到的。我们常能了解到某人的显性职业素养，如形象、体质、知识、技能、学历、职业资格等，但却难以了解到他的隐性职业素养，如价值观、品德、人格、情商、责任心、意志力、审美能力、实践能力、创新能力等。

显性职业素养和隐性职业素养共同构成了每个人所具备的全部职业素养。由此可见，大部分的职业素养是人们看不见的，但正是隐性职业素养决定、支撑着外在的显性职业素养；显性职业素养是隐性职业素养的外在表现。

因此，职业素养的培养应该着眼于整座“冰山”，须知冰山的水上部分大约只占整体的1/8。我们要以培养显性职业素养为基础，重点培养占人才比例更大的隐性职业素养。

应当了解，这个培养过程不是学校、学生、用人单位哪一方能够单独完成的，而必须由三方共同协作，实现“三方共赢”。

1.2　不同职业的职业素养

根据《高等学校本科专业目录》，专业设置共有 11 个学科门类，它们是哲学、经济学、法学、教育学、文学、历史学、理学、工学、农学、医学、管理学。不同的学科门类都有各自适应的职业领域。

由于每种职业的社会使命、工作性质、业务内容、运作方式、劳动强度、服务对象、活动场所等存在着明显的差别，所以，它对从业人员的职业素养就有一些不同的具体要求。也就是说，在职业道德、职业意识、行为习惯、专业技能和职业能力的具体内容上，不同的行业和职业有着不同侧重的要求。

由于高等院校专业设置的多样性，每个学生都有自己特定的专业归属。在制定职业生涯规划时，大学生们都已选定了自己的职业目标。为了进入预期的职业领域，顺利地适应组织环境并取得卓有成效的发展，就必须准确地了解该类职业或工作岗位对从业人员职业素养的具体要求。大学生应当了解本专业所对应的职业群所需要的职业素养，并以此为目标来塑造自己。

《中华人民共和国职业分类大典》列出的我国职业有 1 838 个细类，截至 2009 年 11 月国家又陆续发布了 12 批共 122 个新职业。我们不可能详细地讲述每种职业的职业素养要求，只能按照常见的一些职业群，分两节加以介绍。

1.2.1 科技、教育、文化工作者的职业素养

一、科学研究工作者的职业素养

1. 自然科学研究人员的职业素养

(1)追求真理，尊重事实，善于独立思考。

(2)具有突出的直觉敏感性，丰富的想象力，思维判断能力。

(3)具有强烈的自我意识和成功欲望，坚忍不拔的精神。

(4)善于求新猎奇，发现问题，收集信息，钻研资料，追根求源。

(5)事业心强，进取心旺盛。

2. 社会科学研究人员的职业素养

社会科学研究人员主要是指从事哲学、政治学、社会学、经济学、法学、教育学、文学、历史学、语言学、民族学、宗教学、情报学等研究的人员。美国学者马斯洛在研究许多著名社会科学家的基础上，总结出了社会科学研究人员应有的职业素养：

(1)性格外向，善于处理人际关系。

(2)具有很强的观察力和预测力。

(3)自立自主，不满足现状，经受挫折仍能坚持奋斗。

(4)对生活总是感到新奇、愉快，有狂热的追求。

(5)以问题为中心，而不以自我为中心。

(6)具有大慈大悲、济世救人的社会兴趣。

(7)工作作风民主，对待各种人都一视同仁。

(8)富于幽默。

(9)具有较强的社会责任感和为真理献身的精神。

(10)富有创造性。

3. 发明家、革新家的职业素养

(1)具有无所畏惧的品质，为了发明创造不惜冒险和牺牲。

(2)对所从事的工作始终保持极大兴趣，执著追求，直至成功。

(3)具有坚定的自信心,坚信自己的试验能够成功并产生价值。

(4)善于独立思考,不怕孤独。

(5)不计较别人的嘲笑,善于将嘲笑化为推进自己工作的动力。

(6)好奇心长盛不衰,由此获得灵感和机遇。

(7)不受外来影响和干扰,能够正确地选择课题。

(8)专心致志,长期埋头思索和试验。

二、工程技术人员的职业素养

1.从事工程技术工作的人员应具备的素养

(1)坚实的专业知识和宽广的知识面。

(2)对科技发展、应用有锐敏的洞察、预测能力。

(3)求知欲强烈,不断学习新知识、新技术。

(4)实事求是,工作认真,一丝不苟。

(5)实践能力强,善于试验操作、构建模型、解决工作中遇到的难题。

(6)不满足于现状,力求改进、革新和创造。

(7)良好的组织协调能力,用以保证科技攻关任务的实施。

(8)忠于职守,诚实守信。

(9)责任心强,吃苦耐劳。

应当指出,工程技术人员有4种类型,即科技类、革新类、现场类和管理类。他们由于工作任务的差别而又需要某些特定的素养。

2.从事信息技术(IT)所需要的职业素养

2006年,中国就业培训技术指导中心会同劳动和社会保障部发布了IT行业职业分类报告,将IT行业划分为13个职业群,41个职业,见附录1。这一分类体现了IT行业用人日趋细化的特点。例如,早先的一种软件设计职业,现在已细化为包含5种职业(系统分析师、程序设计员、软件测试师、项目管理师、系统架构设计师)的职业群。群内不同职业所需的职业素养又有所不同。

由于IT行业所属职业群内职业的多样性,要想列出"IT从业人员"应有的职业素养,就难以做到准确到位,只能是框架性的叙述。东方标准人才服务公司在《中国IT从业人员心理特征研究报告》中把IT从业人员分为研发、技术支持、管理和销售4个类别,通过访谈、问卷调查和统计分析,得出了非技能性的职业素养模型。按照重要性和提及率平均数,除了学历和专业知识技能之外,IT职业必备的素养还有12种,它们依次为:①沟通能力;②团队合作;③学习能力;④责任感;⑤问题解决能力;⑥诚信;⑦主动性;⑧理解能力;⑨应变能力;⑩抗挫抗压能力;⑪踏实肯干;⑫大局观念。这12种隐性职业素养是4类IT从业人员均应具备的,但在各类岗位上所占的比例并不相同。

三、教育工作者的职业素养

广义而言,教育是指以影响人的身心发展为直接目的的社会活动。狭义而言,教育是指由专职人员和专门机构进行的学校教育。教师是教育领域的一类主要职业。

教师要求具备下列职业素养：

(1)热爱青少年，热爱教育事业，有献身精神。

(2)较强的语言表达能力，言传身教，教书育人。

(3)坚实的专业知识和宽广的知识面。

(4)较强的组织管理能力。

(5)较强的观察力和理解力。

(6)治学严谨，学而不厌，诲人不倦。

(7)对人和蔼，平易近人。

(8)仪表端庄，为人师表。

四、文化行业工作者的职业素养

1. 新闻工作者的职业素养

(1)热爱祖国，有较强的政治素养和社会责任感，事业心强。

(2)爱岗敬业，有长期战斗在一线的艰苦奋斗精神。

(3)坚持客观、公正地反映事实真相，杜绝虚假新闻。

(4)观察事物善于抓住其本质，有敏锐的观察、分析能力和卓越的综合、判断能力。

(5)通晓新闻理论，博学多识(具备广博的人文、史地、艺术、科技、经济、社会知识)。

(6)良好的表达能力，犀利的文笔。

(7)较强的独立工作能力和人际沟通能力。

(8)遵纪守法，尊重知识产权。

(9)较好的外语能力、计算机应用能力。

2. 编辑的职业素养

(1)坚实的专业知识和宽广的知识面。

(2)很强的文学能力。

(3)较强的学术价值观念和经济效益观念。

(4)良好的信息收集、鉴别、处理能力。

(5)对工作和社会有强烈的责任感。

(6)较好的人际交往能力和社会活动能力。

3. 广告设计人员

(1)丰富的想象力和绘画能力。

(2)突破常规，独出心裁，创新思维活跃。

(3)知识广博，对复杂的事物有鉴别力和欣赏力。

(4)尊重法制，不制作虚假广告。

(5)诚实守信，善于人际交往。

(6)富有预见性，能够开拓新领域、新局面。

4. 翻译人员的职业素养

(1)品德良好，作风正派，追求真理，事业心强。

(2)通晓并熟练掌握待翻译的语种,热爱翻译工作。

(3)具有优良的、文学、礼仪修养。

(4)态度端正,严谨负责,有能力对译文或译语负完全责任。

(5)忠于原文,确保原文的真实意义得到准确表达。

(6)具有良好的理解力、记忆力、口头和文字表达能力。

(7)诚恳热情,善于人际交往。

(8)知识面广,通晓中外地理、文化、历史、民俗等知识。

5. 文秘人员的职业素养

(1)服从领导,忠于职守,自觉履行各项职责。

(2)诚实守信,实事求是,办事公道。

(3)在文字表达、公文起草、政策意识等方面有较高素养,能够运用现代化技术手段(办公自动化、网络)。

(4)有一定的口头表达能力、综合协调能力、逻辑思维能力、信息处理能力。

(5)善于领会上司意图,有较高的办事效率。

(6)严守机密,遵纪守法,不假借上司名义谋取私利。

(7)良好的人际交往能力。

1.2.2 医务、法律、商务、行政工作者的职业素养

一、医务人员的职业素养

(1)救死扶伤,坚持社会主义的人道主义。

(2)对病人一视同仁,竭尽全力治病救人。

(3)廉洁奉公,不以医谋私,抵制一切违反医德的行为。

(4)具有深厚的医学理论、技术,积累丰富的临床经验。

(5)在某一专科医术精湛,专长突出。

(6)热情服务,认真负责,一丝不苟,恪尽职守。

(7)具备生理健康和心理健康的身体。

二、法律工作者的职业素养

1. 法官、检察官的职业素养

(1)坚决执行党的路线、方针、政策和国家法律法令,秉公执法。

(2)坚实的法律专业知识和较宽的知识面。

(3)良好的语言文字基础和口头、书面表达能力。

(4)敏锐的观察力和知觉力。

(5)较好的自我控制能力。

(6)较强的分析能力和判断能力。

(7)良好的调研能力和应变能力。

2.律师的职业素养

(1)坚持真理,不畏权势。

(2)坚实的法律学知识,相应的心理学、社会学、经济学、逻辑学等知识。

(3)精确地理解法律条文和判断案情。

(4)很强的口头和书面表达能力。

(5)良好的自我控制能力。

(6)敏锐的观察力和较强的抽象思维能力。

三、商业财会人员的职业素养

1.商业人员的职业素养

(1)具有较强的创新思维能力,头脑灵活,善于应变,勇于开拓新领域。

(2)具有良好的组织管理能力,能妥善地安排好购销、储运等业务活动。

(3)掌握良好的信息处理能力,及时获取、分析、判断、使用各种市场信息。

(4)具有较高的情商,善于控制个人情绪,理解他人情感,有能力疏通复杂的人际关系。

(5)熟悉关于商界的法律法规知识,在商务活动中具有准确的口头、文字表达能力。

(6)具有决策能力,及时解决商务运作中的问题,对经营活动做出正确的决策。

(7)时间观念强,守时守信。

2.财会人员的职业素养

(1)坚持原则,廉洁奉公,能够抵制各种诱惑。

(2)工作一丝不苟,责任心强。

(3)数字反应能力强,精通计算机财务管理系统。

(4)坚实的专业知识和宽广的知识面(产、供、销、经营、法律等)。

(5)较强的数据分析、综合、规划和推断能力。

(6)良好的人际沟通能力。

四、行政管理人员的职业素养

行政管理人员包括国家公务员、领导人、企业管理人员、科技管理人员、工商管理人员等。

1.国家公务员的职业素养

(1)坚持四项基本原则,坚持改革开放,执行党的方针、路线、政策。

(2)具备较强的调研能力和较高的政策水平,强烈的事业心和高度的责任感,能够坚持原则性和灵活性的统一。

(3)具有坚实的理论知识、专业知识、管理知识和广阔的知识面。

(4)具有较强的组织管理、协调和决策能力。

(5)具备良好的思维、分析、综合、概括能力,应变能力。

(6)具有较强的社交能力。

(7)遵纪守法、保守国家机密。

(8)公正廉洁,不谋私利,秉公执法、不徇私情。

(9)文明管理、以理服人。

(10)勤政为民、全心全意为人民服务。

2.领导人的职业素养

领导人是指某一组织、单位或部门的主管人员。工作职责要求他们：

(1)品行端正，以身作则，原则性强，谦虚谨慎，乐于助人。

(2)热爱祖国，能够全面理解和执行国家法律和政策。

(3)有强烈的事业心和进取心，坚定自信，意志顽强，有全局观念。

(4)具有一定的管理学、经济学、哲学、法学、心理学、社会学、现代科学等领域的知识。

(5)具备敏锐的观察、逻辑思维和概括能力，良好的记忆力、分析判断能力、应变能力和开拓创新能力。

(6)具有较强的知人善任、合作共事能力，组织能力，决策能力，写作能力，宣传鼓动能力，社交能力。

(7)以身作则，清正廉洁。

(8)勤政为民、全心全意为人民服务。

3.企业管理人员的职业素养

(1)美国企业界对企业管理人员提出的素养要求：

1)合作精神，善于与人合作，对人不是压服而是说服。

2)决策才能，依据事实而非依据想象进行决策，能够高瞻远瞩。

3)组织能力，善于组织人力、物力、财力，能发挥下属的才能。

4)精于授权，大权独揽，小权分散，自己抓大事，把小事分给下属。

5)善于应变，审时度势，不断适应新情况、新变化。

6)敢于负责，对上级、下属、用户及全社会抱有高度责任心。

7)勇于求新，对新观念、新事物、新环境有敏锐的感受能力。

8)承担风险，敢于临危受命，有信心克服困难、创造新局面。

9)尊重他人，能够重视和采纳他人意见，不主观武断。

10)品行端正，具有良好的道德修养，为人称道。

(2)日本企业界总结出的对企业管理人员的素养要求：

10种品德：使命感、责任感、积极性、进取心、忍耐心、勇气、信赖别人、忠诚老实、公平、热情。

10种能力：思维决策能力、规划能力、判断能力、洞察能力、创造能力、劝说能力、理解人的能力、解决问题能力、培养下级能力、调动积极性能力。

4.科技管理人员的职业素养

高等院校、科技研究院所等单位的负责人应具备下列职业素养。

(1)具有较高的政策水平，较强的事业心和责任感。

(2)精通某一学科，并有较深造诣，具有判断和预测本学科研究方向的决策能力。

(3)掌握一定的管理知识和广博的知识面。

(4)对科学技术有较高的鉴别能力。

(5)具备较强的组织、协调能力，业务实施能力。

(6)知人善任,乐于助人。

(7)具有很强的信息沟通和人际沟通能力。

1.3 职业素养的提升

1.3.1 职业素养教育

职业素养在个人职业活动中起着重大作用。它是源源不断地创造个人业绩和组织效益的重要资源。面对国民经济发展对高素质人才的需求、竞争就业和自主创业的需要,提升大学生的职业素养已成为用人单位、高等院校和全社会的共识。我们要充分认识职业素养的重要性,共同努力,尽快提升大学生的职业素养。

一、职业素养的重要性

1.职业素养培养是高等教育的基本要求

根据我国《高等教育法》,高等教育的任务是培养具有创新精神和实践能力的高级专门人才,发展科学技术文化,促进社会主义现代化建设。

高等职业教育的任务是以就业为导向,为生产、建设、治理、服务一线培养数以千万计的高素质劳动者和应用型专门人才。

为了达到高校的培养目标,必须造就职业素养优良的应届毕业生。调查发现,不少大学生存在着学习懒惰、纪律松弛、责任心差、意志脆弱、怕苦、怕累、集体主义思想淡薄、缺乏合作精神、挥霍浪费等不良行为。这些学生的职业素养不高,难以被社会所认可,不利于提高就业率。为了使大学生都能成为适合社会需要的专门人才,高校必须强化德、智、体全面教育,强化职业技能培训,全面提高学生的职业素养,为学生参与竞争就业奠定良好的基础。

2.职业素养培养是提高大学毕业生就业和创业成功率的保证

就业是民生之本,扩大就业是我国当前和今后长时期重大而艰巨的任务。众所周知,家长和学生对就业和创业的期望值很高。

大学生是一个非凡的社会群体。他们面临着由学生向职业人的转变,校园是他们走向社会的最后学习基地。通过学习来改变自身命运和家庭状况是大学生最重要的人生追求。为了实现自己美好的愿望,必须认识到职业素养的重要性,努力培训和充实自己。一个人的职业素养在很大程度上决定着他能否顺利地就业或创业。只有良好的职业素养,才是被用人单位看重和接纳的根本条件,才是能在创业领域取得成功的坚实保证。

用人单位为在竞争中求生存、求发展,对应聘人员的选用主要看其职业素养之高低。那些职业素养较高者,总是会被优先录用的。

创业工作是紧张、繁重、有风险的。创业者必须具备良好的职业素养,才能客观地了解自己、了解市场、善于经营决断,从而带领一批人取得成功。在遇到挫折时,冷静地随机应变,另觅新途,继续拼搏,不达目的,绝不罢休。正是他们,成为许多创业人中的极少数成功者。

3.职业素养决定个人的职业前程

从个人发展的角度来看，只有具备了良好的职业素养，才能较快地适应职业岗位的要求，进而成长为独当一面的骨干人才，为自己进一步又好又快地发展提供平台。

在相同的外部条件下，职业素养较高的人有能力在工作中创造更大的绩效，做出更多的业绩，有利于个人的发展，也有利于组织①的发展。因此，职业素养越高，他能够获得成功的机会也就越多。

职业素养与职业前途的关系可以用大树理论来描述。每个人都是一棵树，原本都可以成为大树。在一定的环境条件下，能不能长成大树，取决于它的根系。而一个人的“根系”就是其职业素养。枝、干、叶、型是树的根系显现出来的表象。只有那些根系发达的树苗才能长成枝繁叶茂的参天大树。只有职业素养高的人才能取得丰硕的业绩和美好前程。

4.职业素养影响组织的发展

组织之间、特别是企业之间的竞争，关键在于人才的竞争。任何组织要生存和发展，都必须拥有人才的优势。人才是指具有较高职业素养、忠诚于组织、能把个人职业发展与组织目标的实现相统一、在企业整体运作的关键环节上发挥重要作用、具有较强不可替代性的人。所有的人才无不具有较高的职业素养。员工职业素养的优势能够造就各类人才的优势，进而成为推动组织发展的强大动力和竞争优势。

反之，如果员工职业素养不高，缺乏足够的运营和创新能力，必然不具备竞争优势，难以生存和发展。特别是身居领导或关键岗位的人，如果职业素养不高，由于不称职或失误，就很可能导致组织的挫折、衰落、倒闭。

二、职业素养教育需要三方协力

大学生职业素养的培养是目前高等教育的根本任务。这一任务需要高校、大学生及社会三方面的协同配合才能实现。

1.高校加强职业素养教育

为了培养大学生的职业素养，高校应在教学全过程中加强这方面的教育。从新生入学那一天起，使他们逐步认知高校与社会的关系、个人学习与职业的关系；全面培养大学生的显性职业素养和隐性职业素养。

2007年12月，教育部办公厅印发的《大学生职业发展与就业指导课程教学要求》曾提出了三种课程设计方案，其中之一就是开设三门课程，课程名称为“职业生涯与发展规划”“职业素养提升”和“就业指导”；并在提高职业能力、适应职业与发展、创业教育三个部分提出了具体的教学目标、内容和方法。这是高校进行职业素养教育的指导性文件。

根据上述文件精神，一方面通过学校就业指导部门或成立相关职能部门（如大学生职

① 本书所说的组织，是指为实现某一共同目标，由按照不同层次的权力和责任制度而分工协作的群体所构成的社会组织。这些组织有的是营利性的，有的是公益性的，有的两者兼备。组织包括企业、个体经济组织、民办非企业单位、国家机关、事业单位、社会团体等各种用人单位。它们通过自身的劳务运作而对社会做出各种贡献，推动社会持续发展。我们以后所说的组织，就是专指各种用人单位。

业发展中心)，并开设相应的课程；另一方面，深入了解学生需要，改进教学方法和内容，提高大学生对专业学习的兴趣和主动性，这必将促进大学生职业素养的培育和提升。

2. 大学生职业素养的自我培养

大学生作为职业素养培养的主体，应该学会自我培养。

首先，有意识地培养职业道德、合理的价值观、人文修养、职业操守等方面的隐性素养。

其次，要培养职业意识。大学生要进行职业生涯规划理论的学习和实践，要客观地认识自己、职业和社会，确定职业发展目标；要培育责任心、敬业、诚信、竞争等意识。

再次，注意养成良好的行为习惯。目前，很多大学生处在“6＋1”的独生子女家庭，他们在自主性、责任心、感恩心、勤劳节约、关爱他人等方面有所欠缺。因此，大学生应该有意识地在学校的学习和生活中主动培养自主、负责、诚实、守信、勤勉、博爱、爱劳动等理念和行为，注意培养良好的心理素质，增强应对压力和挫折的能力，善于从逆境中寻找转机。

最后，配合学校的教学活动，完成显性职业素养的培养，大学生需认真完成学习任务，尽可能利用学校的教育资源(教师、图书馆、电脑室、实验室、训练设施)获得知识和技能，取得学历和职业资格证书。

3. 社会资源的支持

大学生职业素养的培养不能仅仅依靠学校和学生本身，社会资源的支持也很重要。很多企业都想把毕业生直接投入“使用”，但是却发现很困难。企业界也逐渐认识到，要想获得职业素养较好的大学毕业生，也必须参与到大学生的培养中来，具体途径如下：

(1)企业与学校联合培养大学生，提供实习基地以及科研实验基地。

(2)企业家、专业人士走进高校，直接提供实践知识、宣传企业文化。

(3)完善社会培训机制，并走入高校对大学生进行专业的任职培训以及职业素质拓展训练等。

1.3.2 职业素养提升的途径

就业难问题的产生原因是多方面的，它既和产业调整、社会变革、经济与教育的结构性矛盾等因素有关，也和毕业生自身职业素养不足有关。只要能够全面地提高职业素养，毕业生的就业成功率必然上升。

一、大学生职业素养现状分析

1. 大学四年间显性职业素养已有大幅度提升

按照专业培养计划和教学活动的开展，在大学期间通过基础课、技术基础课和专业课的递进深入学习，大学生在科学理论、专业知识、技术和技能方面都达到了较高的水平，取得了相应的学历和职业资格证书。这标志着显性职业素养已有大幅度提升，发生了质的飞跃。

尽管如此，并不能认为显性职业素养很高了。由于科学技术的发展使得知识老化周期缩短，高新产业的崛起对人才提出了更高的要求，而教育改革和教学内容的跟进总要滞后一段时间，所以，客观地说，毕业生的显性职业素养距离现实社会需求仍存在有不足之处。更何况在以后的人生道路上，为了职业发展和生活需要，还需要终身学习。

2. 大学生的隐性职业素养有待进一步提升

从大学生来看，调查发现，不少大学生不同程度地存在着责任心差、不关心他人和集体、不善于自我管理、怕苦怕累、意志脆弱、懒惰散漫、挥霍浪费、诚信不足、缺乏合作精神等不良品行。这些隐性职业素养的缺陷在一定程度上影响着大学生的为人做事，直接影响到个人成长、就业和职业发展。

从用人单位来看，2007 年中期，福特基金会对青、宁、川、湘四省区 281 家用人单位(国企、民企、外企、国家机关、事业单位等)进行了问卷调查，统计结果显示，在他们考查应聘者的主要素质中，排在前 5 位的是责任意识、敬业精神、团队合作精神、品德、踏实肯干；在他们考查应聘者的主要能力中，排在前 5 位的是沟通、专业、解决问题、灵活应变、自我管理。值得注意的是，对于沟通能力的认定比例竟在企业中高达 81.72%。这些单位对于“当前大学生最欠缺的是什么?”的回答，排在前 5 位的是工作经验、吃苦耐劳能力、解决问题能力、沟通能力、责任意识。

综合一些对用人单位的调查，可以看出，他们最看重的职业素养是职业道德、心理品质、自我管理、职业能力、团队合作精神等。

从我国经济发展来看，中西部地区、广大农村基层需要大批吃苦耐劳、勇于奉献的创业者；高新技术产业需要众多富于创新、抢占高地的领跑者；各行各业都需要锐意改革、技高一筹、能够开创新局面的开拓者。这要求我们未来的建设者既要有较强的显性职业素养，更要有深厚的隐性职业素养。

二、职业素养提升的主要方面

职业素养的提升是一个很大的论题，要进行系统完整的论述相当困难。

本书不去全面阐述职业素养的提升，而是在对毕业生职业素养现状分析的基础上，根据社会发展的需要和用人单位的反映，确定需要提升的内容。

我们认为，当前大学生职业素养的提升主要应放在隐性职业素养方面。这体现在强化职业意识、培育情商、自我生活管理、提高实践和创新能力、增强人际沟通能力、学习礼仪、培育团队精神、学会创业等诸多方面。

在职业道德方面，考虑到已在“职业生涯与发展规划”课中有了基本介绍，这里侧重再讲述一下不同行业的职业道德和从业者必备的职业意识。

在心理品质方面，本书讲解情商培育、礼仪、抗挫折的理念，以便提高相应的修养。

在行为习惯方面，本书将着重从社会角色、时间、休闲、压力、健康方面讲述自我生活管理。

在知识技能方面，随着专业教学计划的逐步实施，各专业学生都会达到既定的目标水准，甚至还可以通过个人努力有所扩充，在此就不再多讲。

在职业能力方面，包括职业生涯规划与实施能力、学习能力、社会实践能力、人际沟通能力、创新能力、就业能力、创业能力等。本书着重讲解学习、实践、创新、人际沟通、团队合作等方面的能力培养。

三、本书的教学要求与内容

1.教学要求

本书教学要求是使学生了解从业人员应具备的职业素养，以拓展职业适应范围、培育将使自己受益终生的一些隐性职业素养为重点，根据个人专业所对应的职业群，有针对性地提升素养，以提高就业的竞争力，胜任未来的工作，开创美好的职业前程。

2.教学内容

根据前面对职业素养构成的探讨，考虑到其中专业知识技能已在大学期间基础课、技术课、专业课的教学活动中得到了完善的培育，本书的讲述着重放在职业道德、心理素质、行为习惯和职业能力4个模块上。这4个模块都属于隐性职业素养，它们对于绝大多数职业活动的适应与发展都具有重要作用。

首先，作为本书的导论，在第1章绪论里，说明职业素养的概念、形成、特性、构成及其重要性，了解不同职业群的职业素养要求，介绍职业素养提升的教学要求、思路和内容。

接着，按照职业素养的5个组成部分，除去专业知识技能外，分职业道德、心理素质、行为习惯、职业能力共4个模块，对于与其相应的职业素养提升展开论述。

关于职业道德模块，在第2章讲述职业道德概论、不同行业的职业道德规范以及提高职业道德修养的途径；在第3章讲述职业意识，着重介绍责任、诚信、敬业、竞争等意识。

关于心理素质模块，包括认知自我、健全人格、情绪管理，挫折承受力、预防心理疾病等许多方面。在第4章，我们通过对情商、情绪、情绪智力、情绪的调适等内容的讲解，介绍如何培育良好的情商。

关于行为习惯模块，在第5章讲述自我生活管理，我们先说明自我管理的内涵，然后着重从社会角色、时间、休闲、压力和健康5个方面阐述如何认识并实施自我管理。在第6章讲述礼仪的概念、表达方式，着重介绍社交礼仪、职业礼仪和日常礼仪。

关于职业能力模块，针对各行各业通用的可迁移能力进行讲述。这部分包括人际沟通、学习与社会实践、创新、团队合作等内容，占据了本书相当大的分量，也是当前大学生需要着重提升的职业素养。

在第7章讲述人际沟通，从对人际关系的重要性和沟通的定义、目的、方式的讲解，来介绍如何培养人际沟通能力。

在第8章，论述学习与社会实践。首先讲述对学习和学习型社会的认识，了解终身学习的意义，建立终身学习的信念。接着，讲述社会实践的意义，通过参加校内和校外的社会实践活动来提高社会实践能力。

在第9章，介绍创新的基础知识、创新思维、创新技法，突破思维障碍，扩展思维视角，开展创新实践，从而提高创新能力。

在第10章，讲述团队合作能力，依次介绍团队的概念、团队精神、团队建设、团队角色的定位等内容。通过本章教学，引导同学们从思想认识和行为模式方面奠定基础，为使自己成为未来某职业团队的一名出色成员而做好准备。

第2章 职业道德

2.1 职业道德概论

《职业生涯与发展规划》已经对职业道德的基本理念、内容和功能有了一定的讲解。这里，在简述职业道德、职业道德规范后，着重介绍不同行业的职业道德规范，以便大学生根据个人所学专业有重点地培养应有的道德素养。

2.1.1 职业道德规范

一、职业道德简介

职业道德是公民道德的一个组成部分和重要体现。

职业道德的主要内容是爱岗敬业、诚实守信、办事公道、服务群众、奉献社会。

职业道德是所有从业人员在职业活动中应该遵循的行为准则，涵盖了从业人员与服务对象、职业与职工、职业与职业之间的关系。

在西方发达国家，凡属大型企业，都有强烈的社会责任感。它们在为企业创造利润的同时，从不忘记自己的社会责任。随着资本主义制度发展与成熟，各行各业的职业道德也进一步规范化，诚信、敬业和创新成为对员工的共同职业道德要求。社会责任至上、诚信、敬业和创新集中了西方发达国家职业道德的精华。

在我国，社会主义职业道德以为人民服务为核心，以集体主义为原则，以社会主义荣辱观为基本行为准则。它是在批判和继承旧有职业道德的基础上，在社会主义道德指导下，发展和形成的一种内在的、非强制性的行为规范和约束机制。与旧社会职业道德相比，社会主义职业道德的特点表现在继承性和创造性的统一，阶级性和人民性的统一，先进性和广泛性的统一。

二、职业道德的基本规范

职业道德规范是指人们在所从事的职业活动中应当遵守的标准和准则。它对职业活动中的各种人际关系起着调节作用，是评价职业活动和解决矛盾的行为准则。它使从业人员知道应该做什么，不应该做什么，应该怎么做，不应该怎么做。

社会主义职业道德规范以为人民服务为核心规范。适用于各行各业的基本规范是爱岗敬业、诚实守信、办事公道、服务群众、奉献社会。特定行业的具体规范则进一步体现了不同行业的“个性化”要求。

爱岗敬业，要求从业人员热爱本职工作，勤奋努力，专心致志，恪尽职守。

诚实守信，要求从业人员在职业活动中恪守诺言，做到信誉至上、言必信、行必果。

办事公道，要求从业人员以国家法律法规、社会公德为准则，客观、公开、公正地开展职业活动。

服务群众，要求从业人员认真听取群众意见，了解群众需要，端正服务态度，改进服务措施，提高服务质量。

奉献社会，要求从业人员具有奉献精神，全心全意为社会做贡献，能够做到为了社会利益不惜牺牲个人利益。

三、职业道德的行业性

职业道德与人们所从事的职业紧密相连。《公民道德建设纲要》提出的职业道德基本规范是普遍适用于各行各业的基本规范。

1.行业性是职业道德的一个基本属性

由于不同行业的职业活动在社会责任、劳动性质、工作方式、复杂程度、服务对象等方面均有一定差别，它们对于从业人员的职业道德要求也就有所不同。因此，行业性是职业道德的一个基本属性。

行业是以生产要素组合为特征的各类经济活动。根据《国民经济行业分类》国家标准GB/T4574—2002，我国的行业被划分成20个门类，下分96个大类及许多中类、小类。每个行业都包含有许多种职业。多年来，为了适应社会主义市场经济的发展需要，许多行业都在建立和完善本行业的职业道德标准，形成了具有行业特色的职业道德规范。

各行业的职业道德规范是在职业活动中将职业要求凝练成的可操作的具体行为。它是多年职业文化的积淀产物。从业者通过长期职业活动形成了对职业心理、行为习惯和道德评价的稳定理念，成为世代传承的职业传统。它使从业者有亲切感和真实感，从而更加自觉地去执行。

这些规范与国家法律法规、人们的习惯相协调，是社会公德在本行业的具体化。随着经济发展和社会文明进步，它需要定期进行修订和完善，以便越来越适合客观发展要求。

2.行业的职业道德规范的内涵

不同的行业和职业岗位都有符合其职业活动特点的道德规范体系。该体系具有如下内涵：

(1)体现了本行业内各种职业道德的共同特征。行业的职业道德规范体现了本行业内各种职业道德的共同特征，是共性与个性的统一。一种行业包含许多职业，每一职业又有各自更加具体的特定要求。

(2)体现了行业的社会责任。各行各业都承担着一定的历史使命或社会责任。它们的发展都要为社会创造物质财富或精神财富。这在行业的职业道德规范中均有所体现，例如制造业的职业道德规范中有讲究质量、提高效益的内容；商务服务业的职业道德规范中有文明服务、诚信公平的要求；医疗卫生行业的职业道德规范中要求治病救人、救死扶伤等。

(3)体现了从业者的利益。遵循可操作性很强的职业道德规范，有利于优化职业活动效果，推动组织的事业发展，为组织创造出更大的效益。组织的壮大和发展，必然给从业人员带来更大的收益，促进其职业发展成功。因此，行业的职业道德规范体现了从业者的利益。

2.2 不同行业的职业道德规范

每类行业的职业道德规范都是职业道德基本规范在各行业的进一步具体化。要明确列出所有行业的职业道德规范并非易事，下面仅就一般常见的一些行业的职业道德规范加以介绍。

2.2.1 科学、教育类职业道德规范

一、科学技术与工程技术人员的职业道德规范

科研人员包括分别从事于自然科学、社会科学、发明革新、工程技术的4类研究人员。

1. 自然科学研究人员的职业道德规范

(1)追求真理，尊重事实，善于独立思考。

(2)事业心强，进取心旺盛。

(3)具有强烈的自我意识和成功欲望，以及坚忍不拔的精神。

(4)责任心强，善于求新猎奇，发现问题，追根求源，解决问题。

2. 社会科学研究人员的职业道德规范

(1)具有较强的社会责任感和为真理献身的精神。

(2)具有大慈大悲、济世救人的社会兴趣。

(3)工作作风民主，对待各种人都一视同仁。

(4)自立自主，不满足现状，经受挫折仍能坚持奋斗。

(5)以问题为中心，而不以自我为中心。

3. 发明家、革新家的职业道德规范

(1)具有无所畏惧的品质，为了发明创造不惜冒险和牺牲。

(2)对所从事的工作始终保持极大兴趣，执著追求，直至成功。

(3)具有坚定的自信心，坚信自己的试验能够成功并产生价值。

(4)善于独立思考，不怕孤独。

(5)不计较别人的嘲笑，善于将嘲笑化为推进自己工作的动力。

(6)不受外来影响和干扰，能够正确地选择课题。

(7)专心致志，长期埋头思索和试验。

4. 工程技术人员的职业道德标准

中国工程师学会曾于1995—1996年通过的《中国工程师信条》及其实行细则，规范了工程技术人员的职业道德标准。其主要内容有4点：

(1)对社会要守法奉献，尊重自然，维护生态平衡。

(2)对专业严守职业本分，做好过程实务，创新精进，提高产品品质。

(3)对雇主要真诚尽力,建立互信,营造双赢,创造工程佳绩。

(4)对同事注重分工合作,提高作业效率,互勉互助,培养后继人才。

二、教育工作者的职业道德规范

教育领域的一类主要职业是教师。

1. 教师的职业道德规范

(1)爱国守法,遵守教育法律法规,依法履行教师职责。

(2)谦虚谨慎,勤恳敬业,献身教育,诲人不倦,教书育人。

(3)关心学生身心健康,保护学生安全,尽心尽力为学生服务,使学生在德、智、体、美诸方面得到全面发展。

(4)严谨治学,坚持终身学习,刻苦钻研,勇于创新。

(5)廉洁奉公,以身作则,言传身教,为人师表。

(6)热爱集体,尊重同事和家长,团结互助,共建文明校园。

2. 中小学教师职业道德规范

教育部制定的《中小学教师职业道德规范(2008年修订)》共有6条:①爱国守法;②爱岗敬业;③关爱学生;④教书育人;⑤为人师表;⑥终身学习。

2.2.2 文化、医务类职业道德规范

一、文化行业的职业道德规范

1. 新闻工作者职业道德准则

中华全国新闻工作者协会制定的《中国新闻工作者职业道德准则》,从1991年到2009年历经三次修订,现摘要如下:

(1)全心全意为人民服务。要忠于党、忠于祖国、忠于人民,把体现党的主张与反映人民心声统一起来,把坚持正确导向与通达社情民意统一起来,把坚持正面宣传为主与加强和改进舆论监督统一起来,发挥党和政府联系人民群众的桥梁纽带作用。

(2)坚持正确舆论导向。要坚持团结稳定鼓劲、正面宣传为主,唱响主旋律,不断巩固和壮大积极健康向上的舆论。

(3)坚持新闻真实性原则。要把真实作为新闻的生命,坚持深入调查研究,报道做到真实、准确、全面、客观。

(4)发扬优良作风。要树立正确的世界观、人生观、价值观,加强品德修养,提高综合素质,抵制不良风气,接受社会监督。

(5)坚持改革创新。要遵循新闻传播规律,提高舆论引导能力,创新观念、创新内容、创新形式、创新方法、创新手段,做到体现时代性、把握规律性、富于创造性。

(6)遵纪守法。要增强法治观念,遵守宪法和法律法规,遵守党的新闻工作纪律,维护国家利益和安全,保守国家秘密。

(7)促进国际新闻同行的交流与合作。要努力培养世界眼光和国际视野,积极搭建中国与世界交流沟通的桥梁。

2.出版工作者职业道德准则

中国出版工作者协会颁布的《中国出版工作者职业道德准则》共有8条:

(1)为人民服务,为社会主义服务。

(2)增强使命感和责任感,力求坚持两个效益的最佳结合。

(3)树立精品意识,提高出版质量。

(4)遵纪守法,廉洁自律。

(5)爱岗敬业,忠于职守。

(6)团结协作,诚实守信。

(7)艰苦奋斗,勤俭创业。

(8)遵守外事纪律,维护国家利益。

3.广播电视编辑记者的职业道德准则

根据国家广播电影电视总局发布的《广播电视编辑记者职业道德准则》,现将该职业道德准则归纳如下:

(1)热爱祖国和人民,珍视国家和人民赋予的权利,全心全意为人民服务,为社会主义服务,为党和国家工作的大局服务。

(2)忠诚党的新闻事业,坚持党性原则,坚定执行党的路线、方针、政策。

(3)自觉遵守宪法和法律、法规。

(4)保守国家秘密。

(5)真实报道新闻,对报道内容的真实和准确负责。

(6)坚持客观公正的职业理念,坚持深入实际,调查研究,忠于事实,追求真理的职业精神;尊重其他新闻来源和相关作者的知识产权。

(7)树立政治意识、大局意识、责任意识,坚持正确的舆论导向。对重大事件、社会热点和敏感问题的报道,应注意把握分寸、时机、力度,释疑解惑,积极引导;不炒作和蓄意制造舆论"热点",误导受众。

(8)敬业奉献、诚实公正、团结协作、遵纪守法。同行之间互相尊重,互相学习,互相支持,开展正当的业务竞争。

(9)清正廉洁,克己奉公,反对任何形式的"有偿新闻";自觉遵守有关廉政的规章制度和财经纪律。

(10)努力传播知识,热情提供服务,不断满足广大人民群众的精神和文化需要。

4.广播电视播音员主持人职业道德准则

根据国家广播电影电视总局发布的《广播电视播音员主持人职业道德准则》,现将该职业道德准则归纳如下:

(1)具有崇高使命和社会责任感。忠诚党的新闻事业,保守国家秘密;真实报道新闻。

(2)具有高尚的工作品格。

(3)树立良好的公众人物形象。

(4)使用语言要规范。要积极推广、普及普通话,规范使用通用语言文字。

(5)廉洁。做到清正廉洁,自觉抵制拜金主义,反对任何形式的"有偿新闻"。

5.翻译服务行业的职业道德规范

中国译协翻译服务委员会2005年10月印发了《翻译服务行业道德规范》,制定了提供翻译服务的机构和个人应当遵守的职业道德规范。现摘引如下:

(1)严格遵守法律法规,模范执行相关标准和规范。

(2)恪守职业道德,严格自律,诚信为本。

(3)积极参与公益活动,促进精神文明建设。

(4)满足顾客需求。严把质量关;明确计量标准,杜绝欺诈行为;提供优质服务。

(5)合作双赢。尊重同行,真诚合作,互惠互利,共同发展。

(6)行业自律,有序竞争。

6.广告设计人员的职业道德规范

(1)热爱祖国,拥护社会主义,遵守党的方针、政策。

(2)文明礼貌,诚实守信。

(3)遵纪守法,不制作虚假广告。

(4)有利于环境保护和市容美化。

(5)树立精品意识,坚持质量第一。

7.网络从业人员的职业道德规范

网络业务牵涉知识产权、计算机犯罪、网络安全等许多问题,从我国发布的一些法规中,归纳出网络从业人员的职业道德规范如下:

(1)热爱网络事业,愿为网络技术的发展、为社会和人类的美好生活贡献自己的智慧和力量。

(2)严格遵守国家有关的法律法规。

(3)严格执行持证上岗制度。

(4)严格执行网络管理规则,确保网络处于有效监管状态下运行。

(5)遵守保密制度,尊重用户隐私,不泄露网络上的相关信息。

(6)不制作、复制或传播有害的软件和信息,坚决杜绝网络犯罪。

(7)恪守公正,避免伤害他人。

8.文秘人员的职业道德规范

(1)服从领导,当好助手。

(2)忠于职守,自觉履行各项职责。

(3)谦虚谨慎,办事公道,服务热情。

(4)遵纪守法,不假借上司名义谋取私利。

(5)严守机密,恪守信用。

(6)实事求是,勇于创新。

(7)努力学习,钻研业务,不断提高工作能力。

二、医务人员的职业道德规范

1. 医务人员的医德规范

根据1988年颁布的《中华人民共和国医务人员医德规范及实施办法》，医务人员的职业道德规范有下列7条：

(1)救死扶伤，实行社会主义的人道主义，时刻为病人着想，千方百计为病人解除疾病。

(2)尊重病人的人格与权利，对待病人不分民族、性别、职业、地位、财产状况，都应一视同仁。

(3)文明礼貌服务，举止端庄，语言文明，态度和蔼，同情、关心和体贴病人。

(4)廉洁奉公，自觉遵纪守法，不以医谋私。

(5)为病人保守医密，实行保护性医疗，不泄露病人隐私与秘密。

(6)互学互尊，团结协作，正确处理同行同事间的关系。

(7)严谨求实，团结进取，钻研医术，精益求精，不断更新知识，提高技术水平。

2. 医学生誓词

国家教育委员会在1991年印发的106号文件中制定了下述医学生誓词："健康所系，性命相托。当我步入神圣医学学府的时刻，谨庄严宣誓：

我志愿献身医学，热爱祖国，忠于人民，恪守医德，尊师守纪，刻苦钻研，孜孜不倦，精益求精，全面发展。

我决心竭尽全力，除人类之病痛，助健康之完美，维护医术的圣洁和荣誉，救死扶伤，不辞艰辛，执著追求，为祖国的医药卫生事业的发展和人类的身心健康奋斗终生。"

医德规范长期在国外受到高度重视。著名的医德规范有古希腊的"希波克拉底医学职业誓言"，1948年世界医学会的"日内瓦宣言"，1949年世界医学会的《国际医德守则》，1853年的"南丁格尔誓言"。

2.2.3 法律、商业类职业道德规范

一、法律工作者的职业道德规范

1. 法官的职业道德准则

根据最高人民法院颁布的《中华人民共和国法官职业道德基本准则》，法官应遵守6项基本准则，现摘要如下：

(1)保障司法公正，坚持审判独立原则，审理案件应当保持中立。

(2)提高司法效率，勤勉敬业，全身心地致力于履行职责。

(3)保持清正廉洁，忠于职守、秉公办案。

(4)遵守司法礼仪。

(5)加强自身修养。具备良好的政治、业务素质和良好的品行，忠实地执行宪法和法律，全心全意为人民服务。

(6)约束业外活动，杜绝可能影响法官形象的不良嗜好和行为。

2.检察官的职业道德准则

根据最高人民检察院于2009年颁布的《中华人民共和国检察官职业道德基本准则(试行)》，检察官职业道德的基本要求是忠诚、公正、清廉、文明。

(1)忠诚。忠于党、忠于国家、忠于宪法和法律；坚持立检为公、执法为民的宗旨。

(2)公正。树立忠于职守、秉公办案的观念，坚守惩恶扬善、伸张正义的良知，保持客观公正、维护人权的立场。

(3)清廉。以社会主义核心价值观为根本的职业价值取向，遵纪守法，严格自律；不以权谋私，不以案谋利。

(4)文明。精通检察业务；弘扬人文精神；做到执法理念文明、行为文明、作风文明、语言文明。

3.律师的职业道德规范

中华全国律师协会制定的《律师职业道德和执业纪律规范》提出了如下职业道德基本准则：

(1)忠于宪法和法律，坚持以事实为根据，以法律为准则，严格依法执业，忠于职守，坚持原则，维护国家法律与社会正义。

(2)诚实守信，勤勉尽责，尽职尽责地维护委托人的合法利益。

(3)敬业勤业，努力钻研业务，掌握执业所应具备的法律知识和业务技能，不断提高执业水平。

(4)珍视和维护律师职业声誉，模范遵守社会公德，注重陶冶品行和职业道德修养。

(5)严守国家机密，保守委托人的商业秘密及委托人的隐私。

(6)尊重同行，同业互助，公平竞争，共同提高执业水平。

(7)自觉履行法律援助义务，为受援人提供法律帮助。

(8)遵守律师协会章程，切实履行会员义务。

(9)积极参加社会公益活动。

二、商业、财会人员的职业道德规范

1.商业人员的职业道德规范

根据商业系统的《服务公约》要求，商业服务人员的职业道德规范为

(1)文明经商，讲究礼貌，主动热情，耐心周到。

(2)诚恳介绍，当好参谋，执行政策，买卖公平。

(3)明码标价，计量准确，唱收唱付，货款交清。

(4)包扎敏捷，牢固美观，符合规定，合理退还。

(5)商品陈列，艺术美观，整洁卫生，欢迎监督。

一般商业人员的职业道德规范：

(1)知法守法，依法经营。

(2)诚实守信，取财有道。

(3)价格公平,货真价实。

(4)爱岗敬业、积极奉献。

(5)强化服务意识、不断提高服务质量。

2.注册会计师的职业道德规范

根据2009年10月发布的《中国注册会计师职业道德守则》,将其主要内容摘记如下:

(1)诚信。

(2)独立性。执行审计或其他鉴证业务,应当保持形式上和实质上的独立。

(3)业务工作客观和公正。执行业务时,应当实事求是,应当正直、诚实,不偏不倚地对待有关利益各方。

(4)专业胜任能力和应有的关注。保持和提高专业胜任能力,遵守独立审计准则等职业规范。会计师事务所和注册会计师不得承办不能胜任的业务。

(5)保密。注册会计师应当对执行业务过程中知悉的商业秘密保密,并不得利用其为自己或他人谋取利益。

(6)良好的职业行为。注册会计师应当与同行保持良好的工作关系,不得损害同行利益;不得以个人名义同时在两家或两家以上的会计师事务所执业。

3.审计人员的职业道德准则

国家审计署于2001年制定了《审计机关审计人员职业道德准则》,其主要内容如下:

(1)依照法律规定的职责、权限和程序,进行审计工作,并遵守国家审计准则。

(2)办理审计事项,应当客观公正、实事求是,在执行职务特别是作出审计评价、提出处理处罚意见时,应当做到依法办事,实事求是,客观公正,不得偏袒任何一方。

(3)在执行职务时,应当保持应有的独立性,不受其他行政机关、社会团体和个人的干涉。审计人员办理审计事项,与被审计单位或者审计事项有直接利害关系的,应当按照有关规定回避。

(4)在执行职务时,应当忠诚老实,不得隐瞒或者曲解事实。

(5)合理运用审计知识、技能和经验,保持职业谨慎,不得对没有证据支持的、未经核清事实的、法律依据不当的和超越审计职责范围的事项发表审计意见。

(6)遵守审计机关的继续教育和培训制度,参加继续教育、岗位培训,应当达到审计机关规定的时间和质量要求。

(7)保守秘密。对其执行职务时知悉的国家秘密和被审计单位的商业秘密,负有保密的义务。

(8)廉洁奉公,遵守国家的法律、法规和规章以及审计工作纪律和廉政纪律。

(9)恪尽职守,认真履行职责,维护国家审计的权威,不得有损害审计机关形象的行为。审计人员应当维护国家利益和被审计单位的合法权益。

2.2.4 行政管理人员的职业道德规范

行政管理人员范围很广,包括公务员、领导人、工商行政管理人员、企业管理人员、科技管理人员等。

一、国家管理人员道德规范

1.公务员的职业道德规范

国家公务员局在2011—2015年间对全国公务员进行职业道德培训，其内容以忠于国家、服务人民、恪尽职守，公正廉洁为主。一些行政机关制定了公务员职业道德规范，现摘引《海南省行政机关公务员职业道德规范》如下：

(1)政治坚定，忠于国家。

(2)执政为民，务实创新。

(3)恪尽职守，依法行政。

(4)顾全大局，团结协作。

(5)公道正派，廉洁奉公。

(6)诚实守信，品德端正。

2.工商管理人员的职业道德规范

2011年11月，国家工商管理总局颁布实施《工商行政管理人员职业道德规范》，其主要内容如下：

(1)政治坚定，忠于职守。

(2)执法为民，高效服务。

(3)依法监管，公正维权。

(4)严守禁令，廉洁助政。

二、单位管理人员道德规范

1.企业管理人员的职业道德规范

(1)品行端正，具有良好的道德修养，为人称道。

(2)敢于负责，对上级、下属、用户及全社会抱有高度责任心。

(3)承担风险，敢于临危受命，有信心克服困难、创造新局面。

(4)尊重他人，能够重视和采纳他人意见，不主观武断。

(5)合作精神，善于与人合作，对人不是压服而是说服。

根据日本企业界的总结，企业管理人员应具备10种品德：使命感、责任感、积极性、进取心、忍耐心、勇气、信赖别人、忠诚老实、公平、热情。

2.科技管理人员的职业道德规范

高等院校、科技院所等单位的负责人应具备下列职业道德规范：

(1)品行端正，为人正派。

(2)具有较高的政策水平，较强的事业心和责任感。

(3)有全局观念，把国家和集体利益放在首位。

(4)知人善任，乐于助人。

(5)尊重科学，求实创新。

(6)善于人际交往,调动人的积极性。

三、领导人的职业道德规范

领导人是指在某一社会组织、单位或部门内担任领导职位的人员。其职业道德规范如下:

(1)品行端正,以身作则,原则性强。

(2)热爱祖国,能够全面理解和执行国家法律和政策。

(3)有强烈的事业心和进取心,坚定自信,意志顽强,有全局观念。

(4)谦虚谨慎,乐于助人。

(5)有较强的知人善任、合作共事能力,组织能力,决策能力,宣传鼓动能力,社交能力。

2.3 职业道德修养

2.3.1 职业道德修养概述

一、职业道德修养的含义及其重要性

1.职业道德修养的含义

按照《辞海》(第六版)的解释,“修养”有三种含义,我们取其两种:其一,修养在儒家学说中是指通过内心反省培养完善的人格,后来也指逐渐养成的在待人处事方面的正确态度。其二,指在政治、思想、道德品质和知识技能等方面经过锻炼和培养而达到的一定水平,如政治修养、文学修养。由此出发,我们所说的职业道德修养,是指人们为了在职业道德方面达到一定的水平而进行的自我教育、自我锻炼、自我改造和自我完善的过程。

职业道德修养是围绕着从业人员所应遵循的职业道德基本原则和规范,在职业活动中进行的。其目的在于使人培育出良好的职业道德品质,达到较高的职业道德境界。

一个人职业道德修养能够达到什么样的水平,一方面依靠他律,即家庭、学校、组织、社会的教育和熏陶;另一方面依靠自律,即自我修养。这两个方面相辅相成,缺一不可。其中,自我修养尤为重要,由于外因通过内因才能发生作用,作为修养载体的个人,对待修养的态度(是认真、主动、紧迫,还是敷衍、消极、无所谓)就在很大程度上决定了其修养的效果。

职业道德修养是一个按照职业道德规范的要求,在日常生活、学习和工作中进行自我教育、自我磨炼、自我改造和自我完善的过程。在这个过程中,要树立正确的人生观;从培养自己良好的行为习惯做起,从小事做起,从现在做起;学习先进人物的优秀品质,增强社会责任感,严于律己,宽以待人;能够长时间经得起各种各样的考验与磨炼;不断地同旧思想、旧意识以及社会上的不良现象做斗争。

2.职业道德修养的重要性

对于从业人员来说,职业道德修养具有十分重要的意义。它是从业人员养成良好职业道德品质的必要手段,也是个人成才的基本条件,有利于职业生涯的拓展。

综观历史，凡是做出重大成就的人，大多都具备良好的职业道德修养。职业道德乃从业人员的立身之本，成功之源。职业道德修养是社会对从业者的规范，也是个人的内在要求。从业人员只有通过长期不间断的自我教育、自我磨炼、自我改造和自我完善，才能稳定地提升个人的职业道德品质，在促进职业发展和自身进步的同时，最大限度地推动个人职业生涯走向光辉灿烂。

一个人的职业道德修养越高，就越能对职业有正确的认识，明确工作的意义，能从工作中找到乐趣，体验到劳动的快乐；他不会在工作中受到个人名利得失的束缚，而是时刻心系他人、心系社会、心系国家；他会有高度的事业心和责任心，忠于职守，尽职尽责，而不会过分看重自己的利益，讲条件，争待遇，斤斤计较，患得患失，而是心胸豁达，志存高远，通过奋斗去成就辉煌事业，达到常人难以攀登的高度。

二、职业道德修养的内容

概括而言，职业道德修养可以分为意识和行为两个方面。

1.职业道德意识修养

职业道德意识是指人们对客观存在的职业道德活动和道德关系的认识和理解。其内容包括从认识到情感，转为意志，上升为信念等各个层次。

职业道德认识是从业人员对该职业范畴的职业道德原则和规范的认知和理解。在职业道德修养中，它是从业人员增强道德责任感、形成良好道德品质的第一步。有德出于有知，无德出于无知。

职业道德情感是指从业人员在职业活动中对事物进行善恶判断所引起的情绪体验；进一步说，是在心理上对职业道德要求、职业道德义务所产生的各种态度、体验和情感。它包括对本职业的荣誉感、尊严感，对本身劳动的责任感、义务感，对服务对象的尊重、热爱情感。它在职业道德意识的层次上比职业道德认识深化了一步，并具有一定的稳定性。它是一个人职业良心的重要体现。要强化职业道德情感，必须从我国优秀传统道德中汲取营养，积极体验，自我调节，遏制和抛弃错误的道德情感，逐步积累和养成高尚的道德情感。

职业道德意志是指从业人员在履行职业义务的过程中自觉地克服困难、完成任务的毅力和能力。一旦有了坚强的职业道德意志，就能够抵御外来的不良侵蚀和影响，就能够恪守道德规范，坚决推进职业活动。职业道德意志是履行职业道德义务，克服障碍，坚持或改变职业道德行为的一种精神力量。

职业道德信念是指人们对所从事的职业义务发自内心的强烈责任感。它是职业道德认识、情感、意志的升华与结晶，是职业道德意识的最高层次，是职业道德品质的灵魂。

2.职业道德行为修养

职业道德行为是职业道德规范转化为职业道德活动的具体表现，一般通过行为、习惯和传统固定下来。它是人类社会对从业人员职业道德的外在要求。

一个人的职业道德行为修养是其职业道德意识的外在表现。意识的层次决定着其行为的水平。在进行职业道德修养的过程中，最初阶段，总是要牢记职业道德规范，三思而后行。随着长时期的日积月累，就会逐渐表现为“习惯成自然”，形成既定的行为模式。当在头脑里形成了某种坚固的职业道德信念时,这种信念就促使人在行动上自然而然地表现出相应的行为。他不需要时时、事事都经过深思熟虑,不需要他人的监督,不需要舆论和环境的鼓动,就能顺利地去践行职业义务,体现出良好的道德品质。

2.3.2 如何提高职业道德修养

要提高职业道德修养,必须坚持理论联系实际,走边学边实践的道路。学习职业道德理论是为了用来指导自己的行为;而行为表现必须以职业道德规范为依据。正如学习游泳那样,既要学习有关游泳的理论、方法和技巧,更要敢于下水、敢于呛水、坚持不断磨炼,才可能在实践中学会游泳。要提高职业道德修养,学习和掌握有关的理论知识并不困难,关键是要学以致用,加强自律。下面给出一些行之有效的修养方法。

一、学以致用,重在实践

理论是指导实践的方向盘。我们应从理论的高度来认识职业道德修养,从而避免实践的盲目性。

实践是提高个人道德修养水平的必由之路。一切社会意识和规范都是在社会实践中形成的。人们只有在社会实践中,在个人与他人、集体、社会的道德活动中,才能深刻地认识道德规范和判断自身行为。离开了社会实践,离开了人类的道德活动,人们的善恶观念就无从产生、无从比较,也就不能克服自己的不正确思想和不道德行为,更谈不上培养崇高的思想道德品质。

因此,我们应当学习职业道德规范,学以致用,积极投身于实践活动,从职业实践中来培育、磨炼、完善自己的职业道德。当一个从业者以其高度的责任感履行职业义务并获得某种成功时,他会从中进一步强化职业意识,得到满足感。这种道德情感体验又促进他更加自觉地遵守职业道德规范。

二、经常自省,加强自律

反躬自省,就是依据一定的职业道德标准经常检查自己,寻找自身存在的思想、行为上的缺点和错误,据此规划并约束自己的行为,使之符合职业道德标准。这是提高职业道德修养的一种行之有效的方法。

孔子曰:“内省不疚,夫何忧何惧?”它的意思是说,一个人只要自我反省没有愧疚,就不会有什么忧愁和恐惧了。曾子曰:“吾日三省吾身”,他每天都要自省三个问题:工作是否尽职、交友是否守信、言行是否不一,以此来提高个人修养。

有了内心的检查和反省,才能发现自身的不足和与规范准则的差距,才能有的放矢地进行修养,严格自律,提升职业道德修养。

三、慎独

“慎独”一词出于古籍《礼记·中庸》。这里,“慎”为谨慎、警觉之意,“独”是指自己独处、无人看见。所谓慎独,指的是人在独自居处时也能自觉地严于律己,谨慎地对待个人的所思所行，防止有违背道德的欲念和行为发生，从而使道义时刻伴随自身。古人认为，一个人如果在独处（独自生活、独自工作）、无人监督、有做坏事的可能时，仍能坚守道德信念，自觉地严格要求自己，按照道德规范约束自己的行为，不做任何不道德的事，那么，他就达到了一种高尚的精神境界，即“慎独”。

“慎独”不仅是一种高尚的道德境界，而且也是一种有效的道德修养方法。

实践表明，最隐蔽的东西往往能反映出人的品质；最细微的事情往往能暴露出人的灵魂。“慎独”强调要确立坚定的道德信念，强调自律，强调在细微处下工夫。要想做到在暗地里不做违背职业道德和良心的事，就要求人们严于律己，从细微处着手，防微杜渐。这也就是古语所说的“勿以恶小而为之，勿以善小而不为”。一方面，不能做任何的小恶，否则任其滋长，必将积小恶成大恶，前途堪忧，导致“千里之堤，溃于蚁穴”。另一方面，不要轻易放过自己可能做到的那些不起眼的小善事，一个个细小善事积累的过程正是个人道德修养得以提升的过程，此即为“积善成德”。

四、提高文化素养

为了得心应手地从事职业活动，必须与时俱进地学习科学文化知识和专业技能。一个人科学素养的提高，有助于提高其业务能力，增长工作绩效；文化素养的充实，有利于强化其职业道德意识，促使其职业道德修养的提升。

有一项调查表明，那些未成年的在押人员多为文盲。分析这些人的犯罪原因，主要是文化素养较差，初中毕业的不足17%，大多数是小学毕业，还有近20%连小学都没毕业；其中近40%是辍学或被学校开除、劝退的学生，绝大部分初进看守所时不会写信（包括明信片）；此外，他们大部分人的共同特点就是崇尚金钱，奉行拜金主义。事实说明：缺乏科学文化修养，就容易是非不分，善恶难辨，甚至在金钱或名利的驱使下走上违法犯罪道路。

加强科学文化修养，就会反对迷信，崇尚科学，有助于树立正确的思想道德观念，做出理性的行为选择，明辨是非，从而促进思想道德修养的提升。

2.4 课堂讨论——从借口看职业道德

《左传·成公二年》记载：“若苟有以借口而复于寡君，君之惠也”。杜预注释：“借，荐；复，白也”。孔颖达进一步阐述：“言无物则空口以为报，少有所得则与口为借，故曰借口”。此后，借口就被后人理解为托词或借为口实之意。

一、借口

借口何以需要？这是因为它可以使一些人掩饰自己的过错或真实意愿、暂时躲避困难或推脱责任，可以使他们得到心理上的些许慰藉，可以使他们维护自己的面子和形象。

通常，在职业活动中，一些人使用借口较多的场合如下：

（1）当自己不愿承担某种（自己不乐意干、有风险、很艰苦）任务时，为了躲避。

（2）当在工作过程中不能按时完成自己承担的所有任务时，当出现工作失误或发生事故时，为了推卸的责任。

(3)当不愿答应对方的求助或婉言谢绝对方的请求时，为了“冠冕堂皇”，不伤和气，并表示“真诚”。

每一种借口，表面上似乎都“言之有理”，但背后却隐藏着相当丰富的潜台词。言者固然不愿吐露真情，而听者若细加分析，也自会理解其意。

职业道德要求从业者诚实守信，勇于承担，敢于负责。使用借口企图避重就轻、躲避艰难困苦，这是贪图安逸的懦夫懒汉思想。它使人失去磨炼、成功、提升的良机，抱残守缺，难有建树。使用借口企图推卸自己应当承担的责任，这是缺乏责任心、损人利己的表现。它使人不能正视自己的过失，通过把过错推给别人或客观因素，来证明自己不该对工作问题负责，一方面阻碍了个人汲取教训、“吃一堑长一智”；另一方面还会伤害同事，表现出自己的缺德。

对于生活中婉言谢辞所采用的一些借口，作为交际技巧，无可非议。

二、借口的表现形式

借口的表现形式是多种多样的，下面举例说明：

1. 迟到的借口

“闹钟没响，睡过头了”“我的表慢了”“下雨(雪)”“人特多，挤不上车”“路上堵车”……

2. 推托艰难任务的借口

“我缺乏这方面的知识和技能”“我的专长不在这方面”“我有高血压(或其他病)”“我家里有病人需要照顾”……

3. 完不成任务的借口

“我从未受过这种业务的培训”“我没有足够的时间”“我夜晚没有休息好”“我把任务理解错了”“我以前没有这么做过”“这些天我太忙，顾此失彼，实在来不及，我将尽快去做”……

4. 面对失误的借口

“他们做这件事之前并没有征求过我的意见”“我缺乏经验”“我刚来公司，他是负责人”“这次未能中标，是因为人家在设计和人脉方面都占有优势”……

三、对于所列举的借口进行讨论

对于所列举的各类借口，同学们可以结合职业道德的理念分组展开议论。为了启发思路，这里“抛砖引玉”，作为第一发言。

1. 关于迟到的借口

心理学家研究发现，上班迟到者，除了有的人确实有实际困难外，通常还有更深层的心理原因。如果员工爱岗敬业，即使上班路途遥远，也会“笨鸟先飞”，早起早走，确保提前到达；如果员工不喜欢岗位工作，或者人际关系不融洽，就容易出现迟到或消极怠工。

迟到的真正原因，每个迟到者都是最清楚的。他之所以要找借口，无非是想说明自己知道不应该迟到，只是“事出有因”，以此来避免难堪、尴尬或惩罚。

作为职业人，应当守信守时、遵守纪律，必须做到上班(开会、集体活动)不迟到。为了做到不迟到，一方面，要做好时间管理，确保能够提前到达；另一方面，针对工作不对口和人际关系不良等实际问题，通过工作变动、加强交流沟通来解决，从而提高工作积极性。

2.关于推脱艰难任务的借口

当组织需要有人去承担艰险、困难的任务时，这正是员工的发展机遇，因为风险与业绩并存。有些人贪图安逸，胸无大志；有些人斤斤计较个人得失；他们寻找各种借口，不愿承担艰难任务。

尽管有些借口的"理由"是属实的，但都起着壁垒的作用。它既能使自己避开风险、免除劳累、暂保安稳，同时也阻挡了一次磨炼成才、自我发展的机遇。试想，舒舒服服、不肯付出艰辛劳苦，会获得卓著的工作绩效吗？

在人们的职业活动中，"缺乏某种专业知识和技能"的情况是经常遇到的。这可以通过终身学习来解决。任何知识总是从开始不知再慢慢学会的。任何技能也总是通过"学而时习之"才逐渐掌握和熟练的。在职业活动中，要想有光辉前程，就必须勇于接受各种新任务的挑战，善于边学边干，努力拼搏，创建业绩；害怕艰难和风险，追求安乐舒服，只能是庸庸碌碌、无所作为。任何组织都不需要这种贪图安逸的庸碌之辈。因此，为推托艰难任务而寻找种种借口，实是对公私皆为不利的蠢招。

3.关于完不成任务的借口

员工完不成任务，对于组织的事业发展和个人的工作绩效均有不良影响。除了受到不可抗拒的因素（地震、洪水、台风、疾病、战乱等）影响外，任何完不成任务的借口（所谓"理由"）都是不能成立的。

完不成任务的员工应当首先想一想自己是否做到了爱岗敬业，是否做到了尽心尽力、积极奉献；进一步，在自己的工作方式和能力缺陷上找出原因，采取改进措施（加强学习、安排好时间、改进工作方法、注意细节等），保证做好以后的工作。绝不可从借口上寻找出路，那只会自欺欺人、使自己陷入不能自拔的境地。

4.关于工作失误的借口

出现工作失误，会在一定程度上妨碍组织的事业发展，显著地影响当事人的绩效和升迁。一些当事人为了自身利益，常常使用其潜台词为"此事责任不在我"的各种借口来加以表白。然而，英明的上司对此事的决策未必能够使他如愿；而同事们却由此认清了他的推卸责任和不可信任。

职业人要强化职业道德观念，诚实守信，敢做敢当。一旦失误，绝不找借口，而要实事求是，分析原因，汲取教训，想方设法，落实改进措施。

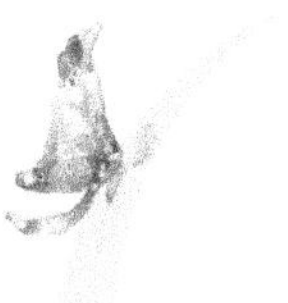

第3章　强化职业意识

3.1　职业意识概述

一、职业意识

何谓职业意识？现有许多各不相同的说法。

有人认为，职业意识是对所从事的职业的认同；职业意识可以最大限度地激发人的活力与创造性，是敬业精神的前提；职业意识强的人（比如职业运动员、职业演员）会在工作中努力拼搏、奋斗不息；一些工薪人员对所从事的职业缺少相应的职业意识，因而只满足于机械地完成自己分内的工作，对自己要求不高，缺少进取心，缺少积极主动性。

有人认为，职业意识是从业意识，即人们对即将从事的和正在从事的职业的认识、看法及其在从业中表现出的情感、态度、意志和品质等。从业意识包括敬业意识、责任意识、诚信意识、竞争意识等。从业意识强的人在从业活动中会表现出较强的主观能动性，有利于个人就业和发展；缺少健康、积极的从业意识的人常表现出好高骛远、拈轻怕重、见利忘义、奉献心弱、推卸责任、因循守旧、不思进取等。

有人认为，职业意识是随着求职而逐步形成的心理过程，并随着人的成长而逐渐发展。它由职业价值观意识、职业定位意识、职业理想意识、职业风险意识和职业调适意识构成。

综合以上观点，我们可以认为：职业意识包括职业价值观、职业定位意识和从业意识三大部分。

（一）职业价值观

职业价值观是人们对待社会上存在的职业的认知、态度、看法和信念，或是人们在职业生活中表现出来的一种价值取向。它集中地体现在个人选择职业的标准和对具体职业的评价。

职业价值观影响着人们的职业兴趣、职业评价、择业意向、从业态度、创业效果和职业行为。它对人的职业发展和生涯前程具有决定性作用。

一个人职业价值观的形成，除了家庭背景、社会影响外，学校教育起着最重要的作用。

职业价值观是大学生价值观念中极其活跃的内容。在顺应改革的大潮中，他们意识到自我作为利益主体的重要性，增强了择业的自主性，日益追求自我价值的实现。他们把符合个人价值观而又有实现可能的未来职业期望当做自己的职业理想。他们对社会各种职业的地位、待遇等因素进行综合认识和评价，追求物质与精神并重、实惠与理想兼顾的经济价值和自我价值。他们的职业价值目标从理想转向现实，带有一定的短期化、功利化倾向。越来越多的大学生崇尚个性、自信，既注重社会发展趋势，又注重个体人生感受。他们不再坚持传统式“干一行，爱一行”“从一而终”的一元职业观，而是崇尚多元职业观，根据个人理想和追求，“爱一行，干一行”，各自追求不同的价值（奉献、报国、报恩、金钱、权势、名誉、地位、爱情等），在广阔的条条道路上寻求自己那片天地。

（二）职业定位意识

对于大学生来说，职业定位意识是指个人对自己将来从事的职业的选择偏好，对自身价值的定位。它体现在个人对职业声望、择业标准、职业发展、地域环境等考虑上。

职业定位是大学生根据个人职业目标和主、客观条件谋求最匹配职业的过程，是迈向个人职业理想的起步阶段。它需要充分考虑个性、兴趣、特长等个人因素与用人单位环境、职位资格要求、家庭亲属意见等外界因素的匹配。

职业定位意识在求职过程的不同阶段有着不同的侧重：

1.择业定位

择业是大学生自己把握自己命运的开始，需要强化自主择业意识。越来越多的毕业生都能以主体身份，按照择己所爱、择己所长、择世所需、择己所利的原则进行职业选择。

面对“双向选择”的自主择业政策和严峻的就业形势，必须树立起竞争意识。以个人特质和职业素养为基础的激烈竞争决定着择业的成败。大学生只有强化市场意识和竞争意识，不断充实和提高自己，才能增强自身的竞争力。

择业需要准确地认识自己和客观条件，有充分的自信心，勇于竞争，不怕挫折，经过一番努力，才能成功。

2.待业定位

我国每年都有一部分应届大学毕业生不能及时就业。初次求职未能找到自己喜爱或适合自己的职位，虽处于待业状态，但却不可消极等待，仍应继续努力。这时，待业定位的可选方案有三种：一是根据客观可能条件先就业，后创造条件再择业；二是先接受专业培训或“充电”自学，补充知识技能，然后就业；三是先就业，积累技能、经验、资源，后创业。

3.创业定位

大学生创业必须正确评估自身的创业条件（个人、资金、人员优势互补、商机、社会关系），恰当选择创业切入点。一般情况下，大多在高科技、智力服务、连锁加盟、小店经营等领域创业。众所周知，创业的成功率是很低的。要想取得创业的成功，创业者必须有良好的心理素质，如竞争意识、拼搏精神、风险意识、挫折承受力等。

总之，职业定位是自我定位和社会定位两者的统一。要想做到准确的定位，必须做到知己知彼，科学决策。对此，我们已在《职业生涯与发展规划》中详述，这里不再重复。

（三）从业意识

从业意识是指人们在职业实践活动中的情感、态度、意志和品质。

现代职场需要会做人和会做事的员工。做人，应有良好的职业道德，诚实守信、善于沟通、勤恳负责，成为上司的好下属和同事的好伙伴。做事，应有坚实的专业技能和强烈的事业心，勇于承担和负责，敬业乐业，建树业绩，敢于竞争，积极奉献。

作为一名员工，有没有良好的从业意识(例如职业调适意识、责任意识、诚信意识、敬业意识、竞争意识、团队合作意识等)，如何看待自己的岗位和职责，以什么样的精神和态度投入工作，追求什么样的工作目标，这对其职业活动的发展和前途具有决定性作用。它关系到一名员工能否成为组织需要和倚重的人，能否为组织成就事业、做出贡献。

从业意识有助于推动个体的职业生涯发展。

二、职业意识的作用

马克思主义哲学告诉我们，存在决定意识，意识对存在具有反作用。职业意识对于大学生的职业社会化起着重要作用，具体表现在以下几个方面：

1.有助于职业兴趣的产生和职业抉择

及时、全方位的职业意识的引导，有助于职业兴趣的产生、职业选择的顺利进行。在一个人生理、心理条件一定的情况下，职业兴趣的产生与职业信息的刺激构成相关关系，职业能力与职业兴趣成正比，及时、全方位的职业意识的引导是关键。

2.影响择业和从业活动

一定的职业价值观制约着人的职业方向、职业岗位的选择以及职业活动中的情感、态度、意志与品质(包括职业中的义利取舍和人际关系)。健康积极的职业观有利于工作方式与生活方式的优化及水平的提高。纵观我国改革开放以来人们职业观的变化过程，人们的职业观越来越趋向理智。绝大多数人的职业价值观的形成不是一个主观过程，除了家庭背景、时代影响，最重要的是学校教育的作用。比如教师职业，就经历了地位提升的过程，据调查显示，近60%的家长愿意让子女选择教师职业。

3.有助于择业成功和提高职业满意度

合理、恰当的职业意识有助于确立适合自己的职业期望，从而有利于职业选择的成功和职业满意度的提高。如果职业期望过高，通常表现为强调自身的兴趣与能力，而忽视社会的需求；强调职业的经济待遇、地理位置、社会地位等，而不肯接受服从他人管理、工作变异性大、经济待遇低或地理位置偏的职业。如果职业期望过低，则将不利于个人能力、智慧的发挥，还可能导致专业不对口、大材小用、人才浪费并引发心理问题，产生新一轮的择业问题。

4.有助于职业生涯顺利发展

积极健康的职业意识有助于个人职业选择的顺利实现、职业生涯的顺利发展、个人事业的成功。强烈的职业意识是大学生学习的动力源之一，是贯彻“学以致用”的理念出发点，是职业生涯设计优化的心理前提。职业意识在职业生涯设计中发挥着主观能动性的作用，它有助于职业生涯设计的预期指标及指标的组合关系优化，有助于职业生涯设计变为现实的方式与进程的优化。

对于大学生来说，职业知识的丰富、职业兴趣的成熟与集中、职业意向的合理明确，将促使个人向一定的职业目标努力，从而更加理智地走上择业和从业的成功之路。

3.2 责任意识

3.2.1 责任意识概述

一、责任

根据《辞源》和《辞海》的解释，“责”的语义非常丰富，包括责任，职责，负责；责问，谴责，诘问，责备；处罚，责罚；索取，责求；要求，督促等。

在现代汉语中，“责任”一词有三个互相联系的基本词义：一是根据不同社会角色的权利和义务，一个人分内应做的事，如岗位责任、尽职尽责等；二是特定人对特定事项的发生、发展、变化及其成果负有积极的助长义务，如“担保”责任、“举证”责任等；三是由于没有做好分内的事情（没有履行角色义务）或没有履行助长义务而应承担的不利后果或强制性义务，如“违约”责任、“侵权”责任、“赔付”责任等。

自然界里的每一种动物都负有特定的责任：蜜蜂采花酿蜜，猫捕捉老鼠，蜘蛛结网捕虫，等等。作为万物灵长，每个人来到人世也都有自己的责任。

责任是一种义务，一种使命，也是推动事业发展的原动力。

“责任”一词在不同语境中具有不同的含义。一般来说，任何人在人生的不同时期都肩负有特定的责任。责任是随着人的社会角色不同而不同的。例如，父母对子女的责任是监护和教养，医生的责任是治病救人，教师的责任是教书育人，法官的责任是秉公执法等。

二、责任意识

1.意识

在词典中，意识一词有多种释义：自我感觉到、能思想、有知觉的，有意志的，充分了解情况的，清醒的，故意的，敏感的等。通常，意识为觉察之意，倾向于指处于觉醒状态的精神活动。在科学家中存在一种趋势，即用“意识”来指“觉察”和“辨认”。

在哲学上，意识是指人脑的机能和属性，是客观世界在人脑中的主观映象。相对于物质而言，意识是第二性的。物质先于意识，并决定意识；意识不仅反映客观世界，而且通过实践创造世界，具有能动性。意识是社会实践的产物，是随着实践的发展而发展的。

意识与思维的概念有时相同，但范围更广。

在心理学上，意识一般是指自觉的心理活动，即人对客观现实的自觉的反应。

2.责任意识的含义

责任意识，或者说责任感，是道德品质的一种体现。

责任意识是指不同社会角色的权利、责任、义务在人脑中的主观映象。它是指一个人的行为在生活或工作中对待他人、家庭、组织和社会是否负责，以及负责的程度。

责任意识是一种自我约束的价值取向。这种约束限定了自己应该怎么做、不应该怎么做，确定了个人生活、工作、处事的原则，确定了个人劳动付出、创造绩效、奉献社会的途径。它是一个人立足社会、获得事业成功和家庭幸福的至关重要的人格品质。

对于个体来说，责任意识就是要认清本身的社会角色和社会对它的需求，尽心履行责任和义务。例如，大学生要有努力学好职业本领的意识；医生要有医术精深、救死扶伤的意识；公务员要时刻牢记履行公务员权利和义务；企业员工要积极承担岗位职责、完成任务、做出贡献等。

对于不同身份的人来说，他们必须具有合理的责任意识并认真履行，才能保证个人的健康成长和发展，保证社会的和谐与稳定。

对于一般公民来说，责任意识是指个体对所承担的角色的自我意识及自觉程度。它包含两方面的内容：一个人既要对自己的行为后果承担相应的责任，又要为他人和社会负责。

三、责任意识的作用

一个人有无责任意识，责任意识的强弱，不仅影响到自己在群众中的信誉，而且还直接影响到他在校期间的学习成绩、就业过程中的工作绩效、所在单位目标任务能否完成。良好的责任意识是个人进步的动力，它能提醒和督促自己主动地付出和贡献，不断创造出业绩。如果一个人缺乏责任意识，他在学习、生活或工作中就会消极被动，得过且过，毫无建树；面对各种引诱而不能自持；一旦身处逆境便消沉绝望，难以自拔。

在上海交通大学公布的2005年用人单位最看重的毕业生20项素质中，排在第一位的就是责任意识。

1985年，时任电冰箱厂厂长的张瑞敏毅然带头砸毁了76台有质量缺陷的电冰箱，杜绝问题产品流入市场。这是对用户、对社会负责的壮举。正是这种社会责任心和质量至上的理念造就了海尔集团辉煌的今天。

1. 责任意识能够激发出个人潜能

每个人都蕴藏有巨大的潜能，但并非都能够发挥出来。这固然有多方面的原因，然而，其中不可忽视的因素就是人的责任意识。

据有关专家研究，人在遇到特急情况时，体内会分泌出一种奇异的激素，由此激发出人体潜藏的超常能力；情况越危急，潜能越容易被激发，而在通常情况下，潜能则处于沉寂状态。

一个有强烈责任感的人，对待工作必然是尽心尽力、一丝不苟，不把它做好决不罢休；遇到困难，决不轻易放弃。责任心激发出他的巨大潜能，驱使他想方设法、竭尽全力做好工作。据传说，法国有个名叫桑尼尔的飞行员。他在清洗战斗机时，突然感到肩膀被拍了一下，回头看，竟是一只大狗熊。他在惊恐之中急忙把水枪对准狗熊，由于用力过猛，水枪脱手落地。他施展全身力气纵身猛跳，跃上了两米多高的机翼。在他的呼救声中，哨兵端着冲锋枪跑来击毙了狗熊。一个人在没有助跑的条件下能跳两米多高，这的确令人难以置信。况且，他后来做过多次试验都没有再跳上过。但在生死关头，确实是由于自救的责任感激发了他的生理潜能，使他有了超常的发挥，竟然跳上了机翼而脱险。

相反,一个责任意识淡薄的人,由于不愿意、也不可能全身心地投入工作,他的潜能就不可能被激发出来,因而,即使其工作经历再久,也只能是碌碌无为。

类似于军事上"置之死地而后生"的道理,历来就有许多科技和生活方面的奇迹都是在"面临绝境""别无选择""任务重于泰山"等沉重的责任压力下创造出来的。责任压力激发了人们生理机能、智慧才干的超常发挥。

无数历代名人和先烈英模对于国家和事业无不具有强烈的责任心和使命感。正是这种责任心和使命感充分激发出了他们的潜能,使他们做出了常人难以达到的贡献。例如诸葛亮"鞠躬尽瘁",岳飞"精忠报国"是为国尽责的楷模。许多辛苦耕耘、舍己救人、抗灾捐献、以身殉职的人,许多不达目的决不罢休而终于获得成功的人,都是在履行自己的责任,完成某种历史使命。

2.责任意识能够促进个人成功

一个人有了责任意识,就会对自己负责,做自我的主宰,就愿意主动承担责任。这样,他就会全身心地投入自己的岗位工作,精益求精地完成本职任务;他还会乐意承担额外的事务,多担一份责任,多做一份贡献。多担一份责任,就多经受一番历练,这就增长了个人担负更多、更重要职务的能力。显然,这将会提高工作绩效,有利于职位升迁,促进个人职业发展与成功。

任何工作都意味着某种责任。职位越高,权力越大,他所担负的工作责任就越重。任何人只要应聘就职,他就必须对工作担负责任。比尔·盖茨对他的员工说:"人可以不伟大,但不可以没有责任心"。德国大众汽车公司有句格言:"没有人能够想当然地保有一份好工作,必须靠自己的责任感去争取一份好工作"。

国外广泛流传着卡尔和贝克两个青年的故事。他俩一同参加工作,工资一样;但过了一段时间,贝克连续得到提薪。卡尔常发牢骚。有一天,老板派遣卡尔去市场看看有什么货,卡尔很快到市场跑了一趟,忙向老板汇报:"市场上只有一个卖土豆的。"老板问:"有多少?"卡尔急忙又去市场问清楚后跑回来说:"一共40袋。"老板又问:"多少钱一斤?"卡尔再次跑了一趟市场,疲惫地告诉老板:"每斤0.8元。"老板严肃地说:"好了,你休息一下,我让贝克去看看。"老板叫来贝克,同样地吩咐他去市场看看有什么货。过了一阵,贝克回来向老板汇报:"市场上有一个农民在卖土豆,共有40袋,每斤0.8元。"他拿出一个土豆递给老板看:"我觉得土豆质量很好,但价格太贵。我又看到刚来的一个卖西红柿的。西红柿又大、又红、又新鲜,价格也便宜。"他又拿出一个西红柿样品,接着说,"您可能会对他的西红柿感兴趣。我就把他请来了。"老板转身对卡尔说:"你现在明白为什么他比你工资高了吧!"在现实情况下,上司不可能在布置任务时讲清楚所有细节,这就需要员工以高度的责任心去思考,力求把工作做得尽善尽美。贝克对工作的强烈责任心使他做出了更多的业绩,促进了个人发展和成功。

责任感是简单而无价的,它使一名员工在组织中得到信任和尊重,得到重用和升迁,既展现出个人价值,又做出社会贡献。主动承担更多的责任,这是许多成功者的必备素质。

3.责任心关系到事故是否发生

安全第一。我国一向高度重视安全工作,制定了有关的法规和举措,力求把安全事故降到最低。在减少安全事故的过程中,有关工作人员的责任心起着关键作用。它往往关系到事故能否发生。

在现实社会中,有些在职人员对工作认真负责,一丝不苟,一旦发现安全隐患或突发险情,立即采取有效措施,曾避免了许多重大、特大安全事故。例如,某供电公司安全员王觉在检查灌注桩基础孔井开挖工程时,发现18号井由于地下水位较高而出现大量流沙,但井壁却无任何防护措施。他立即要求停止施工。项目负责人以工期紧迫为由而不愿停工。王觉坚持原则,强行中止施工,并撤出全部井下作业人员,就在30分钟后发生井壁塌方。王觉的认真负责,避免了一起重大人身伤亡事故。又如,2010年5月6日,济南某航空兵师飞行员冯思广在同中队长驾机进行夜间飞行训练时,遭遇发动机空中停车。这时,飞机前方是灯火通明、人群熙攘的夜市。他们以对人民的高度负责精神,不顾个人安危,立即改变飞行轨迹,避免了一起飞机坠落在济南繁华市区的特大灾难。冯思广却因推迟跳伞而壮烈牺牲。

通过电视广播,我们也了解到:多年来,由于某些职工或领导干部缺乏责任心,玩忽职守,曾造成过难以弥补的经济损失,或酿成许多惨重灾难(如火灾、煤矿事故等)。例如,一张设计图纸上标注数据的一个小数点错位,会造成大批零件的报废;一批广告产品把厂家电话号码的一位数字印错,曾引发了该广告公司的巨额赔款和公司倒闭。

3.2.2 加强责任意识教育的必要性

一、缺乏责任意识的表现

1. 一部分就业后的大学毕业生频频毁约和跳槽

在激烈的就业竞争中,为了谋求生存和发展,毕业生获得工作岗位的心态是多种多样的:有的如愿以偿,有的喜出望外,有的暂且屈就,有的万般无奈,有的"摸着石头过河"。经过一段时间的工作实践,本身职业意识淡薄,发现主观愿望和客观实际的错位,受到实用主义和功利倾向的驱动,一部分人便采取毁约或跳槽的行动。

根据一项在广州进行的调查发现,应届大学生在用人单位中的稳定率只有10%。此数据虽有一定的局限性,但也可供参考。

2. 工作责任心差

有的员工只知道机械地做工、完成任务,缺乏责任心。例如,一位公司经理让一名员工去复印两份资料。这名员工行动迅速,很快就把复印好的资料拿回来复命。他把一堆散乱的原件和复印件放在桌面。这样的工作效果是该员工工作责任心差的典型表现。

任何一份工作都含有一种责任。要把复印这一工作做好,也需要有责任心,除了必须毫无遗漏地完成复印任务外,还应当分别把原件和复印件整理并装订好,这样才算尽职尽责。

做任何工作,责任心的强弱都会造成极为悬殊的工作结果。例如,同样是铺地板,有的工人只是追求完成任务,有的工人则是以创造作品的态度要把地砖铺成地面的艺术品。他们的工作质量显然不在同一档次。

3. 集体责任观念淡薄

一些员工过分注重个人奋斗、个人发展,对人对事比较冷淡,对集体、对单位漠不关心,还存在“等、靠、要”的思想；缺乏自力更生、艰苦奋斗的精神，缺乏与单位荣辱与共、兴亡有责的理念。

“国家兴亡，匹夫有责”。企业兴衰，关系到组织的存亡和员工的命运，经营者固然应负直接责任，而员工也责无旁贷。既为组织的一员，必须融入组织，关心集体，加强集体责任观念，为推动组织的事业发展而尽到自己应尽的责任。

二、加强责任意识教育

责任意识是道德品质的一种体现。它表现为一个人在生活或工作中对待他人、家庭、组织和社会是否负责，以及负责的程度。一个人的责任意识不仅影响到自己在群众中的信誉，而且还直接影响到他在校期间的学习成绩、就业后的职业前程、所在单位目标任务的完成和生存发展。

人的责任意识不是与生俱来的。它需要在远大理想和目标追求的指引下，通过教育、学习和实践，才能按照客观需求逐渐建立和稳固起来。它需要个体用自觉的习惯意识去维护。只有在责任意识的驱动下，履行社会赋予自身的责任，才能形成真正的责任行为。

如今，大多数属于独生子女的“80后”大学毕业生纷纷进入职场。他们自幼饱受关爱，缺乏独立承担责任的磨炼，难免责任意识薄弱。为了增强责任意识，必须加强责任意识教育，使大学生在就业之前就认清我们这代人的历史使命，从“做人”和“做事”高度来要求自己，做一个有道德的人，做一个对别人负责和对工作负责的人。当生活或工作中遇到问题或困难时，自己要多想办法多出力，不退缩、不逃避，坚持努力，直至解决问题为止。

个人有了责任意识，就不会对工作掉以轻心，就会一丝不苟、信心十足地做好工作，建功立业；有了责任意识，才会不损伤组织和他人利益，做有利于组织和他人的事；有了责任意识，才会勇于承担责任、乐于贡献。也只有如此，他才会被他人、家庭、组织和社会所认可。

3.2.3 责任意识的培养

一、责任意识的培养目标

每个人都担负着多种社会角色。每种社会角色各有特定的社会责任。我们的责任意识应当围绕不同的社会角色来培养，可以从下列5个方面做起。

1.对自己负责

培养自尊、自信、自主、自强、自律的意识，充分发挥个人的聪明才智，使自己成为一个对社会有用的人。

2.对他人负责

尊重他人，接纳他人，以诚待人，与他人和谐相处，富有爱心和合作精神，真诚关心他人的安全和利益，乐于助人，力求使自己成为他人的良师益友。

武汉市鄱阳街有一座6层的景明大楼。它的业主在1997年收到了一封越洋信函。这封由楼房设计者寄来的信中写道：“此大楼设计于1917年，设计年限是80年。现已超期服役，敬请业主注意。”这封信体现了大楼设计者对他人(用户)的极端负责。

根据《深圳青年》杂志报道，大连市公交司机黄志全在行车途中突发心脏病。在生命的最后一分钟里，他做了三件事：把车缓缓停在路边，打开车门让乘客安全下车，将发动机熄火。他趴在方向盘上停止了呼吸。他的行为充分表现出了对工作、对他人高度负责的精神。

3. 对集体负责

树立集体观念，珍视集体荣誉，主动关心爱护集体，坚持把个人利益放在集体利益之下，决不做有损集体声誉的事；积极参加集体活动，主动为集体事业的发展尽心尽力，与集体共荣辱，维护集体的荣誉和利益。

任何一个集体都需要维护自身的利益，国内、国外都是一样。

张明是一个下岗的技术员。他到一家外企参加应聘。报名人数高出录用名额50多倍。他顺利地通过了外语、专业技术的考核，在面试中，针对“过去所在企业的经营成功的诀窍是什么？技术秘诀是什么?”的问题，他虽然能够回答，但不愿损害原单位的利益，在沉默一阵之后坚定地说：“无可奉告”。他估计录用无望了，开始另谋职业。但是，那家外企却发来了录用通知书：“你被录用了。因为你的能力与才干，还有我们最需要的——维护公司利益”。

阿基勃特是美国标准石油公司的一名员工。他在任何场合签名时，总要附加一句公司的宣传词“每桶4元的标准石油”。时间一久，同事们就把“每桶4元”作为他的外号。董事长得知此事，问他得此外号为什么不生气。他说：“‘每桶4元’是本公司的宣传词。别人每叫一次，就替公司免费做一次宣传，我为什么要生气呢?”这种时刻不忘提高公司声誉的负责精神，使他创建了不凡的业绩。在5年之后，他肩任了洛克菲勒的董事长职务。

4. 对家庭负责

作为一名家庭成员，应当尊老爱幼，在努力追求事业成功的同时，妥善处理家庭的感情和物质生活，夫妻恩爱，对其他家庭成员负责，营造温馨和谐的家庭。家庭幸福是人生多种成功标志的一个重要方面。

5. 对国家负责

树立热爱祖国、报效祖国的伟大理想，爱护国家财产和公共设施，爱护环境，积极参加公益活动，努力学习和工作，将自己毕生的精力贡献给建设祖国、保卫祖国的伟大事业。

二、大学生的责任意识培养

责任感不是与生俱来的。它是教育养成的。

(一)要明确自己的责任

责任要求大学生认清自己在不同时间、不同环境下的社会角色及其职责。

大学的责任是培养社会需要的德才兼备的人才。在大学里，大学生的责任就是要使自己成为社会需要的德才兼备的人才。为此，要完善自我认知，养成良好的个性与习惯，促进自我成长；确立科学的价值观和职业理想，担负起父兄、师长、社会的重托和期望，坚定报效祖国、造福人民的信念；提高学习能力，学习知识技能，提升专业能力；参加集体活动和社会服务，培养社会责任感；锻炼沟通能力，建立和谐的人际关系。这个责任是沉重而光荣的。

大学生责任的履行有赖于个人的自我探索、自我管理和自我规划。首先，要探索自己的价值观、人格、兴趣和能力，不断完善自己的人格，明确自己的爱好、优势和目标。其次，要面对离开父母独立生活的现实，管理好自己的大学生活，管理好时间、情绪、压力和健康，使自己在大学期间高效地增长才干，做到“不因虚度年华而悔恨，也不因碌碌无为而羞耻”。第三，从入学开始，就要规划自己的生活，包括学习安排、身心健康、职业生涯、职业素养提升等，为实现自己的职业目标而做好充分的准备。

（二）从小事做起

大学生要想养成良好的责任感，为一生的发展打下坚实的基础，就必须从身边小事做起，认真对待生活、学习中的诸多小事，不要敷衍马虎。

古人云：“合抱之木，生于毫末；九层之台，起于垒土；千里之行，始于足下。”大事是由许许多多的小事积累而成的。强烈的责任心也是由对许多点滴小事一贯负责而积累形成的。

“勿以善小而不为”，不迟到，不早退，专心听好每一堂课，如海绵吸水般地求知进取，为同学送开水，经常打扫宿舍，护送病友去医院，参加公益活动，奉献一次爱心……这些不起眼的小小善举，会逐步巩固一个人的上进心、善心、爱心和责任心，随着数量的增多，量变将产生质变，就会在心理上形成强烈的责任感。

“勿以恶小而为之”，践踏草坪，随地抛纸屑，看到水龙头滴流而不去关紧，忘了自己对别人的承诺，忘了参加预定的集体活动，自己在夜晚最后离开教室而没有熄灯……这些很容易发生的小事，正是因为没有意识到个人对环境卫生、爱护公物、诚实守信、节约水电等公共道德应尽的责任。

我们每做一件事，就是在尽某种责任，能够对许多小事负责，才能逐渐培养起对工作的责任心。

（三）要学会自我管理

责任心首先体现在对自己负责。这就要求大学生学会管理或控制自己。

1.管理自己的时间

时间是宝贵的。青春年华尤为宝贵。浪费时间就等于浪费生命。大学生一定要充分利用每天的时间，要了解自己学习多长时间，休息多长时间，休闲多长时间，要有具体限定，不可放任自流。

2.管理自己的目标

大学生做任何事都应讲求效果。自己想达到什么目标，要记住自己制定的长期目标和短期目标，要从量化的具体小目标做起，一定要杜绝那种时间到了而任务却未完成的无效或低效活动。

3.控制自己的承诺

诚信是做人的重要准则。大学生交友做事，一定要“言必信，行必果”。古语“君子一言，驷马难追”，应成为我们的座右铭。

控制自己的嘴，不要说那些企图逃避承担责任的话。例如“这不关我的事”“这是没办法的事”“没有人对我说过”“很多人都是这样的”“你不要小题大做”“我是初次，没有经验”“我是好心，想帮助他，没想到……”“又没有人知道，害怕什么？”等。

不要随便许诺，更不要为自己没有信守诺言而寻找借口、推卸责任。一旦对人有所许诺，就要不折不扣地去兑现。

4. 控制自己的忧虑

在漫漫的人生路途中，人人都会有不能实现个人愿望，甚至遭受挫折的时候，例如，考试不及格、经济吃紧、疾病困扰、恋爱难成、人际关系失谐等。这时，一定要控制自己的忧虑，不要泄气，要振作精神，以积极的心态谋求解决途径，开创新局面。

“不要为打翻的牛奶而哭泣”，要不屈不挠，追求新的目标。

5. 管理自己的交友

“近朱者赤，近墨者黑”，朋友之间的互相影响是很大的。一群朝气蓬勃的年轻朋友，互相勉励，共同奔向光明前程，其间存在着积极的影响。他们的莫逆之交贯穿终生。

社会上一些闲杂青少年聚在一起，不务正业，滋事生非，乃至团伙犯罪。其间存在着消极的、恶劣的影响。

人们虽然无法选择一同学习或一同工作的人，但却可以选择自己乐意长久相处的朋友。管理自己的交友对象，争取与对自己各方面发展能产生积极影响的朋友相处。

三、员工的责任意识培养

1. 做好本职工作

一个职业人责任感的主要表现就是要做好本职工作。为了组织的发展，也为了自己的职业前程，我们必须踏踏实实地做好本职工作。应当明白：用人单位和劳动者之间并非一种简单的雇佣关系，劳动者的工作并非只是为组织或老板干的。我们工作，固然有为组织或为老板干的因素，但同时也有为自己干的因素。我们是为了个人谋生或展现人生价值而工作的。我们通过工作而获得的经济收入来维持生存发展和提高生活层次，通过工作而建树的业绩来实现个人理想和展现个人价值。

一个人的工作与其事业有着密切的关系。正是长期的工作积累才造就了某人在某种事业上的成功。我们应该把工作当事业，从自身的岗位工作做起，忠于职守，敬业勤业。如果从事自己喜爱的工作，人们都容易做到爱岗敬业并做出成绩。如果走上了自己不喜爱的工作岗位，也不必抱怨、消极、懈怠，只要能够以高度的责任心看待它，全力投入工作，同样也是可以取得卓越成就的。美国心理学家艾尔森对世界 100 名杰出人士进行问卷调查的结果表明，其中竟有 61 名承认他们所从事的工作并非他们最喜欢做的。但是，他们却创造了辉煌的业绩。原因何在？责任感可以创造奇迹，当然也有他们的聪明和勤奋。

做好本职工作不仅仅是要达到某种模式，而且更是一个与时俱进的过程。每个员工都必须认真对待工作，在做好岗位工作的前提下，不断总结经验，学习新知识，提升业务能力。

在组织内部各岗位的竞争中存在着优胜劣汰的客观规律。每个员工只有不断提高自己的业务能力，才能适应组织发展对岗位工作提出的新要求，才能具备晋升更高职位的条件，成为组织的骨干力量，从而获得更多的机遇和更广阔的舞台来展示才华，建功立业。

2.维护组织利益和形象

用人单位主要是各种社会组织，如企业、个体经济组织、事业单位、国家机关、民办非企业单位、社会团体等。它是维持人类生存和推动社会发展的社会单元。它为全社会提供了多种多样的就业岗位。绝大多数劳动者都需要成为某种社会组织中的一员。

作为一名员工，我们应确立组织的利益高于一切的观念。组织的发展获得了经济利益或社会效益，为社会进步做出了贡献，也为员工的经济待遇和职业发展奠定了基础。只有组织得到持续发展，员工的利益才能有坚实的保证。我们要为组织实现目标而努力工作，顾全大局，维护部门利益，抵制任何破坏组织利益和形象的行为。举例来说，各类用人单位都很重视保守业务或技术秘密，要求员工在本单位或离开本单位后都要保守秘密。前面我们曾经举过一例，曾有一家外资企业特别重视维护公司利益，它在许多符合任职资格的应聘人员中只录用了一名，原因在于此人对“你所在单位的技术秘密是什么?”的回答是“无可奉告”。

组织的良好形象和声誉是宝贵的无形资产。它是组织经过长期艰苦卓绝的奋斗才积累形成的。正是一个组织良好的形象，使得它比同类其他组织具有更高的声誉、更强的竞争力和更辉煌的发展前景。员工的一举一动无不在外人眼里影响着他所在组织的形象。这就要求每个员工必须从自身做起，通过一言一行来塑造良好的自我形象。不论何时何地，都要记住自己是某组织的一员，时刻注意维护组织的形象，制止一切有损组织形象的言论和行为。

3.遵守组织规章制度

任何组织的科学管理都离不开规章制度。规章制度使员工明白自己应担负的责任和义务，明白该做什么和不该做什么，对员工的言行起着导向作用。每个员工都必须无条件地遵守所在组织的各种规章制度。

规章制度对组织的发展具有重要作用。举例来说，在海尔集团的成功历程中，张瑞敏总裁曾多次强调那些包括不准迟到、不准早退、不准在工作时间打毛衣、不准在工作时闲聊等在内的13条规定所发挥的威力。遵守组织规章制度是一个职业人应尽的基本责任。

4.不推卸责任

从一个人对待失误的态度上可以清楚地看出他的责任感。

“人非圣贤，孰能无过”，尤其是初进职场的年轻人，更是难免会有工作失误。对待失误的态度，基本上有两种类型：一些人寻找各种“理由”多方辩解，力求淡化自己与失误的关系，企图逃避责任；另一些人则老实认错，勇于承担责任，“亡羊补牢”，尽可能设法弥补损失。

一个缺乏责任感的人，总爱把工作成绩归于自己，而把工作失误推给别人或客观条件。这种做法必然损害组织的利益，伤害他人的利益，也损伤自己的形象。在任何组织中，不论上司或同事，都不会认可这种人。上司会认为这种人不负责，不可靠，不堪大任；同事不愿意与这种在关键时刻推脱责任的人共事。

一个有责任感、能够正确认识自己的失误，并及时改正、设法补救的人，能够从自身找原因，不断完善自我；实事求是，是非分明，对工作精益求精，必能成为组织中独当一面的人才。这种人很容易得到上司的信赖和同事的认可。

3.3 诚信意识

3.3.1 诚信的理念

一、诚信的含义

1.“诚”和“信”

在《辞海》中，“诚”的含义为真心实意；真是，的确；果真，如果；中国古代哲学术语和道德规范。作为道德行为规范的“诚”，其含义是诚实，不自欺，不欺人。大学者朱熹说：“诚者，真实无妄之谓”。其意是指言而“有征”“不食其言”“言行相顾”。

“信”的含义为信用、相信、信任、信奉等，指可信或可信赖。《说文》将“信”列入“言”部，说“信，诚也，从人从言”，即所谓“人言为信”。人言为信的含义是言语真实可靠和说话算数，也就是不说假话，不以谎言骗人。

儒家认为“诚者，天地之道也，思诚者，人之道也”(《孟子·离娄上》)，视“诚”为自然界和人类社会的最高道德范畴；诚既是合乎自然法则的天道，也是人道。孔子把“信”列为“五德”之一，作为“仁”的重要内容。孟子把“信”看做“五伦”之一，强调“朋友有信”，把“信”当做朋友之间交往的重要准则。

“诚”和“信”有着密切的联系。许慎在《说文解字》中说：“诚，信也”，“信，诚也”，两者可以互训。“诚”和“信”的意义是相通的，而且互相依赖。在忠于事实和不说谎话的道德层面上，“信”即是“诚”，两者皆为求真求实。在言而有信、恪守诺言的人际交往过程中，“信”以“诚”为基础，且是“诚”的外化。一个人心中有了“诚”，才能许下真诚的诺言，进而信守之；反之，一个不诚实的人是不可能信守诺言的。

诚，即真诚、诚实；信，即讲信用、守承诺。诚为信之基础，它侧重于“内诚于心”，体现了内在的个人道德修养。信则侧重于“外信于人”，体现为外在的人际关系。“诚”更多的是指在人际和市场交往中真实无妄地提供相关信息；“信”更多的是指对自己承诺的语言和契约承担责任。

2.诚信

“诚”和“信”组成“诚信”一词，成为道德范畴的一个重要理念。诚信既是指个人的内在品质，又作为人的行为规范。它要求人们具有诚实的品德和境界，尊重事实，不自欺，不骗人；要求人们在社会交往中言行一致，信守诺言，履行自己应承担的责任。它成为社会上维系人际关系基本的伦理纽带。在市场经济条件下，诚信是市场交往的契约性本质在道德上的体现。

诚信是处理人际关系的基本伦理原则和道德规范，也是行为主体所应具有的基本德性和品行。建设现代的社会诚信体系，应继承和弘扬传统的诚信伦理。

在中华民族数千年的文明史中，诚信一直是深受人们尊崇的美德。商鞅变法时“立木取信”的故事①，“得黄金百斤，不如得季布一诺”的谚语②，都表达了人们对诚信品德的赞扬。

我国职业道德基本规范的五项内容中，第二项就是诚实守信。胡锦涛总书记提出的“八荣八耻”中也有一条是诚实守信。诚实守信是政府、企事业单位和个人都要遵守的基本行为准则。

诚信是一种社会道德规范。它是一切道德的根本，是为人处世的基本品德，是一个社会赖以生存发展的基石。

二、社会各领域皆需诚信

在现实社会的经济、政治、教育文化领域和个人行为中都需要诚信。

在经济领域，市场经济是诚信经济。国内外的经济发展经验表明，市场经济越发达，就越需要强化信用伦理。这是融入世界经济、参与全球经济竞争的先决条件。信用、信任和信誉是现代经济活动的通行证，也是走向成功的动力和资本。信用包括一般经济活动的社会信用和专用信用(如商业信用、银行信用、消费信用)。它是经济活动主体对自己行为的庄重承诺和社会各界对其履行诺言的肯定性评价。信任是交易双方在信用基础上构成的经济关系。只有守信用的企业，才能得到社会各界的信任，从而有利于其发展。银行界为企业和个人建立了诚信数据库，使那些信用度比较低的企业或个人难以从银行获得贷款。

我国的同仁堂、老凤祥、全聚德等百年老店之所以长盛不衰，就是因为他们诚实守信、质量至上。信誉的形成依赖于企业长期恪守信用，它是一般信用关系的升华。良好的信誉是企业的巨大无形资产。

在政治领域，国家的政策法令以代表广大人民的根本利益来执政为民、取信于民；人民群众以忠于祖国、忠于社会主义事业的精神积极参加经济建设和精神文明建设。国家按照诚信原则规范政府及官员的行为，避免行政工作的暗箱操作，增加政府行为的透明度，做到政务公开、依法行政，诚信贯穿其中。在社会主义思想道德体系建设中，其重点就在于诚实守信。

在教育文化领域，为实施科教兴国战略，建设社会主义先进文化，必须加强以诚实守信为重点的公民道德建设，在各行各业推行诚实守信的道德准则，铲除一切不诚信行为。

在个人行为中，无论工作、学习或生活，都应说老实话、干老实事、做老实人。诚信是个人立身之本。它不仅是一个人应有的道德，也是与人相处的原则。诚信要求交往双方都要

---

① 秦孝公任用商鞅为相，实行变法。为了推行新政，必须取信于民，商鞅立三丈之木于国都南门，告示百姓：如有把此木移至北门者，赏十金。围观的百姓皆感怪异，无人移动之。商鞅改发告示：如有移动者，赏五十金。终于有个胆大之人将此木移至北门。商鞅立即赏他50两黄金。这一举措使新法开始取得了百姓的信任，从而得以推行。

② 汉朝人季布以真诚守信著称于世。时人谚曰：“得黄金百斤，不如得季布一诺。”由此说明：季布的一句话比百两黄金还要贵重。

真心、诚实、守诺。例如,个人对待家人、朋友、同事、上司、下属、顾客、集体,都应当做到诚实守信。只有这样,才能和谐地融入社会,得到组织和他人的认可和信任,促进个人职业发展和家庭幸福。一个人如果缺失诚信,必然造成品德缺陷,自欺欺人,得不到他人信任,结果是自我不健全,人际关系不良,事业难以成就,家庭关系失谐。

3.3.2 诚信的价值

诚信对于个人和社会,都具有重要的价值。

一、诚信提升人的职业素养

1.诚信是一个人的立身之本

"人而无信,不知其可也"(《论语·为政》)。孔子认为诚信是一个人应具备的最基本的道德品质。孟子提出"五伦"时主张"朋友有信"(《孟子·滕文公上》),认为"信用"是朋友之间交往的基本道德准则。从古至今,我国人民一直以诚信为德之重,而德乃立身之本。

在职业活动中,人人都要以诚待人,恪守诺言,做到言必信、行必果,做到信誉至上。只有这样,才能得到他人、组织和社会的认可和信任,才能融入社会,发挥才智,建功立业。

在企业界,你对客户诚信,就将赢得更多的客户,获得更多的利润;你对同事诚信,就会得到信任和帮助,建立起和谐而可靠的共事关系;你对老板诚信,就会赢得更多的发展机会,成就辉煌的事业。

一个人如果缺乏诚信,就难以取得他人和组织的信赖。这将使他很难在日常生活和职业活动中立足和发展。

2.诚信培育人的高尚情感

诚信能够培养人的感恩之情,感恩是爱的源泉。爱,是一种高尚情感,是对祖国、人民、家庭、亲人和他人的爱。因此,诚信培育出人的爱心、报恩心,产生热爱和报效祖国、社会、他人的情感及使命。由爱转化为乐意对社会、对他人作奉献,这种品质正是各种用人单位所欢迎的。

3.诚信促进人的职业素养更加充实

诚信是职业道德的重要内容,是一个从业者不可缺少的职业素养。

诚信有助于坚定正确的政治理想和信念,不断提高个人政治品质。诚信促使人们理论联系实际,用科学理论改造思想,树立正确的世界观、价值观,并忠贞不渝,为实现理想而奋斗终生。

诚信有助于端正学习动机,激发持久的学习热情,树立科学的学习态度,孜孜不倦地努力学习,不断提高科学技术素养。

诚信促使从业者在工作中恪守职业道德,爱岗敬业,忠于职守,诚于职责,奉献社会。

二、诚信维护社会主义市场经济持续发展

(一)诚信营造市场经济发展的良好环境

社会主义市场经济的发展需要有良好的外部环境,包括政治环境、思想环境和社会环境。诚信对于形成这种外部环境具有重要作用。

1.诚信营造有利于市场经济发展的政治环境

实践证明,政府职能转变和行政管理体制改革是确立社会主义市场经济体制的关键。诚信,能使各级政府尊重客观规律,按市场经济规律办事,为企业发展提供优质服务。诚信,使各级政府强化"全国一盘棋"的全局意识,有利于打破各自为政、行政干预、地方保护主义等不良局面,真正形成统一开发、竞争有序的现代市场体系。诚信,促使各级政府强化自身建设,致力于法制、廉政、高效,做诚信的表率,倡导并建立起与市场经济相适应的诚信体系。这将有助于完成政府职能转变和行政管理体制改革的任务。

诚信作为一种道德意识和规范,对于适应社会主义市场经济的法制建设具有持续的推动作用。

首先,诚信对立法科学性的作用体现在三个方面:一是使立法工作者尊重市场经济发展的客观规律,认真研究我国各阶层、各群体的关系,尽量做到立法的公平、公正。二是使立法工作者忠于制法的法定权限和严格程序,确保法律体系内部的科学性和严谨性。三是使立法工作者时刻关注法律在现实生活中的公信度,注意发现市场经济发展中的新问题,及时按法定程序予以解决,以免损坏法律的公信度。

其次,诚信对执法严肃性具有推动作用。执法严肃性是指有法必依、执法必严和违法必究。

2.诚信营造有利于市场经济发展的思想文化环境

社会主义市场经济的发展,对思想文化建设提出了新的要求,又迫切需要以诚信为主要内容的先进思想文化来支持和保证。

首先,诚信为市场经济发展提供精神支撑。倡导诚信,能够使人树立正确的价值观,加强大局和集体意识,抵制市场经济负面作用对人们的侵蚀,把社会思潮和观念引导到正确轨道上,支持市场经济继续健康发展。

其次,诚信促进职业道德建设。依靠诚信,能够促使不同行业的从业者树立正确的价值观,增强事业心和荣誉感,约束人们服从一定的职业秩序和纪律,恪守职业道德,做好本职工作。这就促进了职业道德建设。

3.诚信营造有利于市场经济发展的社会生活环境

诚信能够在人际关系、社会风气和社会信用体系等方面为市场经济发展营造有利的社会生活环境。

人与人之间的信任关系是市场经济产生和发展的前提。互不信任、彼此猜疑是不可能进行正常的市场经济活动的。诚信作为一种道德规范,有利于调整和形成信任、和谐的人

际关系，使人们在追求效益、利润目标的同时，注重道德追求；把人际关系中的诚信上升为市场经济的习俗和伦理规范，当做行为准则。如此，就形成了适合市场经济发展需要的良好人际关系。

社会风气对市场经济的发展具有显著的推进或制约作用。实践证明，一个社会的诚信度越高，经济往来的交易成本就越低，商品生产与交换的阻力就越小，市场经济的发展就越快。诚信对于社会风气具有积极的影响。它使全社会注重诚信，有利于提高公民道德素质，形成诚信为本、守信光荣、失信可耻的社会氛围。

（二）诚信改善市场经济的运行条件

1.诚信促进市场经济体系的逐步健全

市场经济体系要求有全国统一的国内市场。为此，必须制止各地由于本位主义而设置的市场分割、地区封锁、乱设卡、乱收费、排斥外地产品等举措。解决这一问题的途径是，一方面加强法制建设；另一方面要加强以诚信为重点的党的建设，双管齐下，才能维护市场经济体系的健全。

市场经济体系要求平等有序的竞争。事实上，我国市场经济活动中还存在有不正当竞争的现象，如低价倾销、行业垄断、部门垄断、以不正常手段排挤对手等行为。为了实现平等有序的竞争，大力倡导诚信，会在一定程度上起到规范竞争秩序的作用。

市场经济体系要求规范交易行为。这只有在市场主体牢固确立诚信意识的条件下才能实现。如果缺乏诚信，就会造成假冒伪劣商品泛滥，虚假广告不断出现，诱骗欺诈经营难于禁止，期货和股票市场上的大户操纵、误导、欺诈、造市等违规交易层出不穷。当然，要确保市场经济的规范交易，还要依靠法制。

2.诚信促进市场运行规则的落实

市场经济有其运行规则，用来维持市场活动秩序，保证资源、商品流通和公平竞争，推动市场经济有序发展。它有正式的和非正式的两种。正式的规则包括进入规则、竞争规则、交易规则等，主要表现为法律法规的形式，属于经济法的范畴。非正式的规则主要包括商业道德、习惯和信誉等，属于商业道德范畴。

诚信有助于提高市场主体的法律意识，增强法制观念，依法从事经济活动，减少违法行为，落实正式的市场运行规则。

3.诚信促进宏观调控政策的落实

我们从调控决策的科学性、调控尺度的把握性和调控政策的落实三个方面来看诚信所起的作用。

社会主义市场经济是政府宏观调控下的市场经济。宏观调控政策的客观合理性对于市场经济的运行至关重要。要使决策具有科学性，就必须具备诚信素养，尊重客观实际，兼顾国家、企业和群众的当前利益和长远利益，确保制定出的政策有利于市场经济发展。

宏观调控必须准确到位，不能“缺位”或“越位”。要做到这一点，宏观调控部门也必须具备诚信素养，以市场在资源配置中起基础性作用为前提，实施宏观调控，以经济和法律等手段为主,以行政手段为辅,重点限制在宏观经济领域,而不去直接干预企业经营活动。

落实宏观调控政策应着眼于全局,属于战略性决策。在执行过程中,当局部利益和全局利益发生冲突时,能否坚决落实政策,关键要看局部利益所有者的诚信素养。只有具备了高度的诚信素养,才能够对国家和人民有高度的责任感,牺牲局部利益,维护全局利益,确保宏观调控政策的落实。

(三)诚信促进市场经济主体的健康发展

企业是市场经济的主体。依靠企业的繁荣,才能推动市场经济的发达。诚信对于降低企业经营成本、打造企业品牌形象、增强企业凝聚力都起着积极的作用,有助于企业的健康发展。

1.诚信有助于降低企业的经营成本

这主要体现在降低决策成本、交易成本和管理成本三个方面。

第一,诚信制度有助于降低决策成本。决策的基础是信息的准确和及时。诚信制度能够最大限度地保证企业信息来源的准确和及时。企业决策者由此可以及时准确地了解设计、生产、销售、售后服务等实情,避免了为核实情况而耗费精力,避免了盲目性,从而根据客观实际进行科学决策。

第二,诚信有助于降低交易成本。由于缺乏诚信,为了对交易活动进行严格的监督控制,往往需要耗费大量的人力、物力和时间。据权威部门测算,我国企业每年因诚信问题而增加的成本占其总成本的15%。如果企业具有健全的诚信制度和信用体系,就能够在企业之间减少经济活动的中间环节和交易成本,节省时间,大大地提高经济效益。

第三,诚信有助于降低管理成本。企业管理者必须取信于民,才能有威望,才能让员工接受企业的管理理念、目标和经营计划,从而转化为自觉的行为,严格遵守管理制度。这样一来,就可以减少管理层级和管理人员、减少管理费用,提高管理效益。

2.诚信有助于打造企业品牌形象

品牌标志着一个企业的信用,是企业的巨大无形资产。品牌是由企业依靠诚信、优质的产品和服务质量塑造起来的。反过来,它又为企业的发展开拓了广阔的市场。

诚信促使企业注重提高产品质量。企业通过科技创新和科学管理不断提高产品质量、依靠优质产品树立信誉,取得消费者的认可。产品质量是品牌的基础和保证。只有诚心诚意为消费者着想,始终保持产品优质,才能维护品牌形象。

诚信促使企业不断提高服务质量。售后服务是企业赢得市场、提高信誉的重要环节。一个以诚信为本的企业一定会遵照"消费者至上"的信念,关注消费者的愿望,对自己的产品负责,及时提供优质服务,尽力满足消费者的需求。如此,企业既赢得了用户,又提高了自身的信誉,提升了品牌形象。

不讲诚信的企业不可能在产品质量和售后服务上下工夫,也就没有什么品牌形象可讲。他们为了"一举暴富",往往盗用他人商标品牌、以假充真、以次充好、售后不再负责、搞"一锤子买卖",其结果是损害了消费者利益,自身也难逃法律制裁。

3.诚信有助于增强企业的凝聚力

企业文化是在长期的经营活动中形成的体现企业员工价值观念、思维方式和行为规范的意识氛围。诚信作为企业文化的主流意识，被内化为员工的思想品质和行为习惯，具有强大的凝聚力。诚信对于推动企业文化建设和加强企业内部团结具有不可低估的作用。

诚信为企业文化提供了正确的价值观，成为企业文化的航标灯。诚信又是企业文化的评价标准，使它符合市场经济发展的要求。诚信坚持崇尚科学、求真务实，推动着企业文化不断充实和升华。正是诚信才能促使员工自觉实践企业文化的准则。

团结的基础是彼此信任。信任则离不开诚信。企业是生产经营群体，内部存在着领导与群众、管理与被管理的关系和矛盾；企业又是利益群体，存在着集体、部门和不同层次的个人之间的利益和矛盾。要使企业团结，必须加强诚信建设。诚信能使企业领导对企业效益和员工利益认真地关注和负责，能使员工真诚地关心企业命运、正确处理集体利益与个人利益的关系。一旦发生矛盾，双方都能以诚相待，相互理解和信任，实事求是地解决问题，化解矛盾，促进团结。

三、诚信推动社会主义和谐社会的构建

（一）诚信推动社会精神文明建设

精神文明是人类在改造客观世界的过程中所取得的精神成果的总和，是人类智慧和道德进步的结晶。精神文明建设的核心是思想道德建设。胡锦涛在党的十七大报告中指出："诚实守信是社会主义核心价值体系的重要内容，加强社会主义思想道德体系建设，要以诚实守信为重点"。它在人际交往中，在建立和完善社会主义市场经济过程（生产、交换、分配、消费）中，起着纽带作用。只有人人都讲诚信，才能互相信任，才能使经济流程有序地运行，从而保证社会秩序有序发展，保证社会精神文明不断进步。

在经济发展的转型期，存在着各种不同的价值取向，诚信建设在社会发展过程中的地位越来越重要。我们要倡导"守信者荣，失信者耻"，营造良好的诚信氛围，引导群众事事讲诚信，处处讲诚信。通过教育活动和法规制度，不断深化诚信意识，体现诚信行为，这是推进精神文明建设的重要保障之一。

（二）诚信促进民主法制的实现

民主法制是社会主义和谐社会的政治特征和内涵。诚信作为一种无形的道德力量，对于民主法治的实现起着重要的促进作用。

1.诚信有利于提高党的执政能力

由于中国共产党具备诚信的政治品质，牢记为人民服务的宗旨，把人们利益和意志体现在党的方针政策中，从而最大限度地反映了人民当家做主的愿望；在民主政治建设中，从国情出发，尊重客观实际，实事求是，不断寻求实现人民民主的有效途径，统筹兼顾社会各阶层、各群体的愿望和利益，通过逐步治理社会，保持了民主法制建设的正确方向；在党的自身建设中，从严治党，贯彻为民、求实、清廉的要求，倡廉惩腐，以党风正民风，形成清明的社会风气。党的执政能力由此得到提高。

2.诚信有助于民主形式的实现

民主的实现需要通过一定的形式。在我国，人民代表大会、政治协商会议、各级职工代表大会等，都是实现民主的形式。

诚信对于实现民主形式的积极作用有三：一是依靠选举的组织实施者和广大选民的诚信品质，来保证民主选举的公正性。二是依靠民主管理机构成员的诚信品质，来保证其决策的民主化和科学化，减少决策失误。三是落实民主管理机构的决策，这是实现民主权利的外在表现，它必须依靠广大公民的诚信品质才能做到。

3.诚信有助于营造法制环境

作为一种道德品质，诚信能使一个人对社会、对他人产生责任感，从而把道德和法制内化为自己为人处世的准则，形成个人追求的价值目标，自觉地遵纪守法。诚信品质必然通过言论和行动表现出来。它使人们培养善行，克服劣行，不断提高道德修养，形成遵纪守法的社会氛围，实现社会的和谐与稳定，实现法制的最终目标。

(三)诚信促进公平正义的实现

公平正义是马克思主义的基本价值观。公平正义主要是指妥善协调社会各方的利益和正确处理社会各种矛盾。

一方面，诚信必然使执政者树立公平正义的执政理念，最大限度地做到社会利益分配平等化。以按劳分配为主，兼顾公平与效率，使人们不至于因利益不公平而产生矛盾，从而保持社会各阶层的利益处于相对平衡状态。

另一方面，公平正义是人们的一种心理感受，是利益主体对生活实践活动及成果的主观评价。由于公平正义具有相对性，永远不可能做到利益分配的绝对平等，关键在于各自的心理评判标准有差别。诚信有利于树立正确的公平正义心理评判标准。它使人们摆脱个人或小集团的局限性，从社会整体出发，客观地分析现实条件、自身贡献等有关公平正义的因素，确立合理的利益期望值，从相对公平正义的现实中得到心理上的满足。

还应指出，诚信意识渗透到司法机关的建设中，内化为司法人员的职业素养，就能够秉公执法，通过公平的司法行为来维护公民的平等权利，保障社会的公平正义。

(四)诚信保障社会安定有序与和谐

安定有序是指社会的组织机构健全、管理完善、秩序良好，人民群众安居乐业，社会保持安定团结。

1.诚信是安定有序的道德条件

诚信使人与人之间互相信任、真诚相待，从而建立友情，形成和谐的人际关系，奠定了安定有序的情感基础。在此基础上，人们都能严于自律，宽于责人，由此最大限度地减少了彼此交往中的纠纷与矛盾，遏制了某些矛盾激化的潜在因素，促进了社会安定。公民自觉遵纪守法、维护公共秩序的行为也会蔚然成风。这必将实现社会运行的规范有序。

2.诚信有助于社会管理组织的机制建设

要维护社会稳定有序，就必须建立健全社会管理组织机制(信访机制、社会利益调整机制、社会预警机制、社会保障机制、矛盾疏导化解机制等)，正确处理社会上存在的各种矛盾。在建立和完善这类机制时，诚信品质能使社会管理者认真负责、积极探索预防和解决社会矛盾的新途径，协调相关部门，组建功能齐全、灵敏高效的组织机制，在运行中使其不断完善。由于涉及多方利益，在组织机制运行中需要做大量艰苦细致的工作。诚信品质使社会管理者时刻把人民群众的疾苦放在心上，千方百计地解决各种矛盾，充分发挥组织机制的效能，推进社会的安定有序。

3.诚信推动对社会弱势群体的关注

社会弱势群体的愿望和利益是否得到满足，这是影响社会安定的重要因素。坚持诚信，就会在全社会提倡团结友爱、扶贫济困，使弱势群体的利益得到全社会的关注和帮助，得以客观公正地解决。这就扩大了社会安定有序的群众基础。

4.诚信促进社会的和谐

人与社会和谐的基本条件是融入社会并承担社会责任。诚信之人适合社会上各种组织的需要，广受招聘单位的欢迎。一个人讲诚信，就能够取得组织、同事、家人、亲友、邻里等人的认可和信任，从而形成良好的人际关系，与周围人和谐相处。这将有助于个人的身心健康、职业发展和家庭幸福。有了组织的温暖、家庭的幸福、周围人的友情，我们社会的安定有序与和谐就有了保证。

3.3.3 加强诚信修养

一、大学生的诚信现状

(一)大学生的诚信状况基本良好

作为有理想、有觉悟、有文化、有知识的充满活力的青年群体，大学生价值观的一个重要组成部分就是讲求诚信、积极向上。在学习生活、人际交往、集体活动和社会实践中，他们的大多数都能做到诚实守信，推己及人，形成一种良好的人文和生活环境。可以说，大学生的诚信状况基本上是良好的。

我国传统美德的长期熏陶，十几年的学校教育，特别是近年来“八荣八耻”荣辱观的宣传教育，使得大学生普遍树立起了诚信原则在社会价值观导向中的地位。大学生的诚信素养呈现良性发展趋势。

(二)少数大学生还存在诚信欠缺的表现

1.“双重人格”

有的人表现出“双重人格”，即表里不一、人前人后呈现两种不同的表现。在公众场合多为善、美、高尚的言行表现，在个人独处时则可能会放纵自己，有一些低级趣味、有损公德的行为。例如校园内课桌、厕所书画泛滥，公物受损，环境遭破坏等现象，就是明证。这些温文尔雅、文质彬彬的人，当他们脱离人们的视线时，所表露出来的放浪形骸竟然令人难以置

信。这是在思想生活方面诚信欠缺的表现。

2. 学风不正

学风不正的主要表现是极少数人自己不努力学习，在紧急关头弄虚作假，考试作弊，雇用“枪手”，课题研究中编造假数据，抄袭他人作业和论文，通过网上下载资料来占用他人成果。这种不诚信的行为，虽然通过教育和纪律惩处有所遏制，但总难于彻底杜绝。

3. 诚信评价的双重标准

诚信是知与行的统一。在现实生活中，有的大学生在诚信道德修养上实行双重标准，一方面对他人的不诚信行为深恶痛绝；另一方面自己却又不身体力行。调查表明，不少同学对考试作弊、抄袭作业、说谎骗人的劣行“口诛笔伐”，而自己却在另外场合自觉或不自觉地践行。同样的不诚信行为，如果发生在自己不认识的人身上，自己可以严厉对待；如果发生在亲近的人身上，自己就会“理解”和原谅；如果发生在自己身上，则会自我原谅。

在诚信道德修养上，对己对人实行双重标准，含有不诚信的成分。这在一定程度上妨碍个人道德品质的提高。

4. 经济方面的不诚信

国家对那些家庭经济确实困难而交不起学费的学生，会以减免、补助、提供贷款等方式予以帮助。但是，也有个别家庭条件具有支付能力的学生总是不愿缴纳学费，长期无理拖欠，给学校财务造成麻烦。一些接受了助学贷款的学生，在他们有了经济能力后，不知报恩及时偿还，反而以种种借口拖延不还。更有甚者，竟然伪造证据来骗取特困生补助。这些在经济方面的不良行为说明个别大学生缺乏感恩意识和诚信品质。

二、加强诚信修养

大学生诚信品质的形成，其内因依靠大学生自我道德修养，其外因依靠有利于推行诚信品德的客观环境和保障条件。这里，主要从内因方面进行论述。

（一）诚信修养简介

诚信修养是通过个体修养，把诚信规范由他律转化为自律，从而培养出优良的诚信品德的一种自主活动。在诚信修养中，个体既是实施教育的主体，又是接受教育的对象；个体要在诚信规范指导下提高认识、培育情感、磨炼意志、实践诚信。这是一个遵循诚信规范，进行自我教育、自我锻炼和自我提高的过程。

诚信作为一种道德品质，它的修养符合道德品质修养的一般规律。

首先，提高对诚信意义和重要性的认识，把信用、守信、信任、“内诚于心、外信于人”当做为人之本。在此基础上，升华对诚信的情感，把它升华到对学业的热爱、对事业的追求和对社会的奉献上来，由此产生目标和动力。

接着，需要为了实现目标而锻炼道德意志，培育为履行诚信义务而需要的坚忍不拔精神。这种意志是古今中外取得伟大成就的人的共同品质。通过实践的磨炼，将对诚信的认识转化为道德信念，并不断地增强这种信念，坚持“内省”和“慎独”，巩固提高。

最后，在强化道德行为上狠下工夫。诚信行为是评价诚信品质的重要标志。只有在履行诚信规范的实践活动中，人们才能提高诚信认识、升华诚信情感、锻炼诚信意志、增强诚信信念，从而强化个人的诚信品质，提高自己的诚信水平。

（二）加强诚信修养的途径

1.学习马克思主义修养观，提高修养自觉性

马克思主义修养观的理论基础是马克思主义人性观。它认为人性的善恶并非先天的，而是由一定的社会关系决定的。一个人的道德品质也是在社会实践中通过人们的社会交往而形成的。个人品质中的善恶也不是一成不变的。换言之，人的本性具有可塑性。马克思主义人性观为自我修养的必要性和可能性提供了科学的理论依据。

马克思主义提出的自我修养，是指在革命实践中的自我改造。它不是脱离社会实践的“闭门思过”，而是投身于群众的革命实践，在改造客观世界的同时，改造自己的主观世界。认真学习马克思主义修养观，就能使我们提高诚信修养的自觉性，增强获得优良诚信品质的信心。

2.加强实践，增强实效性

首先，大学生应在基础文明建设中培养良好的日常行为习惯。在家庭、学校或者社会任何领域，都要从点滴小事做起，尽力做到自我教育、自我管理、自我纠正和自我监督，注意发现自己违背社会公德方面的不良行为习惯，并有计划地予以纠正。

第二，在校园文化活动中提升自己的诚信情感。校园的文化活动丰富多彩，信息和渠道名目繁多，要积极投身于健康向上的科研、竞赛、书画、歌舞、娱乐、公益等活动中，升华自己的诚信情感；还要识别和抵制那些低级、庸俗、腐朽乃至反动的文化垃圾的侵蚀。

第三，在集体活动中坚定诚信信念。大学生应当在班级、宿舍、社团等团队建设活动中学会与人相处，努力培养理解人、关心人、帮助人的品质，培养热爱团队的集体主义精神，营造以诚待人、互相信任、和谐团结的集体氛围。

第四，在社会实践中磨炼自己的道德意志。送温暖、献爱心、扶贫助残、义务劳动等公益活动不仅使大学生对社会做出了贡献，也彰显了个人价值。它使大学生的道德意志得到磨炼，诚信、奉献的精神得到升华。

3.学习先进人物的优良品质

学习先进人物的优良品质是自我修养的一个重要方法。孔子说的“见贤思齐焉”，其意思是见到高尚的人或行为，便产生一种向其看齐的欲望并付诸行动。这也就是向先进榜样学习、看齐，从中提升个人修养。

先进人物是高尚道德和行为的具体化和人格化，具有极大的感染力、吸引力和鼓动力。先进人物的优良品质对于人们的思想行为起着导向作用和示范作用。他们对祖国和人民无限忠诚，诚信敬业，从身边小事做起，不但履行岗位职责，还主动做了许多人不想做的事，坚持不懈，实现了由现实自我向理想自我的飞跃。如同雷锋、焦裕禄、张海迪、朱伯儒、孔繁森、李素丽等人那样，一代又一代的先进人物都以他们光辉的榜样成为社会主义精神文明

建设的璀璨明星。他们的感人事迹教育和鼓舞着社会各阶层人们的奋进。

4. 慎独

"慎独"是指一个人在独处时也要谨慎地注意自己的内心和行为，防止产生有违道德规范的思想和行为。其要义在于反对社会生活中的双重人格、两面行为。这是我国传统的一种修养方法。

"慎独"强调了个体内心信念的作用，体现了严于律己的道德自律精神。一个人在独处时，无论做了好事，还是做了坏事，别人都不知道，其行为善恶全凭自己良心评判。能否做到"慎独"，是对人的道德水平的真正考验。这种考验对于提高人的道德修养是非常有益的。大学生在运用这种方法进行诚信修养时，首先应牢记诚信规范，自觉抵制各种利益诱惑，培养自我管理和自我约束的能力，按照既定的道德规范行事；其次要在细微之处下工夫，"莫以善小而不为，莫以恶小而为之"，善事虽小也应做，坏事再小也不能做。如此，不管在人前人后，若能事事严格律己，长此以往，必能扎实地提高诚信修养。

5. 坚持不懈，持之以恒

任何一种道德素养的养成都需要长年日积月累的努力，而绝非一朝一夕之事。在时间坐标上，每个人都与社会上各种事物和思想相联系，受到不同的教化、触动、感染、诱惑和影响。其中有正面（先进、正确、积极、有益、高尚）的，也有负面（落后、错误、消极、有害、低级、腐朽）的。我们要进行自我修养，首先要有识别能力，要在修养的过程中坚持道德信念与规范，排除各种负面因素的侵蚀，加强自控能力，长期坚持，实现个人的目标。

古代思想家曾子特别重视个人修养。他每天都要自我反省三件事：工作是否恪尽职守，交友是否言而无信，是否只是说得好而却做不到。"吾日三省吾身"说明了他的修养诀窍。

教育家陶行知长期坚持自我修养。他每天都要检查自己在身体、学问、工作和道德四个方面有无进步。"每日四问"成为他坚持不懈地提高个人修养的法宝。

曾子和陶行知能够有很高的道德和教育修养，那是他们每天的自我修养从不间断、持之以恒的结果。我们从中得到有益的借鉴。为了通过修养来提高我们的诚信品质和其他道德品质，我们必须要树立"持久战"的观念，坚持不懈，持之以恒。

3.4 敬业意识

3.4.1 敬业概述

在职业活动中，对从业人员有许多要求，其中最根本、最核心的要求就是敬业。从业者是否敬业，不但影响到个人能否在工作中建树业绩，而且还直接关系到所在组织或部门的事业发展。

一、敬业

1. 何谓敬业？

南宋哲学家、教育家朱熹曰："敬业者，专心致志以事其业也"。我们现在所说的敬业，仍然沿用朱熹的基本释义，就是尊重并专心于自己的学业或职业，做到认真、专注和负责任。

对于职业人来说，要做到敬业，首先要做到爱岗，热爱自己的工作岗位。爱岗是敬业的基础。爱岗使人对自己所从事的工作产生亲和力和愉悦感，从而无怨无悔、认真负责地投入工作，做到敬业。因此，敬业是爱岗的具体表现。

通常能做到敬业的人有两种类型：

第一类，谋生型。他们为了养家糊口、发财致富，有着强烈的金钱欲望和物质追求。为了得到稳定或更高的经济收入，他们对待工作小心谨慎、勤恳认真、尽心尽力，追求完美。这类人在社会上占有一定的数量。他们的动机虽然以个人利益为重，但在工作上却能得到组织内上司和同事的认可。

第二类，价值型。这类人具有良好的职业道德和高尚的情操，了解所从事的工作的社会价值和个人价值，能够积极主动、全身心地投入职业活动。他们对待工作勤恳认真、严肃负责、尽善尽美。这类人具有科学的职业观念，具有强大而持久的工作动力。职场中大多数人不同程度地属于这一类型。

自古以来，敬业就是中华民族的传统美德。教育家孔子一生著述育人，“发奋忘食，乐以忘忧，不知老之将至”；求学的人要闭门苦读，“板凳须坐十年冷”“文章不写半句空”；当官的要勤政为民，“先天下之忧而忧，后天下之乐而乐”；种地的要努力劳作，辛勤耕耘；经商的要公平交易，童叟无欺。

人类历史上曾涌现出了数不清的敬业典范。大禹治水，三过家门而不入。司马迁忍辱负重、历经 19 年写成具有极高史学、文学价值的《史记》。李时珍遍走千山万水、亲尝百草，写成《本草纲目》。现代著名数学家陈景润埋头苦干、孜孜不倦，终于取得“1＋2”的成果，成为哥德巴赫猜想研究上的里程碑。美国药物学家鲍尔海斯德通过多年给自身注射了 28 种蛇毒而获得抗毒性，从而制成抗蛇毒药物。美国发明家爱迪生(T. A. Edison)一生专注于实验、研究，获得了 1 000 多项发明专利……

2. 敬业的意义

敬业意味着恪尽职守，勤奋努力，享受工作，精益求精。

敬业是一切职业道德基本规范的基础，也是做好本职工作的前提和保证。敬业体现了一种崇高的职业精神，也体现了一种端正的工作态度。

敬业是职业活动的灵魂，也是从业人员的安身立命之本。荀子曰：“凡百事之成也，必在敬之；其败也，必在慢之”。这句话强调了敬业的重要性：要想成就一番事业，就必须敬业。

敬业能够不断提高组织的业务实力和水平，能够促进组织的社会效益或经济效益逐步提高。

敬业能够使员工创造工作绩效，实现个人价值和美好理想。

二、敬业的实质

敬业的实质就是热爱本职，忠于职守。

1. 热爱本职

任何产业行业、任何工作岗位，都是推动经济发展和社会进步所需要的一个环节或零部件。只有这些环节或零部件都正常地运转，我们的事业才能稳定而有序地高速发展。因此，我们每个人不论身居何种职位，都应该热爱本职，做好本职工作。

热爱本职是社会各行各业对从业人员工作态度的普遍要求。它要求从业者努力培养对所从事的职业活动的幸福感和荣誉感；珍视自己在社会分工中所扮演的社会角色；应当为自己掌握了一种谋生手段，获得了经济来源，而且有了社会承认的、能够履行社会职责的正式身份而自豪。

一般来说，如果一个人对所从事的职业有兴趣，他就很自然地会热爱本职；如果没有兴趣，就未必热爱。但是，各行各业都需要从业者，而且，人才市场招聘的岗位有所局限，为了首先解决谋生问题，总有一部分人不能按照个人兴趣获得就业岗位。在这种情况下，特别是面对那些贫困地区、条件艰苦、待遇较差的工作，要做到热爱本职，是需要具有自我牺牲精神、服从国家需要的高尚品德的。

2.忠于职守

忠于职守是一种高贵的职业行为。它是在热爱本职的基础上，职业精神的升华。忠于职守要求员工乐于本职工作，以一种恭敬严肃的态度对待工作，履行岗位责任，一丝不苟、恪尽职守、尽职尽责，乃至在紧要场合以身殉职。

忠于职守包含着奉献精神。这样的人把履行岗位职责看得高于一切，把社会、集体、他人的利益放在个人利益之上，在客观情况需要时，他能够不顾个人安危地牺牲自我，为维护国家和集体的利益做出奉献。

中华民族有无数可歌可泣的忠于职守的模范事迹：三国蜀汉政治家、军事家诸葛亮为统一大业而“鞠躬尽瘁，死而后已”；狼牙山五壮士宁死不屈的跳崖壮举；著名豫剧演员常香玉以“戏比天大”的理念对待演戏；“铁人”王进喜在大庆石油会战时期顽强工作，“宁可少活二十年，拼命也要拿下大油田”；焦裕禄长期忍受病痛，为改变兰考面貌而以身殉职；我军某陆航团5名军人在汶川特大地震的救灾行动中因气候突变造成直升机失事而牺牲……

三、敬业的内涵

敬业就是专心致力于自己从事的职业。敬业有三种境界，即乐业、勤业和精业。

1.敬业的思想基础——乐业

乐业就是喜爱并乐于从事自己的职业。乐业的人具有浓厚而稳定的职业兴趣；兴趣产生巨大的动力；动力则推动自己对工作优先关注，积极探索，刻苦钻研，认真负责，力求获得最佳效果。由此进而形成了敬业。因此，乐业是敬业的思想基础，是敬业的初级形态。

乐业的人把工作当做快乐的事，乐此不疲，还会把这种快乐感传递给周围人，得到上司和同事的赞许。他们把工作当成一份快乐和享受，越干越爱干；把与同事、伙伴、服务对象的和谐相处看做一种难得的机缘，会在内心产生愉悦感和成就感，从而感到充实和欣慰。

2.敬业的行为表现——勤业

勤业是敬业者的行为表现。出于对本职工作的热爱，敬业者就会自觉自愿地把主要的精力和尽可能多的时间投入工作，勤勤恳恳，孜孜不倦。

勤业要求从业人员对待工作做到勤奋、刻苦、顽强。勤奋即在职业活动上勤勉从事，勤学苦练，务求精通。刻苦就是具有不畏艰苦的精神，不怕苦，不怕累，主动地想方设法克服困难，坚持完成任务。顽强的含义为顽固、坚强，表现在工作上就是意志坚定、顽强不屈，有足够的勇气和毅力克服职业活动中的任何困难和危机，不达目的，决不罢休。

古人刻苦勤学的敬业精神表现在“悬梁”“刺股”“映雪”“凿壁”“闻鸡起舞”等故事中①。清代画家郑板桥酷爱画竹，“四十年来画竹枝，日间挥写夜间思”。著名文学家鲁迅否认自己是天才，他说自己是把别人喝咖啡的时间用在了写作上。伟大发明家爱迪生说自己的成功是由于“99%的汗水加1%的天赋”。

古往今来，凡在学业或事业上出类拔萃、卓有成就者，大多为勤业之人。

3.敬业的高级境界——精业

敬业的具体行动为勤业。勤业的发展趋向是精业。古语“业精于勤荒于嬉”就有此含义。精业就是以一丝不苟的工作态度对待职业活动，不断提高业务水平和工作绩效，达到熟练、精通，精益求精、炉火纯青。

熟悉业务、精通业务，这是一个动态的概念。随着时间的推移和科技的进步，各行各业都在创新中求发展，员工的业务目标、内容、技术手段、运作方式随之不断更新，这就需要员工不断地通过自学、培训来补充新观念、新知识、新技能，持续提升业务能力，在新的条件下实现新的精业。日本丰田公司一大批堪称敬业模范的老销售员在20世纪60年代被无情地撤换下来，就是因为他们不具备进一步精业的条件，而汽车市场的激烈竞争迫切要求“精业”人才。他们被受过专门训练的大学生所取代。我国古代有“庖丁解牛”的故事，庖丁就是个精业的典范。新一代“大庆铁人”王启民30多年来连续主持了8项重大开发试验，不断探索、钻研，有所发现，有所提升，解决了一个个难题，做到了与时俱进的勤业与精业，率领团队为国家做出了重大贡献。

精业是一个人成就事业的保证。我国某导弹研究院高级技师鲁宏勋长年与数控机床为伴，勤勤恳恳，深入钻研其结构、原理，编写出了该院第一个加工程序，造出了第一个数控加工零件，成为该院第一个能够操作和编程的技术工人。他对工作精益求精，先后革新了上百种工装夹具和工艺方法，编制了上千个加工程序，为重点型号产品的研制成功做出了突出贡献。原航天部授予他“国家重点工程建设一等功”。他说：“会操作是起码标准，精通

---

① “悬梁”：汉朝孙敬夜以继日地勤学苦读，为了防止夜晚打瞌睡，用绳子把头发吊到梁上，一旦打瞌睡，就会因低头而扯痛头皮，由此保证及时惊醒，继续读书。

“刺股”：战国时期苏秦刻苦攻读，经常彻夜不眠，每当出现倦意，就拿起锥子猛刺大腿，以此振作精神，坚持学业。

“映雪”：晋朝的孙康家境贫寒，无油点灯夜读，在冬天的时候他就在户外借着大雪的反光来读书。他后来入朝为官，成为学富五车的一代名士。

“凿壁”：西汉的匡衡家境贫困，凿穿墙壁引邻舍之烛光用来读书。他后来居上成为经学家，以说《诗》著称；元帝时位至丞相。

“闻鸡起舞”：晋朝祖逖少年时胸怀大志，不管严冬酷暑，每听到雄鸡报晓，立即起床到庭院练剑。他勤学成材，文武兼备，曾任刺史，率兵在北伐中收复了失地。

是应该达到的标准，创新才是最高标准”。他的辉煌业绩正是他的勤业和精业造就的。

3.4.2 强化敬业意识

一、以主人翁精神对待职业活动

在社会主义社会里，每个社会组织中的员工都是国家的主人。我们应当以主人翁的精神来对待职业活动。

一个从业者有了主人翁的意识，就能够把个人价值的实现与职业联系在一起，对所从事的职业产生出一种责任感、荣誉感和自豪感，才能全身心地投入职业活动，通过自己为社会为他人的劳动而体验到乐趣、喜悦，从而强化敬业意识，卓有成效地开展职业活动。

主人翁精神是敬业意识的重要因素。我们可以从下述几个方面来培养主人翁精神。

1. 把自己当做组织的主人

每个组织都有许多部门、各级负责人和员工。不论自己身居何职，都担负着实现组织发展目标的特定任务。在社会主义市场经济条件下，每个组织无不在激烈竞争中谋求生存和发展。只有组织按期实现计划和目标，才能取得预想的经济效益或社会效益，赖以继续存在和发展，组织的所有员工才能获得相应的物质收益和个人发展。

因此，我们必须把自己的命运和组织的命运联系在一起，把自己当做组织的主人，以主人翁精神对待岗位工作、关心组织的生存兴衰。这要求我们对自己的全部职业行为做到积极主动、认真负责；要求我们保证作业质量和数量，及时发现工作中出现的问题，想方设法，排除各种障碍，确保完成任务。

完成任务的优劣，有的可以严格检测（如机械产品），有的则依赖于主观投入力度和水准（如软件编程）。对于在高技术产业领域（如IT行业等）的从业者来说，如果缺乏主人翁精神，不能主动地全力投入工作，就将寸步难行。

主人翁精神使人产生强烈的责任感，产生积极而高效地投入工作的动力，有利于创建个人业绩，为社会做出贡献。

2. 把组织的事当成自己的事

员工的岗位职责，大多数都有明确的分工，也有一些人的工作界限存在着模糊区。敬业者总是把组织的事当做自己的事，分内的事必须做好，分外的事也尽力去做好；兢兢业业，保证业务质量，提高工作绩效。

那种“当一天和尚撞一天钟”“各人自扫门前雪”、消极敷衍的劳动态度都属于为老板干活的雇佣理念。那种理念不仅不利于个人职业前途，而且也有损于所在组织的发展。在社会主义社会，劳动者是国家的主人。为了加速现代化建设、实现中华民族的伟大复兴，人人都应该抛弃雇佣理念，以主人翁的态度对待本职工作。

二、在职业活动中强化敬业意识

1. 实践敬业三境界

敬业的第一境界是乐业，就是以主人翁意识热爱本职工作，要乐于从事自己的职业。

乐业是敬业的思想基础。

敬业的第二境界是勤业。我们应在乐业的前提下勤业:勤勤恳恳地从事职业活动。要牢记自己的职业目标,坚定信心、锲而不舍。在工作中,要有意识地去锻炼用眼睛观察问题,用耳朵倾听建议,用头脑思考判断,力求尽善尽美地完成工作任务。勤业并不是机械重复老一套,而是要用心在工作中学习知识和技能,总结经验,提高工效。只要付出了辛勤劳累,就一定会取得更多的成绩。

每有成绩时,切记提醒自己,要戒骄戒躁,继续努力;要追求敬业的更高境界——精业,成为行家里手、骨干人物。精业要求员工对本职工作精益求精、业务能力高超,具备一流水平。随着社会发展和科技进步,精业还要求员工动态地维持其一流业务水平,补充新知识、学习新技术、"更上一层楼",与时俱进。敬业必须精业。精业才能成就事业。

实践敬业三境界,这是强化人们敬业意识的必由之路。

2.要多做贡献,不要斤斤计较薪酬

劳动者通过就业获得经济收入,用以生存和发展,这是很正当的事。我们鼓励人们通过诚实劳动发家致富,但决不赞成某些人片面追求个人私利。我们提倡报效祖国、服务人民、为社会多做贡献的精神,反对"金钱至上"、见利忘义的不良倾向,也反对那种"钱多多干,钱少少干"、讨价还价的雇佣观念。

在2008年汶川特大地震中,位于距震中30千米的东方汽轮机有限公司厂房全部遭到毁坏;500多人遇难,400人失踪;直接经济损失数十亿元。企业领导班子坚强地组织职工开展自救,在余震不断的情况下,召开恢复生产誓师大会,压缩开支,兑现承诺,昼夜奋战,不计报酬,同心协力,陆续恢复了核电、太阳能、海水净化设备的正常生产,很快实现了重建家园的誓言。"东汽人"的不计个人得失、敬业、无私奉献精神值得我们借鉴。

人生的价值在于奉献,而不是索取。要做到敬业,必须树立多为社会做贡献的意识,不要斤斤计较薪酬。

3.警惕并预防不敬业表现

根据相关的调查研究,员工缺乏敬业意识的主要表现有三心二意,敷衍了事;不求有功,但求无过;明哲保身,怕负责任;怨天尤人,不思进取。我们在自己未来从业的岗位上,应当对这些不敬业现象有所警惕,对照个人行为,改正或预防这些不良表现。

对待工作三心二意的人,"人在曹营心在汉",做事无精打采,心不在焉,敷衍应付,难以保证工作质量,甚至还会发生事故。对待工作不求有功者,做事循规蹈矩,能够满足质量、数量要求,但难以发挥个人潜能,难以"更上一层楼"。对待工作明哲保身者,只关注分内之事,不愿多担责任,以免"出力不讨好",缺乏主人翁意识和奉献精神,限制了个人能力的展现。对待工作怨天尤人者,对于组织中或工作上存在的问题(薪酬待遇、环境条件、人际关系、业务困难等),只消极地大发牢骚,一味抱怨,不能够积极地想方设法、解决问题,这对个人和组织都毫无益处。综合上述这类表现,不敬业者很可能陷入一个恶性循环的怪圈:思想狭隘守旧,工作绩效不佳,难于晋级提薪,不敬业程度进一步加深。另一方面,由于不敬业者浪费资源,贻误工作,影响绩效,也必然给组织带来损害。这些人自然也会成为组织裁员的对象。

3.5 竞争意识

3.5.1 竞争意识概述

一、竞争

1.竞争是大自然和人类社会的普遍现象

竞争是大自然和人类社会的普遍现象。植物之间争夺阳光、水分和养料;动物之间争夺地盘、食物和配偶;企业之间争夺原料、人才和市场;高等院校之间在生源、资金、就业率、综合排名等方面进行着角逐。

作为个体,每个人从进幼儿园开始,幼儿的文化教养影响到能进什么样的小学;小学生之间的学业竞争决定能否进入重点中学;中学生之间的学习竞争决定他们能否通过高考而升入“一本”“二本”“三本”或者落榜;大学毕业生竞争就业;成为员工后,在职业生涯的竞争中优胜劣汰。可以说,竞争伴随着人的成长。不论个体是否意识到了竞争,也不论你是主动地投入竞争还是被动地参与竞争,竞争都是客观存在的。

作为企业,由于新进入者的威胁、供应商讨价还价能力、买方讨价还价能力、替代品的威胁和竞争对手之间的竞争5个因素的存在,彼此间的竞争无时不在、无处不在。

竞争是人类社会的普遍现象。人类就是在竞争中求生存、求发展的。一个国家、一个民族也是依靠竞争作为动力而生存和发展的。竞争推动了人类社会进步。没有竞争,就没有人类的进步和发展。当前,国际间的竞争主要是经济和综合国力的竞争。其中科学技术水平、经济实力和国民素质占有重要地位,人才和教育的竞争具有战略意义。

2.竞争的含义

《辞海》对竞争的释义为互相争胜。《庄子·齐物论》:“有竞有争”。郭象注:“并逐曰竞,对辩曰争”。《现代汉语词典》解释:竞争是为了自己方面的利益而跟人争胜。

竞争是一种争夺、较量、竞赛,其目的在于获得与维护自身利益。竞争的结果是优胜劣汰:优者胜利,获得利益;劣者失败,失去利益。正如达尔文生物进化论总结出的法则:“适者生存,不适者淘汰”。

竞争是每个有志之士奔向锦绣前程的必经之路。没有竞争的压力,就没有拼搏求胜的动力,也就没有能改变命运的奇迹出现。

竞争是智慧和实力的较量。升学考核是德育、智育、体育的竞争。体育比赛是肢体技能和体能的竞争。科技奖的获得是学术水平、社会效益和经济效益的竞争。在职业生涯中,一个人的综合职业素养的优劣是竞争胜败的决定因素。在竞争中,希望与风险并存。竞争的获胜或失败使人产生两种截然不同的境遇和感受。它对于获胜者来说是美好的,对于失败者来说是阴暗或残酷的。

社会主义市场经济是在竞争中发展和壮大的。面对一个又一个的竞争,任何人都不可能永远是获胜者。我们应当学会理性地对待竞争,如果自己竭尽全力而仍然未能成功,就要冷静地分析原因，吸取教训，做到“吃一堑长一智”，不气馁、不灰心，迎接新的挑战。

二、竞争意识

在现实生活中，竞争无时不在，无处不有。培养和提高竞争意识，是大学生自身发展和社会发展的需要。在校期间，大学生在学习、生活、文艺活动、体育运动等方面的竞争压力，都是自主地培养科学竞争意识的重要环节。竞争可以提高人的进取心和责任心，可以激发人的积极性和创造性，可以使人的潜能得到充分发挥，彰显个人价值。

1. 现实社会处在竞争之中

竞争意识就是承认现实社会客观上处在竞争之中，要求人们任何时候都要有紧迫感，都不能安于现状。

在职业生涯中，当你一无所有时，需要从零做起、竞争就业，需要花费比已站稳脚跟的老同行更多更大的艰苦劳动才能争得“一席之地”；当你成家立业、事业有成时，面临自己希望“更上一层楼”和同事们比学赶超的压力，需要更新知识、扩展能力，追求更高的职位、更大的发展，决不能高枕无忧。

切记，在这竞争激烈的知识经济年代，为了生存和发展，我们看见的和看不见的千千万万个同龄人、后来者都在雄心勃勃地拼搏奋斗。他们中的许多人将在各行各业成为新秀、新星，“后来者居上”“长江后浪推前浪”。

现实社会没有“世外桃源”。不管你是否意识到，也不管你是否主动，人人都会在不同时期置身于不同的竞争中，如果不能在竞争中胜出，就必然在竞争中落伍。

2. 竞争是推动个人进步的动力

竞争是推动社会发展的动力。竞争也是推动个人进步的动力。

在人的生存与发展的道路上，犹如“逆水行舟，不进则退”。退是没有出路的，“退”就像被时代淘汰的“沉舟”，“沉舟侧畔千帆过”，自己只能无奈地看着竞争中的胜利者纷纷从身边掠过、走向成功。社会上的职业人，只有认清形势，主动地加入竞争行列，依靠个人的职业素养奋力拼搏，才有可能脱颖而出，实现美好的理想。

竞争是一种无形的动力。一个竞争气氛浓厚的环境，能够使人明显地感到周围人都在学业或职业道路上发奋攀登，自己如不加油快跑就要落伍，这迫使自己必须更加努力地学习和工作，自我激励，发挥潜能，奋力向前。

一个人如果竞争意识淡薄，企图不去竞争而“和平发展”，犹如等待天上掉“馅饼”。大学生要想得到想要的东西，必须付出自己的努力。例如在学习上，想使各科成绩合格或优良，想考取某种资格证书，想考取研究生，就必须变竞争的压力为动力奋起拼搏。

3. 市场经济通过竞争而发展

市场经济就是竞争的经济。竞争是市场经济赖以生存和发展的永恒动力。

美国微软公司的比尔·盖茨是个竞争意识极强的企业家。他对竞争坦言不讳，经常在公开场合谈到要击垮竞争对手。他告诫部下，周围全是虎视眈眈的对手；要居安思危，增强竞争意识，战胜任何对手的挑战。他坚持要赢得每一场竞争。美国管理大师唐纳·肯杜尔说：“自从做生意以来，我一直感谢生意竞争对手。这些人有的比我强，有的比我差；不论他们行与不行，都使我跑得更累，但也跑得更快。事实上，脚踏实地的竞争，足以保障一个企业的生存。由于竞争，我们的工厂更具现代化，员工受到更多的训练，生产规模随之扩大。”

我国企业家朱金松“临危受命”，能够带领加西贝拉公司通过严酷的竞争而走出困境，靠的就是“居危思进、超越自我”“科技领先、竞争全球”的经营理念。

3.5.2 提高竞争力

一、培养敢于竞争的意识

在社会各个领域里，从文体竞赛（演艺活动比赛、运动项目比赛）到各种等级的考核，从经济竞争到科技竞争，从国内竞争到国际竞争，竞争是一种极为普遍的现象。也正是由于竞争，才使我们的社会充满了生机与活力，得到了变革与发展。

参加竞争是要冒风险的。例如，企业在竞争中的失败会带来亏损乃至破产、倒闭的后果；员工的竞争失利可能会被直接淘汰或失业；运动员的竞争失利会导致受伤或拿不到奖牌。面对竞争固有的风险，如果畏缩不前、不敢竞争，那就是自行放弃生存与发展。我们应当意识到竞争的存在与无情，发挥人的积极性和潜力，敢于竞争，争取胜利，规避风险。

对于个体来说，要培养敢于竞争的意识，可以按下述办法去做。

（一）牢固地树立竞争求胜的理念

每个企业都是在与同行的竞争中发展壮大的。例如，可口可乐和百事可乐是风靡全球的两大畅销饮料。它们之间的激烈竞争长达80多年，持续的竞争推动了它们的双赢。美国经济学家伯顿·克莱因在《动态经济学》中指出：“一个公司一旦不再面对真正的挑战，它将很少有机会保持活力。”他证明，最成功的公司是那些面对很多竞争对手的公司；最不成功的公司是那些不面临严重竞争的公司。因为存在竞争，公司和员工不得不有更高水准的表现，从而变得更加敏锐和更加出色。

每个人也是在与同学、同事的竞争中成长和发展起来的。要想从中脱颖而出，必须在竞争中略胜一筹，要比别人做得更好。为了自己的生存与发展，只有通过公平竞争。

竞争求胜并非轻而易举之事。它要求人们有较高的职业素养，有在实践中不断取得经验和提高能力的行动。不论你是多么优秀，客观情况总是“山外有山，人外有人”。你无法使别人不超越你，你只能谦虚谨慎、自我努力、提高自己的能耐。我们应当明白：超越自己远比超越别人更重要。

竞争求胜不是盲目的，无所不包的。要做好自我认知，认清自己的优势和劣势，要扬长避短。不可什么都要争，要有所为而有所不为，切不可以己之短与别人之长相竞争。例如，一部分具有“蓝领”和“灰领”就业优势的高职生，为了竞争“白领”职位而去选读“专升本”，使其操作技能优势荡然无存。

（二）敢于直面挑战

每个人的职业道路上都会面临着许多机遇和挑战。面对挑战，我们应当做到：

1. 不畏惧

任何一种挑战往往都包含有利益和风险。要想取得利益，必须战胜风险。风险常常使一些人心生畏惧、犹豫却步。这时，如果能够克服畏惧情绪，就会增强自信，催人进取。

大学生应当认识到，当挑战来临之际，一定要做到不畏惧，勇敢地去应对挑战；应当树立自信心，只要努力闯关，就可能提升一个台阶，进入更加光明的生涯里程。任何担心害怕和企图躲避的心态都是不利的，那样只能成为一个毫无长进和收获的失败者。

2. 做好应变计划

挑战是一种不以人们主观意识为转移的客观事物。大学生实现个人职业目标的道路绝非坦途。它随着接踵而来的大小挑战呈现出波浪式前进。这要求大学生要根据各种挑战的具体要求来及时调整个人计划，使个人职业生涯规划融合在组织的员工生涯管理轨道上，实现双赢发展。在面对挑战时，要想方设法、周密计划，采取有效的措施，做到全身心投入。经过努力，战胜困难后，要注意休整，恢复元气，准备迎接下一个挑战。

3. 把握挑战带来的机遇

挑战对人具有两面性。人们是否能把握住挑战带来的机遇，其结果大相径庭。一种人才疏学浅，迫于挑战的艰难和风险，经受不住煎熬，败下阵来，一无所获，甚或蒙羞。另一种人早有准备，能够坦然运筹，精心操作，发挥潜能，一再创建业绩。

把握机遇者需要具备良好的职业素养。竞争是实力、真才实学的较量，而不能靠纸上谈兵。一个职业素养较高的人就具有充足的本领和动力去迎接挑战；他能够把握住挑战带来的机遇，直面挑战，勇敢地参与竞争，在竞争中脱颖而出。

二、提高竞争能力

（一）狠抓个人职业素养的培育和提高

一个人的竞争能力不是单纯的争胜好强，它既需要旺盛的竞争意识，更需要良好的职业素养作支撑。激烈的就业竞争主要是职业素养的竞争。因此，大学生在校期间，一定要狠抓个人职业素养的培育和提高。

1. 确定职业目标

要逐步学习和制定自己的职业生涯规划，确定个人的职业目标，要了解所学专业对应的职业群，围绕这些职业所需的课程和技能来奠定理论基础知识和相关技能，强化职业能力。

2. 学好专业理论知识和技能

首先，按照专业教学计划努力学习相关课程，打好基础理论和专业知识、技能的功底。

其次，围绕自己的职业目标，在学校里设置的众多选修课中选学有关的课程。为开阔知识面、扩充职业素养、增强专业适应面做铺垫。

第三，对于课程训练、毕业设计、科研小组任务要尽心尽力去做好；对于相关职业领域的国家职业资格证书，也可以根据个人情况考虑是否考取。

3. 重视隐性职业素养的提升

在一个人的职业活动中，与其显性职业素养相比，隐性职业素养能够在更加广阔的行业领域、更加有效和更加持久地发挥作用。大学生应当重视隐性职业素养的提升，在培养职业道德、强化职业意识、培育情商、管理个人生活、提高社会实践能力、增强人际沟通能力、学习礼仪、培育团队精神、学会创业等诸多方面狠下一番工夫。

隐性职业素养的提升主要依赖于大学生主观意识、行为的修养和磨炼；要严于自我要求，自我鞭策，持之以恒。大学生可以通过学习有关课程和知识、参加校园社团组织、担任学生干部、投身社会实践、参加公益服务活动等多种途径来锻炼和提高隐性职业素养。

（二）知己知彼

“知己知彼，百战不殆”。我们要想增强自己的竞争力，提高竞争取胜的把握，就必须做到知己知彼。

知己就是客观地认识自己，了解自己的长处和短处。知彼就是了解对手和环境条件（时间、地点、政策、人际关系等）。知己知彼，只是奠定一个竞争决策的基础。要想赢得竞争，还必须根据扬长避短的原则，制定出行之有效的竞争目标和策略。如果不顾彼此的优势和劣势，一味采取追随、模仿或效法竞争对手的做法，那也是难有胜算的。

在大学生就业竞争中，每个人本应根据个人的优势、劣势和用人单位的招聘要求去实现人职匹配，以求择业成功。但是，有的人却是不顾双方条件，采取一相情愿的简单办法，或者从众随流，专心观察、打听别的同学去什么地方或进哪个公司，自己也往那里挤；或者盲目攀比，看到别人进了某个好单位，自己也要找个同样或更好的单位；或者过分追求高薪金和好待遇，或者一定要留在某城市等。这类一厢情愿的做法大多择业难成，延误就业。

在员工职业发展的竞争中，能否做到知己知彼，关系到其工作绩效和前程。在知己知彼基础上制定的职业生涯规划由于符合主客观情况而切实可行，具有较高的成功率。在与同事的竞争中，如果真正了解彼此的长处和短处，就会设法发挥自己的长处，弥补或避开自己的短处，从而保持自己在竞争中处于优势地位，提高成功率。

了解和分析竞争对手，转移竞争优势，是企业竞争制胜的重要手段。比尔·盖茨经常提醒部下去了解竞争对手，分析有哪些直接的和潜在的对手，了解对手在运营或销售领域的目标、战略、举措及其优势和劣势，注重吸收对手的经验，避免重犯对手所犯的错误；在知己知彼的基础上，制定出行之有效的竞争战略和营销策略。

1977年，在香港著名的地铁工程项目竞标中，李嘉诚的长江实业地产能够击败包括当时地产业霸主“置地地产”在内的29家知名公司而一举夺标，靠的就是知己知彼。李嘉诚看到了“置地地产”的目空一切、坐等中标之势，他认真理解港府的意图和地铁公司招标意向，分析出地铁公司资金短缺等情况，有针对性地提出了与地铁公司双赢的工程建设方案，出奇制胜。而“置地地产”虽有无与伦比的资金、实力和名声，这一次却“大意失荆州”。

（三）处理好几个有关竞争的问题

1.合理地确定竞争目标

大学生在面对课程考核成绩、竞选学生干部、创造科研成果、参加田径比赛、择业应聘等一系列的竞争时，给自己制定的目标既不可好高骛远，也不能妄自菲薄，一定要根据自己的实际情况来确定合理的期望值。

人各不同，在同一环境下，各自在不同方面能够达到的目标也不一样。只有在自我认知的基础上，确定出力所能及的目标，才能有把握在竞争中取胜。

切忌盲目竞争。在择业竞争中，有些毕业生一心追逐"热门"职业；有些毕业生"宁要大城市一张床，不要外地一套房"；有些毕业生月薪期望值过高；一些高职毕业生不去自己有优势的"蓝领""灰领"岗位上求职，而去追求自身并无优势的"白领"职位等，都带有相当的盲目性。盲目竞争，或追风，或攀比，或急功近利，或过于自信，由于都是一厢情愿，主客观不一致，所以其择业成功率很低。

2. 保持积极心态

积极心态是一个人心理健康的自然体现。其具体表现为能够准确地认知自我与环境，情绪稳定乐观，意志坚强，行为习惯良好，人际关系和谐，适应社会，进取心旺盛。我们为人做事都应当保持这种积极心态，它有利于个人理性地参与竞争，并脱颖而出。

面对竞争，经常会出现自己处于劣势或遭受挫折的局面。这时，不愉快、烦恼、忧虑的心情就会缠绕自己，"才下眉头，却上心头"。这种状态对于竞争极其不利。我们必须及时采取主动宣泄、转移升华等方法，来释放内心的郁闷，将情绪冲动转向环境许可的其他活动中。要冷静下来，认真分析造成这种局面的各种因素，找出解决问题的途径和办法，改变被动状态。

学会自我安慰。《伊索寓言》中有个葡萄酸的故事，是说狡猾的狐狸因为吃不到藤上的葡萄，就说葡萄是酸的，以此来安慰自己。这种在本想得到某物而实际上又得不到此物时，故意贬低此物，用来自我安慰，以求得心理平衡的做法，看似愚蠢、可笑，其实却有助于心理自卫。它可以使人减轻失落感，保持积极的心态。当然，我们还可以使用其他一些调整观念的方法来安慰自己。

学点幽默。幽默有利于人的心理健康，使人保持轻松、进取的良好心情。幽默的方式多种多样，说句俏皮话，讲个有趣的故事，故意逗笑取乐，做些滑稽动作等。要想使自己具有幽默感，需要培养自己乐观开朗的性格，富有爱心和同情心；扩展知识面，提高人文修养；积极投身于学习、劳动和集体活动；增强沟通能力，建立和谐的人际关系。

3. 把握好竞争与合作的关系

大学生在德、智、体、美各方面的竞争压力，是人生道路上自主培养正确的竞争意识的重要条件。它能激发个人的主动性和积极性，使个人的潜能得到充分发挥。竞争促进了个人学业长进，丰富了集体生活。在我们的竞争意识逐渐加强的同时，还要学会合作。

一些学者认为，在人类发展过程乃至个人生活中，总是合作多于竞争。人类所有重大的成就都是合作的结果，合作与竞争对于人类社会的进步都起着重大作用。合作能使人学会与别人交流、配合及和谐相处，增强自己对团体的自豪感。研究资料表明，合作比竞争具有更高的效率。

事实上，竞争与合作总是相伴而行的。竞争的对手可能是个体(如参加考试者、应聘者、田径比赛运动员、选美等)，但更多的都是合作的群体(如企业、学校、研究所、足球队、交响乐团等)。

大学生在校学习期间，既在德、智、体、美各方面的成长中存在着竞争，又在学习和生活中互相帮助，在班级间文体比赛中存在着内部合作。这种帮助与合作使大家不断学习和体验到彼此间互相依存、互相促进，为实现共同目标而共同努力的团队精神。绿茵场上的对抗，使我们同时看到了两个队之间的激烈竞争和每个队内部成员的精诚合作。

据统计显示，在1901—1966年获得诺贝尔奖金的近500人中，有300人的成果是合作而成的。

大学生毕业后的就业去向大多为各类用人单位。个人的发展需要纳入组织职业生涯管理的轨道。员工之间存在着在竞争中合作的关系。我们一定要把握好竞争与合作的关系，既要有竞争意识，还必须有团队合作意识。

3.6 课堂活动——培养责任感

责任感是一个人道德品质和职业意识的重要体现。我们做一个培养责任感的活动。

一、活动目的

(1)培养活动参与人的责任感。

(2)增进活动参与人的彼此信任和协作。

二、活动内容

选择一片空地，中间放置一个高度为1.5～1.8米的平台(也可以用梯子或者树桩代替)，组织12～20个同学，使用1小时以上的时间进行此项活动。

要求所有同学在参加活动前全部摘下手表、戒指、带扣的腰带或其他的尖锐物件，并把衣兜掏空。

1.准备

首先挑选两名同学，站在平台上。其中一名准备从平台向下跌落，另一名担任监护员。其余同学作为救护员，在平台前排成两列。队列与平台形成一个合适的角度(例如垂直于平台前沿)。他们的共同任务是承接跌落者。

承接员必须从低到高、肩并肩地排成两列，相对而立；保持向前伸直胳膊、掌心朝上的姿态，形成一个安全的承接区。为了避免在承接跌落者时可能互相碰头，他们不能同对面的队友拉手，也不能抓住对方的胳膊或手腕。

2.监护员的职责

监护员负责管理整个活动进程。

监护员的首要职责是保证跌落者正确倒下，直接倒在两列队员中间的承接区。跌落者要向后倒，必须背对承接队列。

监护员要监督跌落者两腿夹紧，双手放在衣兜里，紧贴身体；或者两臂夹紧身体，双手紧贴大腿两侧(可以避免两手随意摆动)。监护员要告诫跌落者，要求他在跌落时始终挺直身体，不能弯曲，以避免其后背砸倒承接队员。

监护员还要保证跌落者头部向后倾斜，身体挺直，直到倒下后被承接队列传送至队尾为止。

监护员要负责察看承接队列是否确实按照个头高低或力气大小均匀排列了。必要时，可以让他们重新排队，并且时刻做好准备来承接跌落者。

3.活动过程

跌落者要听从监护员的指挥，听到监护员发出喊声："倒!"才可以按照规定的方式向后倒下去。

队列前部的承接员接住跌落者之后，把他安全地传到队尾。

队尾的两名承接员要始终抬着跌落者的身体，直到他双脚着地。

4.角色转换

每当跌落者站在承接队列尾部时，开始角色转换。刚才的跌落者及其监护员变为队尾的承接员；靠近平台的两名承接员变成台上新的跌落者和监护员。如此循环，让每个同学都有机会充当跌落者。

每一对跌落者和监护员也要安排互换，以便分别体验两种角色的感受。

5.鼓励参与，但不强迫

我们尽量要求同学们都能参与这项活动，但对个别不愿参与者，也不要强迫或嘲讽，可以让他们爬上平台，面对承接队列站一会儿，然后跳下来(这也可能使他们重又愿意参与规定的跌落)。

三、讨论

(1)在参与之前，对此活动有何认识?

(2)在参与之后，对此活动有何感受?

(3)作为跌落者，当在平台上听到号令向后倒时，有何感想?

(4)监护员应具备什么样的职业意识?

第 4 章　培育良好的情商

4.1　情　　商

4.1.1　情商概述

一、情商的概念

情商(Emotional Quotient,EQ)一词,是在 1991 年由美国耶鲁大学心理学家彼得·沙洛维(P. Salovey)和新罕布什尔大学的琼·梅耶首创的。1995 年美国心理学家丹尼尔·戈尔曼(Daniel. Goleman)推出《情绪智力》一书,使情商一词风靡世界。2007 年,克里斯汀·韦尔丁出版《情商》,深入阐述了情商自我管理的理论,引起了全球数亿人的关注。

情商即情绪智力,我们在后面还要进一步讲述。现在先建立一个简明的概念:情商是测定和描述人的情感状况的一种指标,是一个人自我情绪管理以及管理他人情绪的能力指数。它属于非智力因素,是保证智力水平在实践中充分发挥和成功的关键。它包括情绪的自控能力、人际关系的处理能力、挫折的承受力、自我的了解程度以及对他人的理解和宽容。

在心理学上,情商是情绪商数的简称。它反映了情感与理性认识行为间的协调联系,反映了由情绪引起的可以激发和促进心智良性发展的可能性。情商可用于预测一个人能否取得职业成功或生活成功[1]。

情商主要靠后天培养而得,需要从小开始的潜移默化。

1. 沙洛维和梅耶的情商理论

按照沙洛维和梅耶完善后的理论划分,情商包括以下几个方面:

(1)情绪的知觉、评估和表达能力。它包括从自己的生理状态、情感体验和思想中辨认自己情绪的能力;通过语言、声音、仪表和行为,从他人、艺术作品、各种设计中辨认情绪的能力;准确表达情绪、表达与这些情绪有关的需要的能力;区分情绪表达中的准确性和真实性的能力。

(2)思维过程中的情绪促进能力。它包括情绪思维的引导能力;情绪生动鲜明地对与情绪有关的判断和记忆过程产生积极作用的能力;心境的起伏使个体从积极到消极的摆动变

---

① 应当指出,社会学科不同于自然学科,社会学科的理论与个体实际之间有时不能很好吻合,社会的复杂性使人的成长充满了很大的变数。因此,情商可用来预测职业成就,但它只具有统计学意义。

化，促使个体从多个角度进行思考的能力；情绪状态对特定的问题解决所具有的促进能力。

(3)理解与分析情绪，可获得情绪知识的能力。它包括给情绪贴上标签、认识情绪本身与语言表达之间关系的能力；理解情绪所传达意义的能力；认识和分析情绪产生原因的能力；理解复杂心情的能力。

(4)对情绪进行成熟调节的能力。它包括以开放的心情接受各种情绪的能力；根据所获得的信息与判断，成熟地进入与离开某种情绪的能力；成熟地监察与自己和他人有关的情绪的能力。

2. 戈尔曼的情商理论

戈尔曼认为人有两个大脑，一个是理智大脑，一个是情感大脑。人生成功是智商与情商并驾齐驱的结果。他的情商理论具体内容如下：

(1)自我认知。它是指个体觉察有某种情绪出现的能力。这是情商的核心。能够及时准确地觉察人们出现的某种情绪，才能理性地把握好自己的情绪，成为生活的主宰。

(2)自我管理。它是指能够自我安慰，调控个人的情绪，使之适时、适地、适度。这种能力表现在通过自我安慰和运动放松等途径，有效地摆脱因失败而产生的负面情绪(沮丧、焦虑、愤怒、烦恼等)。

(3)自我激励。它是指为了达到目标而调动、指挥情绪的能力。它要求个体自我激励，延迟满足、控制冲动、统揽全局。这种能力使人集中精力、坚忍不拔、奋力拼搏、必获成功。

(4)认知他人的情绪。这种认知表现为能够通过细微的社会信息敏锐地感觉到他人的需求和欲望，能分享他人的情感，对他人的处境感同身受，又能客观地理解、分析他人情感。他们的社会活动能力很强，适合于从事监督、管理、教学、销售等工作。

(5)人际关系的管理。它是指调控与他人的情绪反应的技巧。这种能力包括展示情感、富于表现力和情绪感染力、社交能力(组织、谈判、解决冲突)。它可以强化个体的受欢迎程度、领导权威、人际互动效能等。它关系到个体的人缘、领导能力与人际和谐程度。

二、情商与智商的关系

智商(Intelligence Quotient，IQ)就是智力商数。智力通常称为智慧或智能，是人们认识客观事物并运用知识解决实际问题的能力。智力一般表示人的聪明程度，包括观察力、注意力、记忆力、思维能力、想象力、分析判断能力等多个方面。根据1916年特曼(L. M. Terman)推出的计算公式：智商＝智龄÷年龄×100。智商用来表示智力的高低，表示智力的发展水平①。

心理学家们认为，在一个较大的人群中，智力水平极高和极低者各占2%左右，而绝大多数人皆为中等水平。由此可见，依靠智力高而取得成功的人只是极少数，而具有中等智力水平的绝大多数人居然也能取得成功，就必须依靠非智力因素(如情商等)了。

---

① 智商的水平可以量化。例如通过智力测查，一个8岁儿童的智力水平相当于常模中10岁儿童，则此儿童的智商IQ＝10÷8×100＝125分。智商是200分制，90～110分者属正常智力范围，120～140分者为聪明人，140分以上者称天才。分数越低表示智力越差，70分以下者为智力低下，其中50～70分者属愚笨，25～50分者为痴呆，0～25分者为白痴。

1. 在事业成功中，智商是基本条件，情商是助推力

智商是一个人取得事业成功的基本条件。智商的优劣直接影响到个人的就业与发展。很难想象一个低智商者会在事业上出类拔萃。

但是，仅有高智商并不能保证事业必然成功。美国一项对95名哈佛大学毕业生进入中年的追踪研究表明，智商的高低并不完全与生活、事业的成功呈正比。戈尔曼曾为188个公司开发“能力模型”，帮助公司培训管理人员，研究情商对绩效的作用。研究结果表明，对于一般岗位工作，情商的重要性是智商的两倍；对于高级职位，其智商的差别可以忽略，而情商的作用更加重要。对于高级职位的高绩效者与低绩效者，其差别的90%可归因于情商，而不是认知能力。

同样，仅有高情商也无法取得显赫的业绩，尤其在科学研究领域。

在人们的学习和工作中，情商通过感知并调整个人与他人的情绪、与人沟通，能够更好地发挥智商的作用，提高活动水平和工作绩效。也就是说，作为一种工具，情商可以使智商得到充分发挥。不难理解，那些众多的中等智商者能够在各行各业取得显赫的业绩，正是依靠较高情商的辅助和推动。由于社会上绝大多数人属于中等智商，因此，在追求职业成功的道路上，能不能通过情商来充分发挥智商的作用，将直接影响到事业的成败。这是具有普遍意义的。

2. 情商与智商是彼此独立而又相互联系的不同素质

在我们日常生活中，就智商和情商的水平高低来说，不同的人有着这两类素质的不同组合。它们各占有独立的自身比例。只有极少数人属于两者皆低或两者皆高，绝大多数人属于中等的智商和高低不等的情商。

情商和智商对于一个人有着不同的影响领域。智商主要影响学业、科技方面的成就。情商则影响到职业前途和生活景况。

情商与智商是相互联系的。情商的高低在一定程度上依赖于智商水平。例如，情商中的情绪认知、激励、调控能力就与智力水平密切相关。没有一定的智商条件，就不可能产生“高情商”。那些弱智者的情商也是偏低的。

三、情商的作用

研究表明，情商对个人的成长、事业的成功和企业的发展都有重大作用。

1. 动机作用

人的行为动机是由于某种需求而产生的。某种需求是否得到满足一般是通过情绪情感来体验的。这种体验包含着理解、分析和判断，由此形成相应的动机，对个人的行为产生积极或消极的作用。情商较高的人对于需求是否满足能有全面的理解和客观的分析，从而促进积极情绪、抑制不良情绪。相反，情商较低的人则会产生并助长不良情绪、抑制积极情绪的动机。

2. 认知作用

情商的主要内容是对情绪的自我认知和认知他人。自我认知就是了解自己的情绪、情感及其优劣。认知他人则是根据他人的情绪、情感反应，觉察其真实感受，了解其内心需求。

这种对他人的认知是建立在自我情绪、情感体验基础上的。情商较高的人能够做到“知己知彼”,有利于自我情绪调控,有利于促进人际沟通。

3.适应作用

情绪和情感是人们适应生存的精神支柱。一切行为活动无不伴随着一定的情绪和情感状态。人的基本情绪正是在生存适应过程中发展、分化出来的。例如,儿童的情绪反应就是他们适应社会环境并进行社会交往的表现。一个人从家庭、学校到社会等不同环境学习成长的过程,不断地产生要调节个人情绪去适应新环境的问题。在与环境格格不入时,人们会紧张、焦虑,产生挫折感,如能恰当地调节情绪,就可以降低紧张或焦虑,使个人逐渐适应环境。对于学习压力、经济压力、人际关系紧张、丢失面子、失恋等生活事件所产生的消极不良情绪,情商较高的人都能够调控个人情绪,发挥积极因素,适应客观需要,做到有利于个人发展;情商较低的人则往往对个人情绪调节不当,不利于身心健康和学业长进。

4.组织作用

情绪情感属于一种特殊的心理活动。它对其他的心理活动起着监测和组织作用。它监视着信息的移动,影响到人的知觉选择和思维活动,影响到人的行为表现。情商高,则其组织作用强;情商低,则其组织作用弱。

根据上述介绍,情商可以理解为情绪智力。因此,在下面几节,我们进一步阐述情绪智力、情绪的定义、产生、特点和分类,讲解常见的情绪问题与调适方法。

4.1.2 情绪智力

一、情绪智力的定义

1.情绪智力的定义

1990年,美国心理学家彼得·沙洛维最早研究并定义情绪智力:情绪智力是识别、面对和运用情绪来引导思考的一种能力。经过后来的进一步完善,使之成为一个科学概念。情绪智力表现在4个方面:①觉察、评价和表达情绪的能力;②接近并产生情感以促进思维的能力;③理解情绪及情绪知识的能力;④调节情绪以帮助情绪和智力发展的能力。

1995年,戈尔曼在《情绪智力》一书中把情绪智力定义为认识自己和他人情绪的能力、自我激励能力、管理自身情绪和人际关系中情绪的能力。情绪智力具体表现在5个方面:①认识自己情绪的能力;②管理自己感情的能力;③自我激励的能力;④认知、理解他人情绪的能力;⑤妥善处理人际关系的能力。

在管理学中,情绪智力是指管理自己及其与他人关系的能力。它包括自我管理能力和人际关系技能两方面。自我管理能力是指自我意识、自我控制和自我激励。人际关系技能是指对他人的情绪监控和人际交往技巧。

根据上述理论,取其共同之处,我们可以简捷地认为:情绪智力就是认知、调控、管理个人和他人情绪的能力及表现。

2.情绪智力的反应

某种情绪所引发的行动,并没有经过大脑的思考,因而是被动的、非理性的反应,我们把它称为“非条件反射”。从“非条件反射”到经过大脑思考后采取理性行动，这就是情绪智力的反应。这个反应过程的时间约为6秒钟。也就是说，在某种情绪产生后，将信息传递给大脑，由大脑进行逻辑分析、做出理性判断、采取相应行动，需要6秒的滞后时间。情绪智力就是指大脑对小脑产生的情绪进行理性分析后选择采取行动的能力，也就是人们调节情绪、控制情绪的能力。

情绪对于人们的工作和生活有着重要的影响。因此，如何控制个人情绪、理解他人情绪，引导情绪向积极方面发展，达到有利于我们工作和生活的效果，这具有深远意义。

二、情绪智力的内涵

目前，对于情绪智力的概念，心理学家众说不一。主要有两大流派：一派持智力取向论，即把情绪智力视为智力的一种；另一派持非智力取向论，即把情绪智力与各种人格特征因素等同看待。

1. 智力取向论

以彼得·沙洛维和琼·梅耶为代表的心理学家认为，情绪智力是一种加工情绪信息的能力，既然是分析和加工的认知能力，就属于智力范畴。他们这种理论比较严谨，结构清晰，为此构建的情绪智力模型包含4大领域：

(1)准确地觉察、评价和表达情绪的领域。

(2)接近并产生感情以促进思维的领域。

(3)理解情绪及情绪知识的领域。

(4)调节情绪以帮助情绪和智力发展的领域。

2. 非智力取向论

以戈尔曼为代表的学者认为，情绪智力包括传统智商以外的所有能力。戈尔曼的情绪智力模型包括5大领域25种能力：

(1)认知个人情绪领域。该领域包括自我认知、自我评价和自信3种能力。

(2)个人情绪管理领域。该领域包括5种能力，即自我控制、可信、责任心、灵活性和创新能力。

(3)自我激励领域。该领域包括成就驱动力、义务感、自发性和乐观性4种能力。

(4)认知、理解他人情绪领域。该领域包括理解他人、发展他人、服务定向、在多样化中达到平衡和政治意识5种能力。

(5)处理人际关系领域。该领域包括8种能力，即影响力、沟通能力、冲突管理、领导能力、合作技能、团队能力、变革催化和建立联盟能力。

4.2 情　　绪

4.2.1 情绪概述

我们知道，情商，也就是情绪智力，是理解自己与别人、管理自己与别人情绪的能力。要理解和管理自己与别人的情绪，首先必须认知情绪。

一、情绪的定义

人们在日常生活中受到某种来自内部或外部的信息刺激时，都会产生一种身心激动状态，表现为某种情绪。人的情绪多种多样，简而言之，有喜、怒、悲、忧、惊、思、恐，仔细划分则有喜欢（满意、愉悦、骄傲、兴奋、惊喜、狂喜），愤怒（生气、愤懑、愤恨、发怒、敌意），亲爱（认可、和善、友善、关切、羡慕、信赖、亲密、挚爱、宠爱、痴恋），惊讶（震惊、惊恐、叹为观止），恐惧（紧张、警觉、慌乱、忧心、疑虑、焦虑、恐惧），厌恶（轻视、轻蔑、厌弃、讥讽、排斥），忧伤（闷闷不乐、郁闷、忧郁、忧愁、伤心、痛心、悲哀、悲痛欲绝、痛不欲生），羞耻（尴尬、愧疚、懊悔、耻辱）等。

1. 辞书的解说

《辞海》对情绪的解释是心情、心境；情意；不愉快的情感；从人对客观事物所持的态度中产生的主观体验。德国冯特（W. Wundt）认为：情绪可以从愉快—不愉快、紧张—放松和激动—平静三方面做出描述。对客观事物持肯定态度时，就会感到愉快、满意等；持否定态度时，会感到憎恨、恐惧、愤怒或悲哀等。情绪发生时，往往伴随着一定的生理变化和外部表现。

《牛津词典》对情绪的解释是心灵、感觉或感情的激动或骚动，泛指任何激越或兴奋的心理状态。

2. 心理学的定义

普通心理学认为：情绪从广义来说，包括情感，是人对客观事物的态度体验；狭义而言，是指人在受到环境刺激时根据其需要是否获得满足而产生的暂时性的、较剧烈的态度及其体验。它是人对客观世界的一种反映形式。

情绪是人和动物所具有的一种心理活动。情绪具有独特的主观体验形式，并不是生物对现实对象和现象本身的反映，而是由客观现实与人的需要之间的关系所引起的各种感受。

情绪活动有明显的肌体变化和生理唤醒状态，如内脏机能的变化（消化、呼吸、循环及内分泌器官的活动）、脑电与皮电活动的变化、外部表情（面部、声色、姿态等）的变化。

情绪活动有独特的生理机制，大脑皮层起主导作用，大脑皮层以下的部位（丘脑、下丘脑、边缘系统、网状结构等）也起着特定作用。因此，美国心理学家伊扎德（C. E. Izard）认为必须从主观体验、表情行为和心理基础三方面来定义情绪。

情绪与生物的需要紧密联系。它是以需要为中介的一种反映形式。并非任何外界刺激都能引发人产生情绪，只有与人的需要有直接或间接联系的事物才能使人产生情绪态度。通常，那种能满足个体某种需要的事物，会引起个体肯定的情绪体验（如满意、喜悦、欢快等）；那种妨碍或干扰个体满足某种需要的事物，就会引起否定的情绪体验（如不满、痛苦、忧愁、恐惧、愤怒等）。

情绪包含情绪体验、情绪行为、情绪唤醒和对刺激物的认知等复杂成分。它是人对客观事物所持的态度体验。

3. 结论

关于情绪的定义，尽管有许多种说法，但大同小异。我们可以认为，情绪是从人对客观事物所持的态度中产生的主观体验。进一步来说，情绪是人对客观事物是否符合个体需要所产生的态度体验，是人脑对客观事物与人的需要之间关系的反应。它包含以下4种成分：

(1)情绪涉及身体的变化，这些生理变化是情绪的表达形式。

(2)情绪是行动的准备阶段，这可能跟实际行为相联系。

(3)情绪涉及有意识的体验。

(4)情绪包含了认知的成分，涉及对外界事物的评价。

情绪体验是在社会环境，尤其是人际交往中发展起来的，具有很强的社会性。人既有与生物学需要相联系的情绪体验，又有与社会文化相联系的高级情操和社会情操(如道德感、审美感、理智感等)。在体验高级情操时，也产生情绪。情绪影响着人们心理生活的各个方面，且贯穿整个人生。

二、情绪与情感

通常，我们把情绪和情感当做统一的心理过程来讨论，但从产生基础和表现特征来看，两者是有差别的。

1.情绪与情感的产生基础

情绪大多与人的生理性需要相联系，产生较早。婴儿出生后就有哭、笑等情绪表现，而且与食物、温暖、困乏等生理性需要相关。

情感大多与人的社会性需要相联系，产生较晚。它是从幼儿时期开始，随着心智的成长和社会认知的发展而产生的。情感大多与求知、交往、环境陶冶、人生追求等社会性需要有关。

情绪是人和动物共有的，但是，情感则是人类才有的。

2.情绪与情感的表现特征

(1)情绪具有情景性和暂时性，情感具有稳定性和深刻性。情绪通常由人们身旁的事物所引起，又常常随着人、事、环境的转变而变化。因此，情绪具有情景性和暂时性。我们会看到一些人情绪经常变化，喜怒无常。

情感是在多次情绪体验的基础上所形成的稳定的态度体验。例如，一个人对某人的爱或恨可以持续很长时间，甚至一生不变。因此，情感具有稳定性和深刻性，它被作为评价人格和道德品质的重要方面。

(2)情绪具有冲动性和肌体表现，情感具有内稳性。人在情绪的驱使下常常一反常态、不能自控，快乐时手舞足蹈，郁闷时垂头丧气，愤怒时暴跳如雷，恐惧时惶恐不安。因此，情绪具有冲动性，并伴随有面部、肢体动作的表现。

人的情感出自内心的体验，深沉而久远，不会轻易流露出来。它具有内隐性。

情绪和情感虽有差别，但又是密不可分的。一般而言，情感是在多次情绪体验的基础上形成的，并通过情绪表现出来；反过来，情绪的表现和变化又受到已形成的情感的制约。情绪是情感的基础和外部表现；情感是情绪的深化和内核。

三、情绪的特点

1.情绪的一般特点

(1)情绪是一种主观经验，只有每个人自己才能真正地感受到。

(2)情绪是个体内在的心理和生理反应。

(3)情绪是个体对特定事物的信念或认知评估。

(4)情绪一般由脸部表情表现出来。

(5)个体对于知觉到的情绪可以表现出一定的行为反应。

2. 大学生的情绪特点

大学生的情绪具有一系列鲜明的特点：

(1)具有丰富性和复杂性,包括许多积极上进的情绪,因竞争、压力、误解、挫折而产生的消极情绪,在道德感、理智感、审美感等方面的拓展。

(2)具有波动性和两极性,包括因社会、家庭、学校、择业、个人问题等引起的多种情绪波动。波动的极端就是情绪的两极性,即从一个极端跳到另一个极端,“忽冷忽热”,得意时趾高气扬,受挫时悲观消沉。

(3)具有激情性和冲动性,由于某事而产生激情,意识被锁定在某一点,使理智控制降低或丧失,带有激情性和冲动性,忘掉了其他事物的存在,可能导致一些过激的行为。

(4)具有阶段性和层次性,一般来说,在大学的不同学年,一年级学生恋旧感与新鲜感交替,放松感和压力感并存,情绪波动大;二年级学生普遍有适应感、随意感和自信感;三年级学生的情绪比较复杂,存在着紧迫感、责任感、忧虑感等心态。

(5)兼有外显性和内隐性,一方面,受到外界刺激便产生相应情绪,常形于色;另一方面,由于社会经验的增长,一些人已能调解和控制个人情绪,把自己的真实感情隐藏起来。

4.2.2 情绪的产生与分类

一、情绪的产生

1. 情绪的产生来源于刺激

情绪不是自发的,是由刺激引起的。这种刺激大多来自外部,也有来自内部的。例如,漫游杭州西湖或步入森林公园时,人们心情愉悦;面临悬崖或夜闻狼嚎时,人们惊恐紧张;考虑到作业未完成、考试不及格、欠债难还等情况,人们会焦虑不安等,这些都是由外部刺激引起的情绪。个人腺体分泌失调、个别器官功能失常或疾病缠身,记忆、联想、幻想等心理活动活跃,这些则是由内部生理性或心理性因素刺激引起的情绪。

当一个人受到刺激时,他的小脑就自动地产生出相应的生物生理化学反应。这就是情绪。情绪是人的小脑的自发反应。它属于人们生理上的一种自我保护机制,是比大脑思维要快上千倍的反应模式。

2. 情绪的产生依赖于个体感觉器官对客观信息的感知

人们通过听觉、视觉、嗅觉、味觉、痛觉、思维等感知,都会产生相应的某种情绪。例如,当耳朵听到音乐、哭泣、斥责、赞赏、欢笑等各种声音时,都会产生愉快、不悦、生气、兴奋、轻松的情绪;当眼睛看到电影、电视中各种激动人心的场面时,都会不断产生情绪的变化;当人的手臂或身体接触到他人或物体时,当鼻子闻到葱蒜、煤气、臭气、花香时,当吃到了苦、辣、酸、甜的不同食品时,当遭遇肢体伤残、疾病折磨时,都会引发个体产生各种各样的情绪。

还有，大脑的思维活动，例如想到了工作或学习中的困难、欠债难还、失恋、被评为英模、立功受奖、考取了××资格证书等，都会使人产生或忧愁、或痛心、或欢乐、或自信等多种情绪。

同样的外在刺激，对于不同的人可能产生大体同样的情绪，也可能产生截然不同情绪。这决定于他们的认识活动。例如，当屏幕上出现某当红歌星演唱的画面时，爱好者饶有兴趣，其“粉丝”如痴如醉，有的人则没有感觉。又如，面对高烧 40℃ 的患病者，医生、病人家属、朋友和单位领导所产生的情绪反应就各不相同。这种情绪差异显然依赖于个体感觉器官对客观信息的感知，与他们的身份、认识、经历有关。

3. 情绪的产生依赖于主观需要

个人体验到的情绪具有主观性。究竟是否引起情绪体验以及产生何种情绪体验，都与个体的主观需要有关。可以说，客观刺激与主观需要的相关性是情绪产生的先决条件。

当客观事物符合并满足个体需要时，例如参赛夺冠、恋爱成功、考核通过、心想事成，就会使人产生满意、喜悦、振奋等积极的情绪体验。当客观事物不符合个体期望或不满足个体需要时，就会使人产生失望、不悦、痛苦等消极的情绪体验。

4. 情绪的产生伴随着不受自身控制的生理变化和行为反应

情绪的产生固然与认知活动有关，但与其伴随产生的生理变化与行为反应却是当事人难以控制的。用在法律心理学上的测谎器正是根据这一原理设计的。

使用测谎器时，在受测人的右臂、胸部和左手指上分别安置三个传感器，用来取得记录脉搏心跳、呼吸速度和皮肤电流反应的数据。各种测量数据通过振动式描针记录在匀速运动的纸带上。根据受测人在回答问题过程中各条曲线的变化，便可以推断其是否说谎。

在实际操作中，首先要取得受测人情绪平常的记录。这可以通过向受测人询问与案情毫无关系的“中性”问题来获得。然后，在不同时间，向受测人询问与案情相关的“重要”问题和假造的“控制”问题。观察受测人回答问题过程中三种曲线的变化，分析受测人是否说谎。

当事人说谎时，其呼吸、心跳和皮肤电流反应的记录与平常记录有显著不同。这验证了人在一定的情绪状态下伴随的生理变化与行为反应是当事人难以控制的。

二、情绪的分类

人们产生的情绪是非常复杂的，多种多样的。它的分类并无统一的标准。下面我们介绍按照不同依据进行的分类：

（一）按照我国古代思想家的不同学说分类

(1)《中庸》将情绪分为 4 类：喜、怒、哀、乐。
(2)《吕氏春秋》将情绪分为 5 类：喜、怒、忧、恐、哀。
(3)《左传》将情绪分为 6 类：好、恶、喜、怒、哀、乐。
(4)《礼记》将情绪分为 7 类：喜、怒、哀、惧、爱、恶、欲。

（二）按照情绪的趋势分类

按照情绪的趋势可分为正面情绪和负面情绪。

1. 正面情绪

正面情绪是指那些给人带来愉快体验的情绪。正面情绪包括愉悦、高兴、兴奋、骄傲、惊喜、好奇、诧异、自豪、担当不起、不好意思、快乐、有趣、得意、喜爱、感兴趣、渴望等。

一般来说,正面情绪有利于身心健康和事业发展。

2. 负面情绪

负面情绪是指那些给人带来痛苦体验的情绪。负面情绪包括自责、烦闷、不安、泄气、失意、害羞、惭愧、耻辱、厌倦、哀伤、痛苦、恐惧、害怕、失望、恶心、内疚、寂寞、沮丧、忧愁、悲痛、难过、焦虑、可怜、厌恶、憎恨、痛恨、生气、愤怒、愤愤不平、嫉妒、着急、遗憾、担心、吃惊、紧张、慌张、不可思议、蔑视。

一般来说,如果一个人陷入负面情绪体验中不能自拔,时间过长,强度过大,则可能形成情绪异常乃至肌体功能失常,对身心健康产生不良影响。因此,我们对待负面情绪一定要及时地觉察,并理性地化解之。

(三)按照情绪的典型状态分类

按照情绪的典型状态(强度、持续时间)可分为应激、激情和心境。

1. 应激

应激是指由于意外的紧急情况而引起的高度紧张情绪。它是人们受到某种意外险情刺激所做出的适应性反应。例如山洪暴发、飞行中的飞机发生故障、行车的前方公路突然被山体滑坡破坏、郊游迷路等,都会使人们产生应激,即顿感超乎异常的压力,身心高度紧张,充分调动体内各种机能资源去应付突发事件和危险。

应激反应有积极的和消极的两种。前者表现为临危不惧、身体处于充分动员状态,急中生智,个人才智得到超常发挥,化险为夷。后者表现为遇险色变、惊慌失措,心绪紊乱,斗志消失,后果堪忧。

2. 激情

激情是指因某时某事而产生爆发式的瞬时情绪。激情具有爆发性和冲动性。爆发性是指激情的发生过程迅猛,在极短时间内迸发出强度巨大的心理能量。冲动性是指失去意志力对行为的控制。在日常生活中,我们看到一些人的狂喜、暴怒、悲痛欲绝、受刺激晕倒等,都是激情的表现。激情总是伴随着激烈的内部器官活动与明显的表情动作。例如,狂喜时手舞足蹈、欢呼跳跃;狂怒时捶胸顿足、暴跳如雷。

激情也有积极的和消极的两种。积极的激情包含有理智和意志,能使人发挥潜能、克服困难。消极的激情缺乏理智的成分,常会引发出不顾一切的鲁莽行为,造成不良后果。

3. 心境

心境是指人们能够在较长时间内保持的、具有渲染性和弥散性特点的某种情绪。它不是对于某一事物的特定体验,而是在一段时间内受到已产生的某种情绪影响的对各种事物的体验。例如,一件喜事会使一个人在很长一段时间内保持愉快心情;一件不如意的事也会使人长时间情绪低落。古语说心境是"忧者见之而忧,喜者见之而喜",一个人的心境对他人有感染作用。当个体处在某种心境时,常会以这种情绪状态去体验一切事物,从而使个体生活也带有这种情绪色彩。例如，乐观者常常感到“世事美好人欢笑”，哀伤者每每觉得“凄风苦雨愁煞人”。

由于学习、家庭、人缘、健康、竞争等多种复杂的原因，使人们不同时期具有不同的心境。积极的心境使人精神振奋，学习潜力得以充分发挥；消极的心境使人萎靡不振，缺乏活力，学习成效不佳。

应当指出，心境并不完全取决于外部因素，还与人的价值观有关。一个有高尚人生追求的人会正确地对待各种失意和挫折，始终保持乐观的心境面对生活。

三、情绪的功能

情绪在人们的生活中扮演着重要角色。无论何种情绪，在人们的生活、学习和工作中都起着它应有的作用。

1. 自我保护功能

当一个人突然遇到意外的险情时，在生理上和心理上立即产生应激反应，呈现出紧张、恐惧的情绪。生理上突然心跳加快、呼吸急促、分泌肾上腺素；心理上酝酿对抗或逃避之策，以求脱离危险、保护自己。

当一个人由于学习时间过长或工作负担过重时，一旦超出了个人承受能力的极限，就会出现疲惫的情绪状态。这种状态使他不得不暂停正在进行的学习或工作，转入休养生息。情绪的自我调整有效地保护了自身健康。

2. 信息传递功能

情绪在人际交往中具有信息传递功能。情绪的外部表现称为表情。表情属于一种非言语性沟通方式。这种沟通方式比言语沟通方式要早。在前言语阶段，它是婴儿与成人交流的唯一手段。

特定的表情代表着一定的思想愿望和情感信息。在人际交往中，有许多场合是靠表情来传递信息的。例如，人们常用微笑表示赞许，用点头表示肯定，用摇头表示否定；脉脉含情的眼神表达爱慕之意；号啕大哭表达悲痛之情等。

情绪在人群中能够互相影响和传播。例如，一个人郁闷不乐时，他会对周围人造成影响，使这种情绪蔓延；某员工兴高采烈地告诉同事们即将提薪，大家就会一起高兴起来。

表情对于言语性沟通方式还起着重要的补充作用。通过手势、声调和动作的配合，常常能使言语信息的表达更加明白、形象和准确。

3. 人际沟通功能

在人际沟通中，情绪起着非常重要的调节作用。热情、微笑、喜悦、礼貌等情绪表达，有利于促进人际沟通和理解；而冷漠、傲慢、猜疑、固执、粗鲁等情绪表达，会成为人际沟通的障碍。

心理学家研究指出，在日常生活中使用英语传递信息的人际沟通中，靠非言语表情传递的占55%，靠言语表情传递的占38%，靠言语传递的仅占7%。由此可见，表情在人际沟通中是多么重要。人们可以通过自己的表情准确地表达出自己的思想感情，也可以通过对方的表情来辨认对方的态度和内心世界。

表情被视为人际关系的“显示器”。它比言语更加具有生动性、敏感性和表现力。

4.3 常见的情绪问题与调适方法

4.3.1 大学生常见的情绪问题

大学阶段是一个人身心成长的关键时期。面对较重的学习负担、一定的心理压力、较多的校园活动和较高的社会期望，必然产生多种多样的情绪。如果不能及时而理性地化解这些情绪，并采取正确的行动，就会形成不同程度的情绪问题，从而影响身心的健康与发展。

一、情绪问题的含义

1.情绪健康

情绪健康是指一个人的情绪发展、反应水平和自我控制能力都与其年龄、社会要求相适应。它表现为心情愉快和情绪稳定，具有良好的情绪状态。

衡量情绪是否健康，一般有三条标准：一是愉快情绪多于不愉快情绪；二是情绪稳定；三是情绪反应的状态、强度与引起情绪反应的事件相符合。愉快情绪是指乐观、热情、富有朝气，应当成为个体的主流情绪。情绪稳定是指个体善于调节和控制自己的情绪，使之既符合自身需要又符合社会要求，在不同时间和场合应有恰如其分的情绪表达。

特定的事物引起相应的情绪，例如挫折和不幸引起悲痛，好事和喜事引起欢乐，这是合乎规律的健康反应。

2.情绪问题

所谓情绪问题，就是情绪不健康的一些表现，主要是指因生活事件引起的长时间存在而不能消除的负面情绪。这些负面情绪包括自责，烦闷、不安、失意、泄气、厌倦、哀伤、悲观、失望、寂寞、沮丧、忧愁、悲痛、难过、焦虑、厌恶、生气、愤怒、紧张等。

一些调查资料表明，近年来，我国大学生心理障碍和疾病的发病率高达20%；因各种疾病而退学、休学的比例也呈上升趋势。影响大学生身心健康的原因是多种多样的，其中危害较大的一类就是一些强烈而持久的情绪问题。

情绪问题会引发危害人体健康的许多不良后果。它可能导致大脑神经活动功能紊乱、控制和自制力减弱、学习效率降低，甚至产生某些失去理智的行为，造成心理障碍和疾病。它还会降低人的免疫功能，引起生理平衡失调，导致呼吸、消化、泌尿、心血管、内分泌等系统的相应疾病。

二、大学生常见的情绪问题

引起人们产生情绪问题的原因很多，归纳起来不外是受到外界刺激或内在刺激两类。外界刺激包括周围的环境、人、事、物的变化对个人的各种影响，如陌生场所、经济紧张、学习压力、遭人诽谤、受到不公平待遇、失恋、挫折等，都会使一些人产生不同的情绪问题。内在刺激有两种，一种是生理原因，如激素的分泌、器官功能因病伤而失常等；另一种是心理原因、如记忆、联想、想象等心理活动。这些内在刺激都会使人产生不同的情绪问题。

大学生常见的情绪问题列举如下：

1.焦虑

焦虑是一些人在面临威胁或预料将产生某种不良后果时所发生的一种不安、紧张、担忧、恐惧、焦急的消极情绪状态。它包含有自尊心与自信心丧失、失败感与内疚感增加、焦虑等混合的情绪体验。

校园里常见的焦虑主要有4种:①适应焦虑,来源于大学与以前的学习生活方式不同,自理能力差;②学习焦虑,来源于有关学习、考试、取得证书的压力,比较普遍;③情感焦虑,来源于家庭不幸、失恋、心灵受伤害等;④自我形象焦虑,来源于有的人不满意自己的仪表形象,如男生体格矮胖,女生不够漂亮,面部有粉刺或雀斑等。

实验证明,焦虑对于大学生的影响具有两面性。适度的焦虑是一种内部驱动力,它能够集中注意力、促进学习、加速大学生成才。而过度的焦虑则会产生消极作用。它可能引起失眠、怯考、竞赛失常;严重焦虑者还可能引起体质下降和不良心理反应,如心神不定、记忆力减退、头疼、食欲不振、肠胃不适等。

2.愤怒

愤怒是指个体在事与愿违、或无法实现愿望、或受到刺激时,内心产生的那种激烈情绪反应。大学生年轻气盛,处于容易激动、冲动和动怒的时期。遇到一件不顺心的小事,一句刺耳的话,或者当众受到冷落与羞辱,或者与某人意见不合,有的人就会怒不可遏,或暴跳如雷,或恼羞成怒,或恶语伤人。

大学生产生愤怒的原因固然与青年人的情感丰富、自信自尊、争强好胜分不开,也与自身修养的不足有关。另外,个别人存在有错误认识(认为发怒可以威慑人、可以显示男子汉形象、可以维护尊严和利益),也起着一定的作用。

心理学研究指出,愤怒情绪会引起人体心跳加快、心律失常、心悸、失眠、高血压、胃溃疡等疾病,还会使个体自制力减弱、思维受阻、行为冲动,乃至引发损人损己的不良后果。

3.嫉妒

嫉妒是由他人在某些方面胜过自己而引起的不快、痛苦、嫉恨的情绪体验。它是个人自尊心的一种异常表现。

根据嫉妒发生的速度和强度,可将它分为两种。一种是激性嫉妒,带有强烈的激情性质,来势迅猛、难于控制;另一种是心境嫉妒,与心境相联系,来得缓慢而持续,可以改变人的性格。心境嫉妒主要表现为郁郁寡欢、忧心忡忡,产生孤独感,乃至积愤成疾。

著名哲学家黑格尔(G. W. F. Hegel)曾说过,嫉妒是平庸的情调对于卓越才能的反感。

嫉妒产生的原因通常有三种。其一是由于客观上的差距,有些人在看到别人比自己强(如学业成绩、个人境遇、体貌俊美、名利地位等)时,内心就觉得酸涩不快、不是滋味,从而产生出混合有羡慕、憎恶、怨恨、愤怒、悲伤、屈辱等复杂情感。其二是由于虚荣心作怪,这种人过分看重别人对自己的肯定和赞赏,总想制约、打击竞争对手。其三是由于自我中心倾向,这种人认为自己是群体中最拔尖的人,时时刻刻都应成为焦点,一旦发现某人受到群体的推崇,便心生嫉妒设法打击。

嫉妒是一种情绪障碍。它扭曲人的心灵，阻碍正常的人际交往。这种人抱有"既生(周)瑜何生(诸葛)亮"的观念，不能容忍别人比自己强，不能容忍别人得到自己无法得到的东西。如果进一步发展，还可能做出损人害人的罪恶行为。

4. 孤独

孤独是个体对人际关系的无效性或不满足而产生的一种情绪体验。

应当说，当今的社会开放程度是比较高的，大学生之间的交往和各种社会活动也是比较多的。但是，调查资料表明，仍有一小部分学生有孤独感。

大学生正处在摆脱对父母依赖的阶段。他们对自己独立处理问题信心不足，对别人还缺乏信任；希望与别人交流，但又心存疑虑，此时，很容易产生孤独感。产生孤独情绪的人，有的是因体弱多病而较少参加人际交往者，有的是因不善交际而与人关系不谐者。这些人多为性格过于内向、社交技能较差者。

孤独情绪轻者使人哀怨自叹、自我闭锁，重者不但会危害个人身心健康(甚至自伤自杀)，而且会严重影响人际关系，影响个人的学业和生活。

5. 抑郁

抑郁是一种持续期较长的低落、消沉情绪。它包含有压抑、郁闷、失望、烦恼、困惑、负罪感等多种情感体验。它在心理上的表现是思维迟钝、孤僻内向、感到无望和无助；在生理上的表现是食欲减退、体重下降、睡眠失常；在行为上的表现是精神萎靡、反应迟缓，对学习、生活、集体活动不感兴趣，不愿与人交际。

产生抑郁情绪的人，一部分是由于性格内向，敏感多疑，不爱交际，或人际关系失谐；一部分是由于长期努力得不到报偿，或遭遇某种挫折(如灾难、不幸、病痛、失恋等)；一部分是由于不能全面地评价自我、他人和社会而陷入悲观沮丧，或不愿学习所学专业而又无法走出困境。他们消极地看待外界、自己和未来，看不到希望的阳光。他们认为别人也很消极地看待自己，对各种活动失去兴趣，失落失望，消沉郁闷。

抑郁情绪不利于学习和生活。它使人萎靡不振、困倦乏力，还可能引起饮食紊乱、体重骤变等异常现象，甚至产生抑郁性精神病，严重影响学习与工作，乃至厌世、自杀。

6. 冷漠

冷漠是指个体对外界刺激无动于衷，缺乏相应的情感反应。这种情绪多是压抑内心情感的一种消极逃避反应。

具有冷漠情绪的人，对人、对事一概漠不关心，对集体、对同学态度冷淡，对国家大事淡然置之，游离于社会群体之外，缺乏友情，独来独往。

具有冷漠情绪的人，表面上看似平静，但内心却隐藏有强烈的痛苦、孤寂和压抑。这种巨大的心理能量如果长期存在和积累，当超过极限时，就会破坏个体的心理平衡，影响身心健康。

7. 恐惧

恐惧是个体面临威胁或危险时产生的一种过度害怕的情绪反应。

大学生的恐惧主要表现在社交和就业方面。在人际交往(尤其异性交往)中，出现害羞脸红、面部肌肉僵硬、目光发呆、视线恐惧(不敢看对方眼睛)等现象，有的人还产生焦虑和回避行为(例如故意坐在教室的偏僻角落，等人少时才到食堂吃饭等)。面对就业竞争，缺乏自信，担心害怕，在接受招聘单位考察时不能正常发挥个人才干，屡遭挫折，产生恐惧。

产生恐惧的原因，一是遗传因素；二是性格特征，来自孤僻、敏感的内向型性格；三是环境因素，包括家庭教育、社会影响和亲身经历；四是缺乏准备，在考核、面试之前缺乏应有的准备（例如招聘资格条件，求职礼仪，面试技巧等）。

一般而言，恐惧情绪反应具有自我防护、回避危害、保证生命安全的心理防卫功能。它能使大学生规避风险，激励上进，提高个人综合素养。这是它的积极作用。但是，与大多数人相比，如果个别人恐惧的“门槛”过低，且持续时间过长，那就是一种不正常的情绪状态，就会产生消极作用。它将使大学生畏缩不前，每遇拒绝或挫折，就会恐慌、逃避，甚至发展为恐惧症，严重影响社交和就业。

4.3.2 情绪问题的调适方法

鉴于不良情绪妨碍身心健康，当代教育学家和心理学家都积极主张对大学生的情绪进行科学指导，采取不同的方法对于不同情境的负面情绪进行自我调节和控制。

一、情绪调适的原则

面对同样的刺激，并不是所有人都会产生情绪问题的。这决定于他们的人生观和价值观。不同的价值观，其个人需求的标准和对客观事件的评价是不一样的，因而其情绪体验的境界和强度也有所不同。为了减少情绪问题，大学生应当树立正确的人生观和合理的价值观，以免情绪偏激、“钻牛角尖”或失控，这样有利于减少情绪问题。

通过研究和实践，人们发现下述原则对于情绪调适是很有效的：

(1)培养乐观向上、积极进取的人生观。

(2)培养广泛的兴趣爱好与主观幸福感，热爱生活。

(3)重视沟通技巧，建立宽厚的人际关系。

(4)悦纳自我，增强自信心。

(5)培养宽容心，不苛求他人。

(6)学会忘记过去的失败和对自己的伤害。

(7)勇于承认自己的不足，但避免过分自责。

(8)学会控制个人情绪，消化负面情绪，

(9)不要随意扩大某事的严重性，尽可能做到“大事化小，小事化了”。

(10)学会忽略于己不利之事，以免引起负面情绪体验。

二、情绪调适的方法

对不良情绪进行调适的方法很多，下面列举7种。

1.理性情绪疗法

20世纪50年代，美国临床心理学家阿·艾利斯(A. Ellis)首创了理性情绪疗法。该理论认为，情绪并非由某一诱发事件本身直接引起的，而是由经历这一事件的个体对该事件的解释和评价所引起的。这一理论被称为情绪困扰的ABC理论。其中A代表诱发事件；B

代表信念，是指人对A的信念、认知、评价；C代表结果，即症状。

情绪和行为取决于认知，认知是个人心理活动的关键，如果能把认知这个环节控制好，则情绪和行为的困扰就会在很大程度上得到改善。

艾利斯认为人们极少能够纯粹客观地知觉经验A，总是根据大量的已有信念、价值观、意愿、期待、偏爱、动机来经验A。因此，对A的经验总是主观的，因人而异的；同样的A对于不同的人会引起不同的C，主要是因为他们的信念B不同。

要想对情绪进行调适，必须对引起情绪的信念进行驳斥或对抗。例如，某生因考试成绩平平(A)而产生焦虑或抑郁(C)，这是由其特定的信念(B)造成的。其特定信念是：大学生应当面面皆优，否则，情况就很糟糕。其实，理性的信念认为大学生未必面面皆优，重要的是做最好的自己。抛弃非理性的信念，建立正确的信念，就能够有效地对情绪进行调适。

艾利斯认为，人们常有许多非理性的信念，其特点是绝对化、片面化。它影响我们对社会事物的客观解释，从而带来不良的情绪体验。为了减少或避免产生情绪问题，我们应当尽可能不使用非理性的信念来对自己言语、暗示或指示。

2.积极的自我暗示法

心理暗示就是个人通过语言、形象、想象等方式对自身施加影响的心理过程。积极的心理暗示可以在不知不觉中对自己的意志、心理乃至生理状态产生影响，使自己保持好心情，乐观自信，从而调动主观能动性，扬长避短。例如，我国历来有在书房悬挂条幅的习惯，其中“三思而后行”“宁静致远”“制怒”等词语，还有法国医生库埃尔的那句名言“我每天在各方面都变得越来越好”，都是用来暗示和激励自己的。

实践证明，积极的自我暗示对人的不良情绪和行为有奇妙的影响和调控作用，既可缓和紧张的情绪，又可自我鞭策。

3.自我安慰法

为了帮助人们在遭受重大挫折时接受现实，保护自己，避免精神崩溃，可以找出某种合乎内心需要的理由加以说明或辩解。例如为工作或生活中的某种失败找一个“冠冕堂皇”的理由，安慰自己，借以冲淡内心的不安与痛苦。人们的一些经验之谈，如“胜败乃兵家常事”“塞翁失马，焉知非福”“人非圣贤，孰能无过”等，用来进行自我安慰，有助于缓解压力，降低焦虑，摆脱烦恼，保护情绪的安宁与稳定。

4.交往调节法

人际交往实现了思想交流和情感沟通，能够帮助个人增强战胜不良情绪的信心和勇气，更加理智地消化不良情绪。对于那些由于人际交往障碍或人际关系矛盾引起的某些不良情绪，可以主动地找亲朋好友交流、谈心。通过交往、倾诉和谈心，能够对情绪起到缓和、抚慰、稳定的作用。

5.适度宣泄法

遇到不良情绪时，最简单的方法就是宣泄。宣泄的场合通常是别无他人的空间，或者面对知心好友。宣泄的方式包括深呼吸，使用过激的言辞去抱怨、谩骂、抨击恼怒的对象，尽情发泄个人的不平和委屈，参与某种体育运动或劳动等。通过宣泄，不良情绪得以释放、缓解，紧张心情随之会平静下来。

6.情绪升华法

升华是指把不为社会所接受的动机、欲望改变为符合社会规范和时代要求的方向，引导到对人、对己、对社会都有利的方向和途径。它是对不良情绪的一种高水平宣泄。例如，某生因失恋而非常痛苦，但并不消沉，转而把精力集中于学习，追求学业出类拔萃，证明自己是强者。

7.转移情景法

这是一种把注意力从引起不良情绪反应的情景转移到其他事物上或从事其他活动的自我调节方法。当个体出现情绪不佳时，立刻设法脱离产生不良情绪的情景，把注意力转向个人感兴趣的事物，如出外散步、打球、游泳、聊天、逛商场等。通过新的情景，得到宽慰和乐趣，促使情绪平静下来。

采用这种方法，一方面使个人脱离了不良刺激源，阻止了不良情绪的恶化；另一方面，通过在新情景中活动，尤其是从事个人感兴趣的活动，产生了积极的、良好的情绪体验。

4.3.3　培育良好的情商

为了个人的健康快乐，为了构建和谐的人际关系，为了有效地促进个人的职业发展，我们需要培育良好的情商。

一、对不同情商的素养描述

我们把情商水平分成高、较高、较低和低4种情况，对其素养特点加以描述。

情商高的人，自信而不自满；对自己有清醒的认识，能承受压力；尊重所有人的人权和人格尊严，不将自己的价值观强加于他人；认真对待每一件事情；善于处理生活中遇到的各方面的问题；人际关系良好，和朋友或同事能友好相处。

情商较高的人，自尊；比较自信而不自满；有独立人格，但在一些情况下易受别人焦虑情绪的感染；能应对大多数的问题，不会有太大的心理压力；有较好的人际关系；是负责任的“好”公民。

情商较低的人，缺乏坚定的自我意识；把自尊建立在他人认同的基础上；易受他人影响，自己的目标不明确；能应付较轻的焦虑情绪；尚能自我约束；人际关系较差。

情商低的人，自我意识差；生活无序；无责任感，爱抱怨；无确定的目标，也不打算付诸实践；严重依赖他人；应对焦虑能力差；处理人际关系能力差。

为了帮助大学生了解自己的情商类别，可用附录2进行测试。

二、培育情商的方法

情商主要是靠后天培养、提高的。人人都是在学习、工作、生活的社会实践中磨炼、成长的。他们通过与人共事，不断总结经验、吸取教训，逐渐善于控制自己的情绪和冲动，善于自我激励、与人相处，能够体察和关心他人，由此逐渐“成熟”起来，情商随之提高。

根据戈尔曼的情商理论，培养情商可以从下列5个方面着手：

1.做好个人情绪的自我认知

只有真实地了解个人的情绪，才有可能利用它、驾驭它。为此，可以采取下述方法：

(1)情绪记录法，在一段时间内用心记下个人的情绪变化(包括时间、环境、类型、人物、过程、原因、影响等项目)过程，列出情绪记录表，加以分析认识。

(2)情绪反思法，根据情绪记录表，反思个人的情绪、反应、原因、影响、如何控制等。

(3)情绪恳谈法，通过与家人、上司、下属、亲友的恳谈，征求他们对自己情绪的看法。

(4)情绪测试法，咨询专家，或利用专业情绪测试软件，获得个人自我认知与管理的方法。

2.有意识地加强自我情绪管理

在社会生活中，虽然很难把握自己的情绪，但决不可随意放纵，而应及时调节和理性地引导，保持身心健康。在人际关系中，当别人生气做出反应之前，自己首先要设法控制个人的情绪。当别人恼怒、沮丧并向你发难时，自己应准备好恰当的应对措施。

情绪管理的技巧很多，下面列举9种：

(1)转移。对于那些不良的情绪问题，可以转移注意力，例如找知心朋友谈心，主动帮助别人，外出郊游，从事自己感兴趣的事等，使自己的心思另有寄托，尽快消除不良情绪。

(2)解脱。对于那些由于目光短浅、心胸狭窄而引起的烦恼，应当转变观念，从更深、更广、更长远的角度重新审视，做出新的理解，跳出原有框框，使精神得以解脱。

(3)升华。把强烈的情绪冲动引向积极、有益的方向，例如，把愤怒、悲痛、教训、仇恨等情绪化为前进的动力，使之具有建设性意义。

(4)利用。一是利用时机和客观条件，使自己从精神上由被动转化为主动，进而使烦恼消散。二是利用情绪本身，把情绪化为情趣，例如利用激情进行创作，所谓“嬉笑怒骂，皆成文章”。

(5)疏导。对烦恼的原因要进行客观分析，针对产生烦恼的原因，寻找适当的解决方法和途径，克服障碍，消除烦恼。

(6)发泄。将不良情绪的能量发泄出去。例如遇到不幸时的失声痛哭，在暴怒时的高声喊叫或以拳击墙，这种发泄可以起到释放能量、调整肌体平衡的作用。

(7)语言暗示。在自己为不良情绪所困扰时，针对个人的弱点，自己提醒自己，调节情绪，使之良性发展。例如，性格暴躁的人在受到激发时默念“制怒”“要冷静”，陷入忧愁的人提醒自己“愁是无用的，快想办法吧”，这些对于抑制和化解不良情绪可以起到一定的作用。

(8)请人指导。如果自己难以跳出某种烦恼，可向心理专家咨询或请亲人、朋友解忧。

(9)环境调节。环境对于人的情绪有一定的影响和制约。如在某一环境心情不悦，可以到另一个自己乐意的环境。

3.自我激励

最常见的激励来自家长、老师、组织和亲友。最可靠、最便捷的激励则来自自己。

在身处逆境时，利用一些哲理名言或高尚思想来安慰和激励自己，可以振作精神，走出困境。在日常生活中，经常进行自我激励，能够使自己保持青春活力，积极乐观，奋发向上。

一个善于自我激励的人往往是乐观的。他宽容、愉悦、热爱生活，以积极的心态看待周围事物，人际和谐。国外研究表明，乐观的人多数都很自爱、自信、善于自我控制、易与他人交往。

进行自我激励，有很多方式方法。例如，“一日三省吾身”，找出不足设法改正，找出优点继续发扬；在工作台面设置一些座右铭、照片、进度表等内容，用来提醒和鞭策自己；遇有问题或烦恼时，不要过分不快或自责而陷入负面情绪，要集中精力设法解决问题，摆脱困境，争取突破，等等。

4.识别他人情绪

能否识别他人情绪，觉察出他人的想法、感受和态度，关系到人们之间能否互相理解、和谐相处，建立良好的人际关系。它对于人类的生存和发展具有重要意义。

要想准确地识别他人情绪，需要做到下列4点：

(1)接纳。在看到同学或同事不愉快时，不要回避，应当用认同的口吻询问对方，主动地接纳对方的情绪。要让他感受到你的诚意和关怀，愿意和你进一步交流。

(2)分享。对方愿意向你倾诉内心感受，你就分享了他的内心感受，并且，还可以有意识地引导对方表达感受，进一步分享。等对方情绪稳定下来后，肯定会说出事情的原委。

(3)区分。帮助对方分析情绪问题，区分哪些是自己的过错，哪些是外在的客观属性，认清应该做和不应该做的界限，正确地把握和控制自己的情绪和行为。

(4)回应。落实到让对方制定一个科学的计划，排除困扰，健康发展。

5.掌握一些人际沟通技巧

我们要注意掌握一些人际沟通技巧：

(1)树立开放心态。人与人的交往是一个互动过程。如果抱着"祸从口出""逢人只说三分话，未可全抛一片心"观点，互不信任，那必然交不到朋友。为了使交往顺利地进行和发展，应当开放自我，向对方袒露心扉，让别人了解自己。一个人对别人的开放程度，往往可以换来对方相应的开放程度。如此形成良性反馈，不断增进了解，彼此获得好感。

(2)积极主动交往。要尊重别人，多看别人的长处，主动地在工作、生活上关心他们，与他们打成一片，经常进行交流，增进了解、互信和团结。

(3)学会幽默健谈。幽默是智慧的较高境界。一个幽默的人往往更受人们的欢迎。要通过平时的语言艺术积累、广泛的兴趣培养、知识的持续"充电"来增强幽默能力。这有利于使人际关系融洽。

(4)善于说好话。"好言一句三冬暖，恶语伤人六月寒"，可见不同的语言具有极其不同的效果。我们要关心人、帮助人，就要善于说话，让别人感到温暖，从而心悦诚服地接纳。我们要得到同事的帮助和上司的提携，也要学会适当地赞美和夸奖别人。大多数人都愿意听好话、听赞扬的话。一句发自内心的赞美之词经常可以产生很好的效果。当然，赞美要做得适度和自然，否则过犹不及。

(5)善于控制情绪。在工作、生活中常常会遇到各种误解、委屈和挫折，这时就需要控制个人的情绪，不可为了细小的人际摩擦而闹情绪，甚至影响工作。要运用自我暗示等方法来疏导情绪，避免其负面影响。

(6)学会换位思考。这要求我们站在对方的立场上，设身处地为对方设想，用对方的观念来观察、理解事物，体验对方的思想感情；转而设想，如果我们处于对方状态，会是什么感受和需求。通过换位思考，"己所不欲，勿施于人"，往往会引导我们冷静、恰当地处理问题。伊斯兰教教导其子弟在说话时要把好三道关：一是"我这句话是实话吗？"二是"我这句话非说不可吗?”三是“我这句话够厚道吗?”这三道关就含有换位思考的理念。

(7)倾听与反馈。在与人交谈时,要集中注意力,倾听对方的观点;对于他人讲述的有理和成功之处,要给予肯定和赞许;对于他人的微笑或气愤,要报以微笑或理解;一定要耐心倾听,适时地有所反馈,以便加深沟通。

4.4 课堂活动——情绪自我测试

为了了解一个人的情绪状态,心理学家设计了30个情绪自我测试题。每题有A,B,C三种答案可选。要求被测人不必多加推敲,快速选择答案。选择A者记2分,选择B者记0分,选择C者记1分。最后,将各题得分相加,得出总分。根据总分,判定情绪类型。

一、情绪自我测试题

1.看到自己最近一次拍摄的照片,你有何想法?

A.觉得不称心　　B.觉得很好　　C.觉得可以

2.你能否想到若干年后有什么使自己极为不安的事情?

A.经常想到　　B.从来没想过　　C.偶尔想到

3.你是否被朋友、同事或同学起过绰号并挖苦过?

A.常有的事　　B.从来没有　　C.偶尔有过

4.你上床后,是否经常再起来一次,看门窗和煤气是否关好?

A.经常如此　　B.从不如此　　C.偶尔如此

5.你对与你关系最密切的人是否满意?

A.不满意　　B.非常满意　　C.基本满意

6.半夜里,你是否经常觉得有什么值得害怕的事?

A.经常有　　B.从来没有　　C.极少有

7.你是否经常因梦见什么可怕的事而惊醒?

A.经常　　B.没有　　C.极少有

8.你是否有过多次做同一个梦的情况?

A.有　　B.没有　　C.记不清

9.有无一种食物使你吃后呕吐?

A.有　　B.没有　　C.记不清

10.除去看见的世界外,你心里有无另一个世界?

A.有　　B.没有　　C.说不清

11.你心里是否时常觉得你不是现在父母所生?

A.时常　　B.没有　　C.偶尔有

12.你是否经常觉得有一个人爱你或尊重你?

A.是　　B.否　　C.说不清

13.你是否常常觉得你的家庭对你不好,但又确知对你很好?

A. 是　　B. 否　　C. 偶尔

14. 你是否觉得没有人十分了解你？

A. 是　　B. 否　　C. 说不清

15. 你在早晨起来时，最常有的感觉是什么？

A. 忧郁　　B. 快乐　　C. 说不清

16. 每到秋天，你常有的感觉是什么？

A. 秋雨霏霏或枯叶遍地　　B. 秋高气爽或艳阳天　　C. 不清楚

17. 你在高处的时候是否觉得站不稳？

A. 是　　B. 否　　C. 有时如此

18. 你平时是否觉得自己特强健？

A. 是　　B. 否　　C. 不清楚

19. 你是否一回家就立即把房门关上？

A. 是　　B. 否　　C. 不清楚

20. 你把门关上后，坐在小房间里，是否觉得心里不安？

A. 是　　B. 否　　C. 偶尔是

21. 当一件事需要你做决定时，你是否觉得很难？

A. 是　　B. 否　　C. 偶尔是

22. 你是否常常用抛硬币、翻纸牌、抽签之类的游戏来测吉凶？

A. 是　　B. 否　　C. 偶尔

23. 你是否常常因为碰到东西而跌倒？

A. 是　　B. 否　　C. 偶尔

24. 你是否需要1小时以上才能入睡，或醒得比你希望的早1个多小时？

A. 经常这样　　B. 从不这样　　C. 偶尔这样

25. 你曾否看到、听到或感到别人觉察不到的东西？

A. 经常这样　　B. 从不这样　　C. 偶尔这样

26. 你是否觉得自己有超乎常人的能力？

A. 是　　B. 否　　C. 不清楚

27. 你是否觉得有人跟着你走而心里不安？

A. 是　　B. 否　　C. 不清楚

28. 当你一个人走夜路时，是否觉得前面暗藏着危险？

A. 是　　B. 否　　C. 偶尔

29. 你对别人自杀有什么想法？

A. 可以理解　　B. 不可思议　　C. 不清楚

30. 你是否觉得有人在注意你的言行？

A. 是　　B. 否　　C. 偶尔

二、测试结果解说

在统计出个人答题所得的总分之后，可以按照总分的多少来判定自己的情绪类型。

0～20 分的受测者，其情绪稳定，自信心强，具有较强的美感、道德感和理智感。他们具有一定的社会活动能力，能理解周围人的心情，顾全大局，属于性格爽朗、受人欢迎的人。

21～40 分的受测者，其情绪基本稳定，但较为深沉，考虑问题过于冷静，处事淡漠消极，不善于发挥自己的个性。他们的自信心受到压抑，办事热情忽高忽低，容易瞻前顾后、踌躇不前。

41～49 分的受测者，其情绪极不稳定，日常烦恼太多，经常处于紧张和矛盾的心情中。

50 分以上的受测者，其情绪状况不佳，要请心理医生进行诊断和指导。

通过自测，了解个人的情绪状况是有益的。情绪状态好者，会更加乐观、自信地奔向前程。情绪不稳定者也不必垂头丧气，而应采取适合于自身的调适方法来加强修炼，逐步培育良好的情商。

第5章 自我管理

5.1 自我管理

尽管人们追求成功的标准是多元化的，但是，人人都希望有一个成功的人生，这却是一致的。那么，一个人能否实现自己的美好愿望呢？这一方面依赖于诸多客观因素，而另一方面则取决于个人的自我管理。在此，我们引用柏拉图(Platon)的一句话："最先和最后的胜利是征服自我。只有科学地认识自我，正确地设计自我，严格地管理自我，才能站在历史的潮头去开创崭新的人生"。

正是由于人具有自我意识，才能使人对自己的思想和行为进行自我控制和调节，使自己形成完整的个性。由于自我管理与自我意识中的自我调节密切相关，所以，我们首先必须了解自我意识的理念。

5.1.1 自我意识

一、自我意识的概念

自我意识的形成和发展是人和动物在心理上的最后分界线。那么，什么是自我意识呢？

在马克思以前的西方哲学中，自我意识是指人的意识对意识活动本身的认识。康德(I. Kant)认为有一种"先验的自我意识"可以对感性和知性材料起统一的作用。黑格尔(G. W. F. Hegel)认为自我意识是人的意识发展的一个阶段，是从认识他物进到认识"意识自身"并认识到事物本质的阶段。黑格尔的"自我意识"过程乃是精神自我矛盾、自我发展、自我实现的过程。

我们所说的自我意识是主体的自我认识，是个体对自己的认识和对自己的态度的统一。例如自我感觉、自我评价等。幼儿在认识世界的过程中，在个体感受作用的基础上，逐渐学会把自身同外界区分开来，并通过认识他人来认识自己，形成自我意识。他人对自己的评价在自我意识中起着重要作用，往往成为自我评价的依据。

因此，自我意识是个体在社会化过程中逐步形成和发展起来的，对自我以及自己与周围环境关系的多方面、多层次的认知、体验、评价和意向。

自我意识包括了个体关于自我的全部思想、情感、态度和意向的总和，诸如生理状态、心理倾向、个性特征和心理过程的认识与评价，以及对自己同客观世界的关系等意识。

自我意识是人类特有的反映形式，是人的心理区别于动物心理的一大特征。正是由于人具有自我意识，才能使人对自己的思想和行为进行控制和调节，形成完整的个性。

二、自我意识的结构

从结构上来讲，自我意识主要包括认知、情感和意志三种心理成分，即自我认知、自我体验和自我调节。

1. 自我认知

自我认知是主观自我对客观自我的认识与评价。它是个体对自己身心特征的认识，并在这个基础上对自己作出的某种判断。能否正确地认识与评价自我，对个人的心理、生活及其行为表现有着很大的影响。如果个体对自身的估计与社会上其他人对自己客观评价距离过于悬殊，就会使个体与周围人们之间的关系失去平衡，产生矛盾，长此以往，将会形成稳定的心理特征，如自满、自恋、自卑，将不利于个人心理的健康成长。

自我认知在自我意识系统中处于基础地位，属于自我意识中"知"的范畴。其内容广泛，涉及自身的诸多方面。在进行自我认知的教育中，我们要把重点放在三个方面：一是让学生能认识到自己的身体特征和生理状况；二是让学生认识到自己在集体和社会中的地位及作用；三是认识到内心的心理活动及其特征。

自我评价是自我意识发展的主要成分和主要标志，是在认识自己的行为和活动的基础上产生的，是通过社会比较而实现的。所以，我们在进行自我意识教育和训练时，应把重点放在自我评价能力的提高上。要提高我们的自我评价能力，就应学会用一分为二的观点看待自己，要仔细考虑他人(父母、同学、老师、亲友等)对自己的评价，也可与同伴进行比较，找出这些评价中共同的品质，确认客观自我。

自我认知主要涉及"我是一个什么样的人""我为什么是这样的人"等概念。

2. 自我体验

自我体验是由个体对自身的认知而引发的内心情感体验。它以情绪体验的形式表现出对自己的态度，是主观自我对客观自我所持有的一种态度，如自信、自尊、自满、自恋、自卑、内疚、羞耻等，都是自我体验。

我们进行自我体验训练，就是让学生有自尊感、自信感和自豪感，不自傲，不自满，不自卑。随着年龄增长，学生逐渐懂得怎样做人做事，做错事感到内疚，做坏事感到羞耻。

自我体验主要涉及"我是否满意自己""我是否接纳自己""我是否悦纳自己"等概念。

3. 自我调节

自我调节是自我意识的意志成分。它是个体伴随自我认知、自我体验而产生的各种思想倾向和行为倾向。它常常表现为对个体思想和行为的发动、支配、维持和定向，也就是对个人态度和行为的调控。因此，人们又把它称为自我控制、自我监控或自我管理。

自我调节对于人们行为的作用表现为：启动或制止行为、心理活动的转移、心理过程的加速或减速、积极性的加强或减弱、动机的协调、根据所拟订的计划来监督检查行动、动作的协调一致等。其中最突出的作用是发动和制止作用。也就是说，自我意向支配某一行为，抑制与该行为无关或有碍于该行为进行的其他行为。

进行自我认知、自我体验的训练目的是力求产生健康的、积极的自我调节，用以调控自己的行为，使之符合群体规范，符合社会道德要求，从而塑造完善的人格，提高学习和工作绩效，取得生涯平衡和成功。

自我调节主要表现为个人对自己的行为、活动和态度的调控。

自我调节是自我意识中直接作用于个体行为的环节，它是一个人自我教育、自我发展的重要机制。自我调节的实现是自我意识的能动性的表现。

自我调节主要涉及“我怎样节制自己”“我如何改变自己”“我如何成为理想的那种人”等概念。

三、自我意识的形成及作用

(一)自我意识的形成

每个人对自己的意识不是一生下来就有的，而是在其成长过程中逐步形成和发展起来的。人首先是对外部世界、对他人有所认识，然后才逐步地认识自己。自我意识是个体在与他人交往过程中，根据他人对自己的看法和评价而发展起来的。这个过程在人的一生中一直进行着。

影响个体自我意识的因素很多，主要有童年的经历、他人对自己的评价、自己与他人的比较以及个人成败的经历。

1.童年的经历

童年是个体对生理自我(自己的躯体)和社会自我形成初步自我意识的阶段。它以自我感觉的形式表现出来。

从幼童牙牙学语开始，到用手指去拿到纸、糖果、玩具，逐渐能把自身和外界物品区分开来，这是自我意识的最初表现。进一步，知道了自己的名字，把名字理解为自己的代号；知道了代名词(我、你、他等)，开始把自己当做一个与别人不同的人来认识；可表达个人愿望，独立性增长；知道了好与坏、乖与不乖，学会了自我评价。

当儿童会使用人称代词和其他词语来表示不同的人和其他事物时，说明他开始意识到了自己心理活动的过程和内容，把自己当做一个主体的人。这是自我意识的萌芽阶段。

幼儿园的学前教育和学校教育，受到社会文化的影响，增强了社会意识，使儿童认识到自己是社会的一员，尽量使自己的行为符合社会的规范，从而建立了社会自我的意识。

不同家庭的不同经济条件和生活环境，对于儿童的心理状态具有深远的影响。例如“豪门闺秀”和“小家碧玉”、“八旗子弟”和山村贫童，他(她)们不同的童年经历形成了彼此各异的自我意识和个性雏形。

2.他人对自己的评价

一个人从14～25岁期间，由于性意识的觉醒、抽象思维能力和想象力的迅速增强，生理和心理上的急剧变化，促进了自我意识的成熟，开始进入心理自我的时期。此时，个体很介意别人对自己的评价，希望能引起别人的注意，不再像以前那样满足，开始对自己不满意，希望改变自己的外貌、性格、地位和形象等。

他人对自己的评价，包括是否接纳、肯定、欣赏等，是个体认知自己的重要途径。它往往也成为个体判断自己优劣和是否受人欢迎的重要依据。由于个体对自己有追求完美的主观愿望，所以，父母、家人、老师、好友、同学等人对自己的评价，就会在一定程度上推动个体自我意识的发展。

一个人心理自我的形成使得他趋向脱离对成人的依赖，并从成人的监护、管制下独立出来，表现出主动性与独立性，强调自我的价值与理想。这是自我意识初步形成的阶段。这时的人能够透过自我意识去认识外部世界，而且此过程将伴随他的一生。

3.自己与他人的比较

在缺乏客观的非社会标准的情况下，人们常常通过与他人的比较来评估自己。

由于自我意识不确定性的存在，每当人们怀疑自己的某种表现或能力时，就会很自然地想到与别人比较，由此来判断自己在社会生活中的位置和形象。

通过与个人条件相似的人进行比较，个体容易了解自己的真实水平，有助于准确地认知自我、认知他人。首先，这类人能使自己消除孤独感和恐惧感，产生真实、可靠感，增强信心。其次，这类人有利于提高个人自我评价的真实性，引起个人好感。再者，当这类人多数与个人的意见一致时，个人就会认为自己是正确的，增强自信。这种比较有利于自我意识的健康发展，还可以促进大学生的合群倾向。

青年人出于竞争和好胜的动机，有时选择比自己略胜一筹的人作为比较对象，以求提高自己的能力，并超过对方。这种比较有利于增强自我意识的积极成分。

当自己的某种行为遭人非议、自尊心受到伤害时，一些人为了维护自尊，会选择那些比自己更差的人作为比较对象。这种比较具有消极的自我保护作用。

通过比较，使个体确信自己有“正确的”“优越的”“能干的”“美好的”等肯定性素质，并且产生进一步确定这些素质以增强自我的欲望。这就形成了自我增进功能，促进了自我意识的健全发展。

4.个人成败的经历

在生活和工作中，人人都有过成功和失败的经历。每个人都是通过亲身经历来认知自身能力的。这种认知最为可靠，因此，个人成败经历是形成自我意识的强大信息源。

一般来说，成功经验会使自己对个人能力充满信心，有勇气尝试更加艰难的挑战；而多次反复的失败会降低效能期望，使自己信心不足，自我效能感[①]低迷。

但是，成功经验对自我意识的影响还依赖于个体归因方式。如果把成功归因于外部的不可控因素，就不利于增强自我意识；把失败归因于内部的可控的因素，就可能会促进自我意识的健康发展。而且，任务的难度与价值、个人的努力程度和外部的支援力度，都直接影响到归因趋向，因而影响到自我意识的形成。

---

① 自我效能感指的是个体对自己在特定情境中从事某种行为并取得预期结果的能力。

(二)自我意识的作用

自我意识在个体发展中有着十分重要的作用：

(1)自我意识是认识外界客观事物的条件。一个人如果还不知道自己，也无法把自己与周围相区别时，他就不可能认识外界客观事物。

(2)自我意识是人的自觉性、自控力的前提，对自我教育有推动作用。人只有意识到自己是谁，应该做什么的时候，才会自觉自律地去行动。一个人意识到自己的长处和不足，就有助于他发扬优点，克服缺点，取得自我教育积极的效果。

(3)自我意识促使人自我完善。自我意识是人的意识的最高形式，自我意识的成熟是人的意识的本质特征。它以主体及其活动为意识的对象，因而对人的认识活动起着监控作用。通过自我意识系统的监控，可以实现人脑对信息的输入、加工、储存、输出的自动控制系统的控制。这样，人就能通过控制自己的意识而相应地调节自己的思维和行为，不断地实现自我监督、自我修养、自我完善。

自我意识影响着人的道德判断和个性的形成，尤其对个性倾向性的形成更为重要。

5.1.2 大学生的自我完善

一、大学生自我意识发展中的主要偏差和及其调适

归纳起来，大学生自我意识发展中的主要偏差有自卑、自负、自我中心、过分追求完美等，下面分别介绍其表现、成因及调适方法。

1.自卑

一些大学生对自己的能力和品质评价过低，产生一种消极的、己不如人的情感体验。他们不能客观地认识自我，不能容忍自己的缺点和不足，难于接纳自我，甚至自我否定。

自卑意识的产生有客观和主观两方面的原因。客观上是由于家庭经济条件差、童年经历的影响、个人身体上有缺陷、性格上内向或孤僻等。主观上则源于不合理的自我认知，由于大学生的“现实自我”与“理想自我”差距太大，而自己又不能正确地认知和评价，把目光过分盯在缺点上，从而自卑、怯懦。例如，有的人脱离现实基础而盲目要求自己的学习成绩要达到优秀，有的人学习成绩一般而硬要“追风”去考研，其结果难免失败，产生挫折感、灰心丧气。如果多次发生这类挫折，就很可能形成自卑感。

自卑的人常常精神不振、心虚胆怯，遇到挑战性场合就退缩逃避，企图“捍卫”自我。这虽然在客观上能对自己起到心理保护作用，但是，他影响了个人正确的自我认知，并不可取。

要改变自卑心理，首先要客观地认识自我，不要片面夸大自己的缺点，更不要盲目否定自己，力求用哲学观点辩证地看待自己的优点和缺点。其次，应当努力改变现实自我，进行积极的自我暗示，例如学会接纳个人身体上的缺陷，通过自我鞭策和努力提高某种素养，通过贷款、勤工俭学等方式解决经济困难等。再者，也可以修正个人的理想自我，适当降低期望值，以免因目标太高而力不能及，屡遭挫折，造成自卑。

2. 自负

一些大学生对自己的能力和品质评价过高，产生一种自以为是的情感体验。他们把自己看得很了不起，把别人看得一无是处；固执己见，唯我独尊，甚至将自己的观点强加于人；总认为自己高明，在明知别人正确时，也不愿接纳别人意见，一意孤行。

自负意识的产生主要来源于自我认知的偏差。这类人的认识具有片面性。他们对自己是过高地评价其优点而忽视其缺点，而对别人则是过低地评价其优点而夸大其缺点。他们正是因为没有客观地认知自我和他人，才会自命不凡、自以为是。他们自信心特强，达到了极端，保持着一种舒服的优越感。

自负的人没有自知之明。因而自负也是无知的表现，是自我意识不够成熟的表现。自负严重地影响人际交往，影响个人的生活、学习、工作和心理健康。

要改变自负心理，需要从两方面入手。一方面，从认识上纠正片面性，须知人各有长短，学会全面地认知自己和别人的优缺点，改变那种“自己高明、别人不行”的错误观念。另一方面，从实践上要提醒自己，注意发现、肯定别人的成功与贡献，看到自己也有不如人处。

3. 自我中心

大学生自我意识的发展，促使他们逐渐更加关注自我。因此，就有一部分人更多地从自我角度考虑问题，以自我的标准去认识、评价周围的人与事，不体会环境和他人的处境，其思考和分析难免有失客观性。这类人的为人处世以个人的需要和兴趣为中心，以自己的经验去认识和解决问题，总是认为自己正确、别人错误，自我感觉良好。

家庭对子女的教育方式不当（过分溺爱），认知能力和心理发展的尚未成熟，都是产生自我中心观的原因。

要对自我中心观进行调适，首先要认识到自我中心观的思维方式、信念是不合理的，任何群体都不会接受那种“人人都必须善待我”的理念；必须转变观念，客观正确地认识自己和他人的关系。其次，在人际交往中，要主动接近别人，帮助别人，做到理解、宽容、和谐。最后，培养独立自主性，为人处世不要过分依赖别人（家长、亲友、同学等），学会自我管理。

4. 过分追求完美

在人类自身成长的过程中，有一个重要的心理特征，那就是追求完美。这是人类健康向上的本能。但是，有一些大学生的理想自我标准极高，苛求理想中的“完美”自我。他们不能容忍自己的“不完美”表现，对自己“不完美”的地方看得过重，在生活中谨小慎微，注重事物细节，对于行为表现过于认真，长期处于紧张和焦虑状态。

追求完美是一个人积极上进的动力。它能够促使人严格要求自己，有优良的行为表现，恪尽职守，把学习和工作做得更好。但是，过分追求完美，脱离了现实，必然对自己总是不满意，从而严重地影响个人的情绪和自信心。因此，应当实事求是地追求完美，科学地设定理想自我，客观地看待现实自我，使自己通过努力能够一步步接近理想自我。

“金无足赤，人无完人”，此乃至理名言。彻头彻尾的“完美”是没有人能够追求到的。客观现实是：任何人本来就是既有优点也有缺点的。因此，过分追求完美，由于无法实现，就产生了缺憾、痛苦和失落感。其实，缺憾也有缺憾之美，关键在于人们如何看待和体验。希腊米洛斯的维纳斯雕像可谓完美的艺术形象。它以深奥的诗意和巨大的魅力获得了世人的赞赏。它的断臂之美给人一种不可思议的、抽象的、神秘的艺术效果。

二、大学生完善自我的途径

1. 客观地认识自我

全面客观地认识自我是培养健全的自我意识的基础。能否全面、客观地认识自我,直接影响到自我体验和评价,影响到能否悦纳自我。

在《职业生涯与发展规划》的认知自我一章中,对此已有详细的讲述,此处从略。

2. 积极地悦纳自我

悦纳自我是发展健全的自我意识的关键。悦纳自我就是要接纳自己,喜欢自己,欣赏自己,体会自我的独特,无条件地接受自己的一切(无论好的与坏的);就是要正确地认识个人遇到的挫折和失败,汲取教训,改进提高;就是要有自信心,相信"天生我材必有用",相信自己通过勤奋努力一定会得到成功和幸福。在此基础上,获取积极的自我体验。

悦纳自我,要求人们理智而平静地看待个人的长处与短处、成功与失败,学会既能欣赏自己的长处,又能接纳自己的不足,理智、乐观地对待自己,认可真实的自我。在生活与工作中,不断调整自己的期望值,实事求是地追求成功。只有悦纳自我,才可能培养自信、自立、自强的心理品质,促进自我意识的健全发展。

3. 提升自我

人人都希望把现实自我早日塑造成理想自我,达到自我实现和自我成功。这就需要狠下工夫,增强自我控制能力,不断提升自我。

大学生要想有效地提升自我,一般应从两个方面着手:一方面,要学会调适自己的情绪,善于把不良情绪转化为积极心态,培养个人的自制力和意志力,能够经受挫折、打击而百折不挠,逐步形成健全的自我意识。另一方面,要努力克服自我障碍,时刻提醒自己,进行积极的自我提升和自我尝试,排除消极观念,增强自信心和上进心。突破了自我障碍,将会大大推进个人的身心健康和自我意识的发展。

应当指出,自我意识的提升并非一朝一夕之事。它需要人们在一生的生活、工作实践中付出艰苦的努力,甚至沉重的代价。

4. 超越自我

塑造自我、发展自我、超越自我,实现自我价值,这是每个大学生一生努力实践的目标,也是自我意识不断发展和完善的过程。它要求个体严格要求自己,培养自知之明,知行并重,不断反省,及时总结经验教训,提高个人素养,升华自我意识。

孙膑遭刖足而修兵法;司马迁受宫刑而写《史记》;海伦·凯勒战胜三大残疾而成为被《大英百科全书》所称颂的法学博士;举不胜举的各国运动员超越自我而夺得世界冠军;社会各界精英创造了世人瞩目的成功和财富。这些超越自我的典范给我们启示:只要相信自己,辛勤耕耘,坚持不懈地努力走下去,就会从中实现超越自我,一次次地取得成功。

5.1.3 自我管理概述

人人都期盼成功,度过美好的人生。然而,如何才能实现个人愿景呢?这是一个很大的论题。我们这里不去展开论述，仅就自我管理的理念进行讨论。

纵观古今中外，凡有大成者，大多是自我管理能力极强的人。事实证明，要想有所作为，成就辉煌的人生，就必须提升自我管理能力。

一、自我管理的概念

自我管理又称自我监控、自我控制、自我调节、自律性管理，是自我意识的重要成分，是一种人格特质。自我管理是指个体对自身的心理与行为的主动掌握，调整自己的动机与行动，以达到所预期的模式或目标的自我实现过程。

自我管理是个体为了达到预定的目标，以自身为管理主体，以自己正在进行的实践活动过程为管理对象，不断地对其进行的积极、自觉的计划，监察、检查、评价、反馈、控制和调节的过程。由于人类具有能进行自我监视、反馈和调控的意识，才使自己得以成为人类区别于一切非生物和其他生物的特殊生物。因此，严格地说，自我管理首先应该是一种智能管理。智能管理中的自我管理就是人类的自我管理。

二、自我管理的体现

自我管理贯穿于人类所从事的形形色色的实践活动之中，可以说无处不在。对每个人来说，从生活作息到学习工作，要保证每项活动的正常进行和顺利发展，一般来说，都离不开自我管理。

在认知活动中，自我管理表现在个体根据活动的要求，选择适宜的解决问题的策略、监控认知活动进行的过程，不断取得和分析反馈信息，及时相应地调节自己的认知过程，坚持或更换解决问题的方法和手段。其中，个体主动地进行自我反馈是非常重要的，它使个体能及时发现认知活动的效率与成功的可能性。

自我管理是个体对自身思想、言语与行为的控制。其主要作用具体表现为发动和制止两个方面，也就是支配某一行为，抑制与该行为无关或有碍于该行为进行的行为。

在根据外部环境因素调整自己的行为方面，善于自我管理的人表现出相当高的适应性。他们对环境变化十分敏感，能够根据不同情境采取不同行为，并能够扮演多重甚至相互冲突的角色，使公开的角色与私人的自我之间表现出极大差异。他们特别关注组织的活动，使自己的行为更加符合习俗。因此，他们在各种组织的普通职位和管理岗位上具有更大的成功把握。不善于自我管理的人大多是“表里如一”的。他们常常不掩饰内心真情，倾向于在各种情境下都表现出自己真实的性情和态度，因而在他们是谁以及他们做什么之间存在着高度的行为一致性。

实施自我管理，必须做好自我认知和自我体验，调节自己的认识活动，以利于提高工作成效；调节自己的行为，使之符合社会道德和群体规范，符合个人职业目标的实现。

三、自我管理的意义

自我管理是个体自我发展和自我实现的基本前提和根本保证。

正是由于具有了自我管理能力，个体才得以对自我进行审视与反省，进而树立自己的奋斗目标、制定自己的行动计划，为以后的自我发展和自我实现奠定基础。如果缺乏自我意识和自我管理能力，个体没有也无法去对自我进行审视与反省，当然也就不会有自我发展和自我实现了。因此，自我管理是个体自我发展和自我实现的基本前提。

在个体自我发展和自我实现的过程中，无论是目标的树立、方向的确立、计划的制订，还是具体行为、行动的采取、实施、调整、控制，其中每一步骤的顺利完成都离不开个体的自我监控与调节，实际上也都是个体自我管理能力的具体表现。因此，自我管理是个体自我发展和自我实现的根本保证。

如果你意识到自我管理的重要性，并在职业生涯中积极实践和运用它的理念与方法，那么，我们就会发现自己的职业生涯与人生质量将与众不同。

总之，只要坚持不懈地做好自我管理，就能够使个体的人生境界、职业成就不断提升，就能使自己的职业生涯达到预期的成功与辉煌。

四、自我管理的基本原则

根据人们学习和实践的体会，要做好自我管理，需要坚持以下基本原则：

1.围绕目标

自我管理的目的是为了实现个人的理想和目标。在大学里，应当尽早确定职业目标，制定个人职业生涯发展规划。斯大林曾说过："伟大的毅力只为伟大的目的而产生"。一个人确立了目标，就会产生为实现目标而坚持奋斗的动力。个体在生活、学习、工作的自我管理中应当牢记自己的目标，围绕目标而不懈努力。

有目标的人和没有目标的人是不一样的。在个人心态、精神面貌、拼搏精神、承受能力、人际关系、生活态度上均有明显的差别。他们的人生发展轨迹和命运前途也大相径庭。

1970年，美国哈佛大学对当年毕业生进行了一次关于人生目标的调查：27%的人没有目标；60%的人目标模糊；10%的人有清晰但比较短期的目标；3%的人有清晰而长远的目标。1995年，哈佛大学再次对这一批学生进行跟踪调查，结果显示：那3%的人在25年间朝着一个既定的方向不懈努力，几乎均已成为社会各界的成功人士，其中不乏行业领袖、社会精英；那10%的人不断实现其短期目标，已成为各个行业、领域中的专业人士，大都生活在社会的中上层；那60%的人都在安稳地生活与工作，但都没有什么突出的成绩，几乎都生活在社会的中下层；剩下27%的生活没有目标的人过得很不如意，并且常常在抱怨他人和社会。其实，他们之间的差别仅仅在于25年前是否知道自己的人生目标。

那些不清楚或不很清楚自己人生目标的人习惯于被动地接受指令，一旦没有指令下达，就停止了工作。他们缺乏创新的动力，不会科学地安排工作，浪费了许多空余时间，工作效率低下。日积月累，他们与有明确目标的人的差距越来越大，社会地位日益悬殊。

牢记职业生涯目标，在奋斗中加强自我管理，这是通向灿烂职业前程的正确途径。

2.讲究成效

自我管理要讲究成效，注重工作成果和效益。

我们做任何工作，都应先考虑这项工作会产生什么样的结果，对目标的实现有什么样的作用。凡是有利于实现个人目标，能取得积极的成果、良好的效益的事情，就要努力去做。

反之，就要有所控制，尽量少做。

成果与效益的取得，是个体付出劳动的回报。它标志着个体的价值和对社会的贡献。所有成功人士都是在不断取得成果与效益的历程中走向辉煌的。

3.效率原则

浪费时间就等于浪费生命，这个道理谁都懂得。但是，我们每天至少有三分之一的时间做着无效工作，在慢慢地浪费自己的时间和生命！所以，要分析、记录自己的时间，并本着提高效率的原则，合理安排自己的时间，在实践中尽可能地按计划贯彻执行。

做工作要分轻重缓急，重要的事情先做。要把与实现生涯规划密切相关的工作优先安排，尽力做好。

管理好时间，坚持下来，你会发现，你的时间充裕了，你的工作自如了，你的效率提高了，你的自信增强了。

4.扬长避短

充分利用自己的长处、优势，积极地开展工作，从而达到事半功倍的效果。这是自我管理的一个非常重要的原则。

5.检查改进

在自我管理的过程中，需要定期进行检查、反思。检查自己的目标执行情况，分析自我管理中存在的问题，制定调整和修正方案。从落实目标的实际出发，保证自我管理健康地向前发展。

实践是检验真理的唯一标准，自我管理的目标、方法正确与否，需要实践来检验。要坚持“以人为镜”，及时收集、征求其他人的意见和建议，检查自我管理的实际效果。

五、自我管理的内容

为了实现个人的职业生涯目标，我们应当在人生的道路上很好地管理自己的思想、言语和行为。通过自我管理，提高工作效果，提升生活质量，彰显个人价值，做出社会贡献。

自我管理所涉及的内容很广，包括个人职业生涯规划、角色定位、时间管理、情绪管理、人际沟通、休闲管理、压力管理、学习管理和健康管理等许多领域。

1.职业生涯管理

我们已在《职业生涯与发展规划》中详尽地讲述过职业生涯管理的内容，此处不再赘述。

2.角色管理

一个人对自己所担任社会角色的认知与管理，在很大程度上影响着他的角色扮演和社会化过程。每人都身兼多种社会角色，这要求个体清醒地认准自己在不同时间、场合所具有的不同角色地位和身份，认真扮演相应的那种角色。人们应该在当时所处的角色地位上进行思考和行动。具体地说，就是要弄清“我是什么身份？”“我在什么场合？”“我应履行什么样的行为规范？”等问题。

3.时间管理

每个人不管自己是否意识到，都同样地享有每年365天、每天24小时。对于人皆平等的时间来说，为什么有人能够在有限的时间里既成就了辉煌事业，又充分享受到亲情和友情,还能使自己的休闲生活丰富多彩呢?而另有一些人却不尽如人意、碌碌无为,乃至生计维艰呢?其成因是多方面的,其中一个重要因素就在于是否善于进行时间管理。

人生管理实质上就是时间管理,时间的稀缺性体现了生命的有限性。能否科学地分析时间、利用时间、管理时间、节约时间,进而在有限的时间里,创造自身职业价值的最大化,这是我们追求自我完善和自我超越的一种重要能力。

4.情绪管理

一个人情商高低,也就是情绪管理能力的优劣,在很大程度上影响到他一生事业的成败。在本书第4章中,我们已从多个方面讲述了情绪管理的内容。

5.人际沟通

沟通在人们的生活中占有重要地位。据有关研究表明,大多数人会花50%~70%的时间,以面对面、书面或电话等形式进行沟通。在本书第7章中,我们将讲解人际沟通。

6.休闲管理

人们的休闲活动多种多样。它是在学习、工作、劳动的时间之外,以各种“玩”的方式来求得身心的调节与放松,达到躯体保健、体能恢复、身心愉悦的一种业余生活。

科学文明的休闲方式,可以有效地促进能量的储蓄和释放,它包括对智能、体能的调节和生理、心理机能的锻炼。我们要学会休闲管理,以便使生活更加美好、更加精彩。

7.压力管理

在每个人的日常生活或工作中,可以说都存在有各式各样、程度不同的压力。即使同样的压力,对于不同的人也有着不同的作用。我们要全面认识压力对个人正、负两方面的客观影响,要学会分析压力源,寻求疏解压力的途径,来保证我们的健康和工作。

8.学习与社会实践管理

在本书第8章,我们将讲述终身学习和社会实践的能力培养论题。

9.健康管理

“健康第一”“没有健康就没有一切”。一个人的健康状况直接影响到个人的生活、学习和工作,影响到家庭幸福,还可能影响到所在组织的发展。认识健康的意义,养成科学的生活方式,维护身心健康,乃是保证个人实现生涯目标、获得幸福人生的基本条件。

5.2 角色管理

5.2.1 社会角色

社会犹如人生的大舞台,不停地上演着丰富多彩的剧目。每个人都是某个剧目中的一个角色。这个角色的形象和言行举止都有明确的社会规范。它反映了一个人在人际关系中的位置,反映了一个人在现实社会的地位和作用。社会要求人们按照各自的社会角色来行动,从而保证社会生活的有序和稳定,推动社会物质文明和精神文明的持续发展。

所谓角色管理,就是要确认自己的角色地位,明白自己在当前社会组织中处在什么位置,应该做什么,不应该做什么,如何发挥自己的作用,进而在工作实践中做出贡献。

一、社会角色

“角色”原为戏剧中的名词，指演员扮演的剧中人物，或规定演员行为的脚本。20世纪初期，一些学者将它引进社会学，进而发展为社会学的基本理论之一。角色理论阐释社会关系对人的行为具有重要影响。它强调人的行为的社会影响方面，而不是心理方面。

角色理论认为，人在社会关系中的地位规定了人的社会行为，类似于戏剧脚本规定了演员的行为。人的社会角色是人在一定社会背景中所处的地位或所起的作用。

1.社会角色的定义

自从20世纪30年代以来，心理学家对于社会角色(Social Role)有过许多定义。

社会学把社会角色定义为社会地位的行动和动态表现。社会心理学把社会角色定义为交往活动中一系列具有一定模式的学习而得来的行动。社会学家R.林顿等人都提出了各自的定义。这些定义虽然有所不同，但是综合起来，我们可以将它归纳如下：

社会角色是指与人的社会地位、身份相一致的一整套权利、义务和行为模式。它是对于处在特定地位的人们行为的期待。

不同的社会地位和身份具有与之相适应的不同社会规范。有些角色的社会规范有严格的明文规定，例如我国公民、共产党员、国家公务员的权利、义务和行为模式分别在《中华人民共和国宪法》《中国共产党党章》《公务员法》中有具体规定。另有一些角色的社会规范则只有传统的道德理念的约束，而没有统一的具体规定，允许一定程度的自由发挥，例如父母、姐妹、同学、同事、老乡等。

各种社会角色都在按照各自相应的社会规范待人处世，发挥角色的作用。简单地说，例如，学生读书学习，全面发展；教师教书育人，为人师表；医生治病救人，救死扶伤；工人努力生产，积极奉献；父母抚养子女，监护教育等。

2.社会角色是构成社会群体或社会组织的基础

每一种社会群体，都是由许多有共同点的人组成的整体。例如抗震救灾英雄群体、NBA明星群体、赴美旅游团、候车厅的旅客、参加体检的职工等，他们各有其共同点，而具体成员则包含着许多不同年龄、民族、性别、身份、地位的社会角色。

每一种社会组织，根据所负责事物和区域的不同，都设置了不同级别的各种职位(角色)。例如，国家行政机关有许多领导人和普通公务员，其中领导人自上而下设有国家级、省部级、厅局级、县处级、乡科级等职位，每一级别又有正、副职之分。企业依据其资产、规模、经营地域等不同而职位设置差别较大，有老板、董事长、董事、监事、总经理、部门经理、雇员等。医院里聚集着不同职称的医生、护士、药剂师、麻醉师、检验人员等多种社会角色，他(她)们相互依存、相互补充，完成着共同的社会使命。

在任何组织中工作的人，都担任着一个特定的角色(职位)。不同角色的承担者由于特定的角色关系而联结在一起。作为组织的一员，必须了解自己在组织中的角色和地位，以便更好地融入组织。

3.每个人皆集多种角色于一身

每个人从出生开始，在一生的历程中时时刻刻都担负着多种角色。对于男性来说，其社会角色可能是儿子、孙子、小学生、少先队员、班长、校体操队员、三好学生、大学生、硕士生、某种或多种职业角色、爷爷、退休者等。

由于集多种角色于一身，所以，每个人在不同的时间和场地需要履行不同社会角色的义务、权利和职责。例如，对于某个中年女性来说，在家里，其社会角色是妻子、儿媳、母亲，其行为举止要符合这三种角色的身份和地位；在工作单位，她是教授、副系主任、博士生导师、校刊编辑、同事、先进工作者等，其行为举止要符合相应角色的身份和地位。

人世间，不存在单一角色之人。

二、角色分类

按照不同的依据，可以把社会角色进行不同的分类。

1. 按照获得角色的方式分类

按照获得角色的方式可分为先赋角色与自致角色。

先赋角色是指建立在血缘、遗传等先天因素基础上的社会角色，例如种族、性别、年龄等。在奴隶社会和封建社会，职业、阶级等也属于先赋角色。

自致角色又称为成就角色，是指主要靠个人活动与努力而获得的角色，例如，三好学生、学生干部、经理、厂长、企业家、奥运冠军、国家各级领导人等。自工业化社会以来，许多原来属于先赋的角色变成了自致角色。

2. 按照人们承担角色时的心理状态分类

按照人们承担角色时的心理状态可分为自觉角色与不自觉角色。

自觉角色是指角色承担者明确意识到个人所作的角色表演，因而尽力用行动去感染周围的观众，例如演员、教师、医生等。

不自觉角色是指角色承担者并未意识到角色表演，而只是照习惯方式去做。

3. 按照角色行为规范化程度分类

按照角色行为规范化程度可分为规定型角色与开放型角色。

规定型角色是指对权利、义务有较明确的规定，不得随心所欲地自由发挥的社会角色，例如军人、警察、法官、公务员等。

开放型角色是指对行为规范没有明确、严格限制，承担者有较多自由和发挥余地的社会角色，例如父母、夫妻、兄弟、朋友等。

4. 按照是否追求经济效益分类

按照是否追求经济效益可分为功利型角色与表现型角色。

功利型角色是指以追求经济效益和实际利益为目标的角色，例如商人、企业家、经营者等。此类角色在社会上主要发挥实现效率目标的功能。

表现型角色是指不以获得经济效益为目的，而以表现社会制度与秩序、社会价值观念、学术思想、道德等为目的的角色，例如公务员、学者、教授、宗教信徒等。此类角色在社会上主要发挥实现社会公平的功能。

三、角色扮演

角色扮演是指个人具备了充当某种角色的条件，承担和再现角色的过程与活动。一般来说，人在一生中都会扮演各种不同的角色。这些角色使人们在不同的情境中以适当的行为方式与他人进行交往。

角色扮演的主要内容包括角色确定、角色距离、角色再现和角色扮演。

1. 角色确定

在社会舞台上，人们不能随心所欲地扮演角色。承担某种角色，首先要有一个确定的过程，也就是"认同"一个人的实际地位、身份等与其承担的角色（相应的一整套权利、义务和行为模式）相一致。

只有清晰地确定了自己当前担任的社会角色，才能保证自己的行为不偏离公认和潜在的规则，从而卓有成效地扮演该角色，实现自己的职业目标。

角色确定需要有一个过程。它是在长期社会互动中完成的。角色确定也常有失误的情况，如不能胜任角色、未承担合适的角色、选择了不适当的角色等。

角色确定是否有效，最终是由社会决定的，但它也与个人的活动和努力密不可分。

2. 角色距离

角色距离是指个人与他所承担的角色之间存在有差距。当一个人不承担某种角色时，其行为便不构成角色距离。

角色距离有两种情况：一种是其素质、行为达不到角色规范，工作考核不称职，如军纪不严的士兵、名实不符的教授等；另一种是其素质、行为远远超出角色规范，如大材小用者。

角色距离表明：自我与理想的角色模式是分离的，它妨碍一个人进入角色。

3. 角色再现

社会角色的表现需要一系列手段。与舞台上的表演需要装饰一样，社会表演也需要布景和道具，所不同的是社会舞台上需要的是真景实物。一方面，它们起着象征作用，既作为角色表演的标志，又是角色活动的场所；另一方面，它们也具有实用性。

与社会表演者联系更密切的是仪表和言谈举止。前者是角色的外部再现，后者是角色内在品质的反映。

角色表演有台前、台后之分。台前表演指人们正在扮演某种角色，台后表演指正式表演前的准备活动。将这两种表演区分开来具有实际意义。如宾馆、饭店等服务人员就必须避免混淆两种表演。要使角色有出色的表演，还须要实现角色之间的配合，否则某一个角色的失误就可能导致整个演出的失败。

4. 角色扮演

社会是一个大舞台，每个人都在扮演着具有不同创造性的角色。角色扮演需要经过3个环节：

(1)对角色的期望。人们在承担某一角色时，首先遇到的是社会或他人的期望。这种期望体现在与其社会地位、身份相一致的一整套权利、义务和行为模式上。角色担任者应当准确地认知这种期望。

(2)对角色的领悟。角色担任者要领会、体验该角色的理念、心态和行为特征，力求心领神会、掌握诀窍。

(3)对角色的实践。这是期望与领悟的进一步发展，是在个人实际行动中表现出来的现实角色。

每个人都是在一定的文化氛围中通过训练、模仿和认同而学会扮演不同角色的。只要个体真正承认他的角色,认为应当完善地扮演,那么,他的行为就是真实的,他的自我和角色就是统一的。

四、角色转换

角色转换是指一个人从某一社会角色转变为另一新的社会角色,并按照新角色的行为规范处事。

通常,一个人每天都在经历着不同的角色转换,例如身在不同场合就需要扮演不同角色,一个青年在家里是子女,在公交车上是乘客,在学校里是学生等。随着年龄的自然增长,人的一生还要经历许多次的角色转换。有的转换也许自己并未意识到,没有付出多少努力就实现了,例如成为小学生、老乡、别人的亲戚朋友等;另有一些转换则是自己期望的,必须付出巨大努力才有可能得到的,例如成为大学生、国家公务员、劳动模范、获得职位、职位晋升等。

从一个社会角色转变为另一个角色,意味着一个人社会地位、义务、职责、权利发生了特定的变化,这在客观上需要一个认识和适应的过程。

(一)角色确认

在戏剧里,导演选定的每个角色都要按照剧本规定的剧情演出。他们必须确认该角色的思想、行为特征和在剧中的地位、作用,才能把握好该角色,进而取得演出成功。

同样,当一个人获得或被安排为某个新的社会角色,他就必须了解当前这个角色的社会责任、工作要求、劳动条件、行业规范、组织纪律、行为特点等,以此作为自己社会角色的新定位。对于这个新角色的社会规范,个体应当做到从道理上理解它、重视它;从感情上接受它、热爱它;从行动上遵守它、执行它。

对于新角色的准确认识,按照新角色的行为规范要求自己,这是角色确认的基本内容。

(二)角色适应

角色适应是一个人通过对新角色确认和扮演,从而形成自我意识,实现个体社会化的过程。角色适应主要包括生理适应、心理适应、知识技能适应和人际关系适应。

1.生理适应

生理适应是指个人生活习惯和身体条件需要适应新角色的需要。

2.心理适应

每个新角色都有与之适应的新环境。当人们转换角色时,往往从心理上不习惯于新环境、新制度。这时,千万不要企图用个人习惯去改变环境,而是要从心理上接纳新环境,学会“入乡随俗”,要改变自己的旧习惯,使个人适应新环境。

3.知识技能适应

大学毕业生进入新单位,文化程度可能比许多老员工都高,但是,对于那些岗位工作,却往往没有老员工"在行"。究其原因,是因为在学校比较注重学习理论知识,而在职场却注重实际工作能力和经验。这就要求走上新岗位的大学生必须投入再学习,做到知识技能对新角色的适应。

4. 人际关系适应

新环境和人际关系的陌生,往往使新就业的大学毕业生感到孤独无助。既然自己已选择成为这里的一员,为了职业发展,除了努力做好业务工作外,还必须建立和维护良好的人际关系。

5.2.2 角色管理

一、角色管理

所谓角色管理,就是个体要准确地认知自己在社会生活中所承担的角色,并使自己的行为符合社会对该角色的要求。具体地说,一个人在任何时间、地点、场合都应明白自己当前所处的角色,并按照该角色的社会规范去待人处事。简言之:"上什么山,唱什么歌"。

1. 全面确认自己的几种主要社会角色

社会关系的复杂性赋予每个人许多种社会角色。他们在家庭、学校、从业单位或社交场合各自具有不同的身份和地位。每个人都应清醒地认识自己的几种主要社会角色,了解各种角色的义务、权利和责任,了解不同角色的不同舞台背景,了解现实社会对这些角色的不同期望。

各人都有自己的美好愿景①。这种愿景包含着多方面的追求,例如个人形象、爱情、家庭、健康、休闲、有形资产、人际关系、职业前程等。个人愿景的实现依赖于自己在不同场合对于特定角色的成功扮演,特别是几种主要角色的成功扮演。

要想成功地扮演自己的角色并非轻而易举的。在演艺界有"台上一分钟,台下十年功"之说。在现实社会这个大舞台上,人人有多种角色,仅就职业和家庭这两类角色而言,为了分别扮演得成功,历来一直使不少人劳苦奔波、历尽坎坷、顾此失彼、心力交瘁。因此,有了对于几种主要角色的基本认识,进一步还要考虑自己相应的扮演能力和扮演效果,确定自己在不同时期应当在哪种角色上付出努力,如何行动。首先要对个人与角色有客观的认识,找出两者的差距。然后,针对个人条件的不足,通过学习、实践、体验来提高扮演能力,追求更好的效果。我们看到,那些体坛冠军、影视明星、各行各业的社会精英和事业有成者,无一不是在为个人角色的扮演付出过常人难以承受的、成年累月的艰苦劳动的。

2. 随时认准自己的当前角色,按照规范扮演当前角色

我们每个人都身兼多种社会角色。但是,通常而言,在某一时间和场合,他(她)必须暂时不考虑其他角色的义务、权利和责任,而按照某一特定角色的义务、权利和责任来采取行

---

① 愿景(Vision)是美国麻省理工学院彼得·圣吉教授提出的概念。个人愿景是发自内心的、最关心的、最热切渴望达成的事情;是一个特定的结果,一种期望的未来或意象。当一个人为自己的至高无上目标付出无限心力时,愿景就是一种自然的、发自内心的强大力量。

动。例如，一个中年妇女，她在家里是个妈妈，与此角色相应的行为是监护子女、打理家务、赡养老人、致力于构筑幸福家庭；她在医院上班时是一名外科主治医生，与此角色相应的行为是为病人诊疗、手术、治病救人；她在出差的旅途中是一名旅客，与此角色相应的行为是购买车(机、船)票、严格遵守旅行安全规定；她在购物中心是一位顾客，与此角色相应的行为是自由选购所需商品、进行咨询、享受消费者权益。

大学里的学生和就业后的员工，是完全不同的两种社会角色。由于所处的社会环境和地位不同，他们所享受的社会权利和承担的社会责任也不同，因而各有特定的行为规范。在学校里，大学生以学习为主，全面发展，充实职业素养，培养职业本领。而在工作单位，员工则以工作为主，履行岗位职责，完成工作任务，经济生活独立，不断做出业绩和贡献。

二、大学生角色管理

大学是一个人走向成熟(身体、心理、社会化)的关键阶段。大学生的使命是要在这一关键阶段把自己培养成为社会需要的专业人才，其行为规范就是注重德、智、体、美全面发展，学习科学知识、培养生存技能、掌握职业本领，以备发展自我和服务社会。

大学生在学校里扮演的主要角色是学生。在学生角色的基础上，他(她)还可能是班长、团支部委员、校足球队队员、三好学生等。

认清自己的学生角色，实践社会对学生的规范和期待，努力学习，把自己塑造成社会需要的人才，这就是学生角色应有的行为表现。

大学生在经济上是不独立的。他们依靠家庭供给、助学贷款或社会资助来维持学习生活。除了助学贷款者已有了未来的还贷债务外，他们大多没有社会负担和家务负担。按照教学计划的安排，学生以学习为主，上课、实验、自习、考试，自由地参加课外兴趣项目、体育锻炼和文化娱乐活动。师生和同学之间关系比较单纯，没有什么利害冲突，偶有一些矛盾或摩擦，也比较容易化解。这和工作单位内职工的经济状况和人际关系有很大差别。

大学里自由民主气氛浓厚，一个学生说了错话、办了错事，很少有人批评指责他。学生一旦旷课、迟到、没有完成作业、考试不及格、违反校纪，通常也只是受到批评教育，其影响主要涉及当事人本身，不会产生什么社会后果。这和职工的犯错误不但影响个人业绩，而且还将产生一定的不良社会后果是截然不同的。

1.角色意识管理

角色意识是指个体对自己在社会生活中所扮演的角色的认知，并使自己的行为符合社会对该角色的要求。大学生对自身角色的认知在很大程度上影响着其相应社会角色的扮演。

从入学开始，不少大学生就缺乏应有的社会角色意识。每年入学报到时，多少父母都是背包携裹，送子女进校，还为孩子办手续而奔波，而学生本人犹如由家人提供服务的公子哥儿。这种角色错位的继续发展，必然使这些学生失去大学生的角色定位，无法承担大学生角色。

由于大学生来自中学生，这两种角色存在有矛盾，使得一部分大学新生产生了角色混淆。他们缺乏角色意识，不知道对于个人角色的客观转变需要有认识和行为方式的相应转变。他们对新环境、新生活、新面孔一时不能适应，感到孤寂、苦闷、压抑。对此，应对他们进行教育和疏导，让他们认识两种社会角色的差别，摆脱旧角色的那一套行为模式，重新定位个人角色，准确地认识社会赋予大学生的行为规范，按照大学生的行为规范来要求自己，努力实践，逐步适应新的学习生活。

2.角色冲突管理

当一个人承担一种或多种角色时，由于难以胜任或顾此失彼，就会造成角色冲突。

(1)难以胜任。一些对自己的期望值很高但又表现平凡的大学生，由于学习成绩平平，也无什么特长，看到同学或好友得到奖学金，当上学生干部、三好学生，感到自己不如别人，产生失落和自卑心理，或认为力不从心、难以胜任，或心生嫉妒、怨天尤人。对于这样的心态需要端正认识、及时调适，才能扮演好大学生角色。

(2)顾此失彼。一些担任学生干部的大学生，既要学好各门课程，又要做好社会工作；既要建立良好的群众关系，又要得到老师和领导的信任；既要搞好学习和工作，又要兼顾健身文娱活动。他们因时间和精力有限，常常劳累不堪、难以兼顾。这种多重角色的心理冲突严重影响到他们的全面发展。解决的途径是加强时间管理，减轻或卸除某种角色负担。

(3)家境贫寒。一部分来自农村的大学生由于家庭经济条件差，在一些需要花费的日常活动中受到冷落，低人一格，产生失落感和自卑心理。对于这种情况，学校应加强对贫困生的关注，提供心理上和物质上的帮助，使他们增强信心，自我超越。

(4)超前意识。大学生对国家民族有强烈的忧患意识，这是值得肯定的。但是，个别大学生不能摆正自己在社会中的地位，片面地拿西方的先进来对比我国的落后，以“社会觉醒者”的形象自居，言谈举止颇为偏激。这种表现难免在现实生活中碰壁、受挫；此后，又陷入困惑、消沉。对于这些人，学校应引导他们从认识论和方法论方面加强学习，摆正个人的社会角色，扎扎实实地学好职业本领，革除那种脱离现实的夸夸其谈、好高骛远等陋习。

3.角色的任务管理

大学生在校期间，要进行职业探索，寻求职业定位，学好职业本领。

第一学年为职业试探期。这一时期主要学习一些通用基础课，获取宽厚的基础知识，营造合理的知识结构。通过学习生活逐步熟悉环境、老师和同学，适应不同于中学时代的新生活。通过听课或自学，了解职业知识和职业兴趣，进行个人职业探索。

第二学年为职业定向期。这一时期继续学习通用基础课和专业基础课，充实知识结构。同学们基本上已经完成了从中学生到大学生的角色转变，开始关注个人成长。他们对个人兴趣、人格、能力、职业倾向不断进行试探，对于职业、自我、环境有了一定程度的认知，不少人已经有了个人的职业方向。

第三学年为职业分化期。这一时期主要学习技术基础课、专业基础课和专业课。许多同学初步考虑了毕业后的去向，分别为了升学考研、竞争就业、自主创业或参加志愿服务活动等进行相应的准备。例如复习考研的课程，报考有关的职业资格证书，重点提高某种能力或素养，参加有关的培训班或社会实践活动，搜集与各种去向有关的信息等。同学们根据毕业后的职业取向不同而开始分化，各自在做不同的准备。

第四学年为各奔前程期。这一时期学习任务已不像以前那样繁重，主要是学习专业课、选修课和做毕业设计(论文)。同学们在完成学习任务之余，集中精力在为实现个人选择的前程而进行着不同的努力。

三、员工角色管理

任何行业的员工都有自己确定的工作岗位。这个岗位占有特定的角色地位。员工要在本职岗位上开展职业活动，创造出某种形式的劳动成果。这些劳动成功为本单位积累了经济效益或社会效益。员工依靠个人劳动获得薪金报酬，作为独立生活的经济基础。

任何工作岗位上的角色都有其特定的作用和价值。这要靠为该角色规定的义务、权利和行为方式来体现。员工必须按照既定规范来扮演自己的角色。扮演得好，可以提高绩效、提薪晋职；扮演不好，业绩不佳，可能被辞退、淘汰；扮演失误，就要承担责任、受到惩处。

员工是社会化的职业人。员工的职业行为及其产生的后果具有社会性。如果工人因违反操作规程而生产出了不合格产品，或者医生由于工作失误而造成医疗事故，这一类的职业行为表现所产生的后果就具有社会性。当事人必须为自己的行为负责。一般来说，当事人可能受到批评教育、扣除奖金、行政处分，情节严重者还要承担法律责任。

员工角色管理包含一个人从业的全过程。从业期间大致分为早期、中期和晚期。

1. 角色早期管理

新员工进入一个组织，应当认识和理解由于环境变更而引发的一些职业困惑（如人际关系生冷，个人与组织的期望悬殊，得不到信任与重用，工作受挫等），采取适当的自我管理策略，解除各种困惑，尽快融入组织。

新员工要主动地熟悉环境，按照岗位职责，建立良好的职业角色形象；要强化业务能力，积累工作绩效；要沟通人际关系，真正成为组织的一员；要不怕困难和挫折，学会在不断克服困难中求得进步。

2. 角色中期管理

员工在36～50岁期间，是个时间长、变化大、可能成功也可能遭遇危机的阶段。少数员工绩效显赫、春风得意，有望“更上一层楼”；大部分员工虽也成为“骨干”，但由于职位难于晋升，又面临“后来者居上”的威胁，会产生一些危机感和消极心态，出现职业发展机会越来越少的“职业高原”现象，出现因“落伍”而被淘汰、因不满当前处境而变更职业的现象。

在此期间，员工应保持乐观上进的心态，理性地对待中年可能遇到的各种困惑和危机；要设法调适工作压力，善待自己，将压力转化为上进的动力；要做好职业生涯评估，妥善处理事业、家庭和自我发展之间的关系；要奋力学习，避免落伍；另外，还要准备失业对策。

3. 角色晚期管理

员工在从业的晚期，进取心和竞争力明显下降，权利、责任和中心地位削弱，但优势尚存，仍可发挥余热。这时所面临的问题主要是不安全感、工作压力和为退休做准备。

这个阶段的员工应当按照事物发展规律调整心态，适应组织发展的需要，主动服从组织安排，转变职业发展方向，从一线转向二线（例如充任顾问、咨询、教练、参谋等），要着手进行退休准备，设法应对退休后的“空巢”、发挥余热等问题。

5.3 时间管理

5.3.1 时间管理概述

现代管理理念指出，管理时间就是管理自己。时间作为一种客观存在，原本无法管理。我们说的时间管理是指如何按照人体生物钟规律有效地计划和使用属于自己的时间。

一、时间

我们对时间有许多认识，例如，时间是物质的、永恒的、不变的、瞬息的、飞逝的，等等。但是，究竟何谓时间？迄今尚无统一的定义。因此，我们不去从严谨的科学意义上去探讨时间概念，而只讨论我们认知的时间及其管理问题。

1.时间的特性

时间是世界上最稀缺、最宝贵的一种资源。我们可以感知到的时间具有如下特性：

(1)不可替代性。时间是绝无仅有的，任何东西都不能替代它。

(2)绝对公平性。任何人在有生之年皆拥有同样的时间资源。时间以同一速度流逝。

(3)不可再生性。时间一旦逝去，就不会再次出现。

(4)不可逆转性。任何人、任何事物都无法阻止时间的持续流逝。无论过去、现在和将来，时间均以其固有的速度流逝，永不停止。

(5)不可增减性。时间的供给量是固定不变的，每天 24 小时。

(6)不可蓄积性。不管个体是否愿意，每人都必须按照时间的流逝速度去消费时间。任何人都无法把某段时间存储起来“暂时不用”。

2.时间的分类

通常，人们根据活动的不同来划分时间，分为工作、学习、休闲、家庭、个人、思考等时间。

(1)工作和学习时间。把时间用于学习和工作，赖以谋生和充实生活。

(2)休闲时间。用于个人休息、睡眠、体育活动、文艺娱乐的时间。

(3)家庭时间。用于同家人团聚，和谐相处，享受家庭幸福的时间。

(4)个人时间。个人独自用来养生保健、修身养性、充实自我的时间。

(5)思考时间。用来进行反思、总结、规划、谋求发展的时间。

3.时间的价值

时间的价值基本上分为无形价值和有形价值两种：

(1)时间的无形价值。把时间用于工作、家庭、社交等方面，以求建立良好的工作、家庭和人际关系。这将促进个人事业和生活质量的增长，其价值可能无法用金钱衡量。这样使用的时间具有无形价值。

(2)时间的有形价值。把时间用于相应的事务和服务，可以带来有形的报酬。例如，售货员营业、工程师制图、医生诊病、驾车运营、建楼修路等，这类时间都具有有形价值。

二、时间管理

我们所说的时间管理，是指为了达到某种目的，通过可靠的方法和途径，安排自己和他人的活动，合理、有效地利用可以支配的时间。

时间管理就是对单位时间内事件的管理。其主要内容如下：

1. 时间管理的目的

时间管理的目的在于把时间投入与个人目标相关的工作和活动，实现效果好、效率高、效能佳。这里，效果是指确定的期待结果；效率是指以较低的代价取得更多的结果；效能是用最小的代价获得最佳的结果。

2. 时间管理的重心

时间管理的重心在于有效地利用时间。它不是对时间的完全掌控，而是要管理自己的时间，提高利用时间的效率，发挥更大的生命价值。

每个人都可以选择自己要做的事情，而这种选择往往决定着个人的事业前途和生活质量。客观事物有可以控制的，也有不能控制的。我们在进行选择时，应当充分利用其可控的一面，避免在不可控因素上浪费时间，以便达到有效地利用有限时间，产生最大效能。

3. 时间管理的任务

时间管理的任务是决定该做什么和不该做什么。

事件分为可控的与不可控的两类。可控事件是指与个人密切相关、可以因个人意志和行为而改变的事件，例如学习、工作、衣食住行等。不可控事件是指其发生、发展和消失不以个人意志为转移、个人无法以己之愿来选择其是否存在的那些事件，例如自然现象的地震、台风、雨雪、季节更替，动植物生长规律，社会变革、国家法律法规，民族风情、组织规章与文化等。时间管理的关键在于选择可控事件去做。

5.3.2 生物节律与时间管理

时间生物学是研究生物体与时间的关系的科学。它认为生物体是以一定的节律存在于空间和时间中的。无论白天黑夜、涨潮退潮、月相变化、季节更替，各种生物有着不同的节律。例如，人体从单个细胞的短促活动到思想情绪的波动起伏都在以某种节律变化。可以说，世界上几乎没有一个生命体的运动过程是无节律的。

一、人体的生物节律

1. 人体昼夜生物钟节律

生物钟是指没有外部周期性输入的条件下，生物能够自行产生有节律的自我持续振荡运动。

在一天 24 小时的时间内，人们白天活动，夜晚休息，呈现出一定的节律，被称为人体昼夜节律。

2. 人体一生生物钟节律

人体的大部分生命活动过程（新陈代谢、血液流通、激素分泌等）都服从于某种时间节奏。它包括单细胞生物在内的所有生物,其身体功能皆有高潮和低潮。人的脑电波、心电图、呼吸运动、睡眠与苏醒、妇女月经、春季困倦等都服从静止与活跃的循环规律。

科学研究指出,每个人从出生到死亡,其智力、体力、血压、情绪等都存在着多种自然节律。我们把它称作生物节律。这表明生物体内存在着生物钟。它控制着人的行为与活动。

3.外界钟

日光是可以对生物节律具有调控作用的外界时钟。

社会环境也是一个时钟。在同一环境生活的人们往往有相互适应的节奏。那些习以为常的行动也能起到外界钟的作用。如果违背正常的活动规律,白天待在黑暗处,夜晚活动在灯光下,“上夜班”,就可能使生物钟脱离固有的节律。洲际飞行引起的时差会把乘客的生物钟节律和身体功能搅乱。

4.其他节律

生物的其他节律是随季节的交替而变化的。人体在“褪黑激素”多时会感到疲倦,而“褪黑激素”只有在黑暗时才会分泌出来,使人夜里疲倦。夏天昼长夜短,人们有更多的活动时间,更加活跃。

研究指出,指甲在6月份要比在其他月份长得快。

二、人体昼夜生物钟节律

1.“晨型”和“晚型”

时间生物学家指出,由于生物在一昼夜24小时内的能力曲线是不同的,从而呈现出“晨型”和“晚型”。“晨型”俗称“百灵鸟”,每天醒得早,精神爽,上午精力充沛,晚上睡得早。“晚型”俗称“夜猫子”,喜欢晚些睡觉,早晨难以自然醒来,早饭吃不下,上午情绪不高,下午才提起精神,晚上精神饱满、工作效率很高。

美国心理学家通过对200人的调查研究发现:“晨型”人大多性格外向、心情愉快、身体活跃,经历的热烈和幸福时刻较多;他们的沮丧和坏情绪要比“晚型”人少。两种类型的人不仅在体力上有差别,而且每天所经历的心理状态也完全不同。“晨型”人经过充分的睡眠,对生活基本上很满意,身体更为健康。虽然还无法解释两类人在生理上如何会有如此差别,但科学家们估计两者之间存在者某种本质差别。这种差别不仅影响他们的生理活动节奏,还对“当日心情”进行了不同的心理处理。“晨型”人培养了一种有利于健康的生活方式,也可能因为睡得比较好。

2.人体昼夜生物钟节律

人们每天的肉体机能和精神生活,包括新陈代谢、消化、血压、睡眠、体能、思维、情绪、兴趣等,都是由个体的生物钟在调节的。确切地说,人们不是有一只生物钟(体内钟)和外界钟,而是有一只很重要的大钟。这只大钟使几百只单个生物钟同步运行,因为每一个单独的神经细胞皆有其活动节律。

下面,我们概括地列出一个健康人日常生活的昼夜节律。

6~8点:睡后苏醒,男性的睾丸素和女性的雌激素分泌量上升。此时,由于血糖含量最少,身体需要补充营养;由于心跳、血压和肾上腺素上升,致使有心血管疾病的人出现心肌梗死的可能性升高。这时，需要一顿丰盛的早餐，多一点碳水化合物和水果，少一点脂肪。

8～10点：体力和精神变得更加活跃，精力充沛，工作效率高，适合于完成要求很高的任务。这时，服药及喝酒的效果是晚上的3～5倍，需要服用"可的松"的人应在此时服用，因为此时自身正在分泌肾上腺皮质素，尤其是能融合人工合成的肾上腺皮质素。此时也是注射疫苗或放射治疗癌症的最佳时间。由于血液轻度结块，对心脏供养较差，因而心肌梗死较常发生。

10～12点：人在这段时间的肾上腺素分泌量很高，皮肤中血液流通好，所以脸色也最好看。人的精力、注意力和办事能力在上午11点左右达到最高限度，适合于从事艰难、劳累的工作。

12～15点：办事能力曲线开始迅速下降，到了13点身体准备摄取营养和获取能量，胃和胆处于高速运作状态，以便消化午餐。这时，身体分泌睡眠激素（"褪黑激素"），最好能够午睡片刻。人的痛感大约在13点明显下降，所以很适宜去就诊（如看牙医）。

15～17点：人的心血管系统、肺、呼吸和脉搏又开始高速运作，办事能力曲线再次上升，又是从事艰苦工作和体育运动的最佳时间。这时，记忆清醒，注意力集中，肌肉组织活跃放松，人在紧张和疼痛方面又开始敏感，会兴趣十足地做出特别反应，显然适合于谈情说爱。

17～19点：由于肝和肾腺在18点左右工作最积极，因而此时饮酒的害处最少，而且，非常适合于从事各种持久性活动。

19～21点：此时的眼睛、耳朵和鼻子等感官仍然十分灵敏，但思维能力下降，适合于听音乐、看影视戏剧。20点左右，人的反应最快，对紧张不太敏感，血压和脉搏缓慢下降，逐渐进入一个放松阶段。这段时间很适合于解决纠纷和矛盾。

21～23点：肾上腺分泌减少，体内开始分泌疲惫激素（褪黑激素），从22点起，明显产生睡意，同时，肌体开始清除有害的病原菌和新陈代谢的废物。这时的消化系统功能很微弱，不宜再吃任何东西，尤其别再饮酒。

23～1点：是第一次深度睡眠时间，人的睡眠效果最好。此时那些还处于清醒状态的人，其反应能力大为下降，而痛感却达到最高点。

1～3点：沉睡状态有所减弱，如果此时苏醒，就比提早1小时或推迟1小时更难再入睡。此时的血压、体温和新陈代谢达到最低点。

3～6点：身体状态和精神状态最脆弱，由于人的失控而造成的工作事故大部分都发生在这一时段；大部分死亡和出生也发生在此时。

三、人体一生生物钟节律

科学家认为，每个人从出生之日起，其体力、情绪、智力三节律就开始运转，并一直有规律地延续到死亡。

1.人体生物钟三节律

20世纪初，德国医生弗利斯和奥地利心理学家瓦斯波达通过长期观察，发现人体内存在着一个以23天为周期的体力盛衰期以及28天为周期的情绪波动期。奥地利的泰尔其尔教授在研究了数百名高中和大学学生的成绩后，发现人类智力的波动周期为33天。后来，人们把这3位科学家发现的3种人生节律总结为"人体生物三节律"。因为这3个节律像钟

表一样循环往复，又被人们称作“人体生物钟”。

在人体的生物钟节律中，智力钟影响着人们的记忆力、敏捷性以及对事物的接受能力、逻辑思维和分析能力等；体力钟影响着人们的体力状况，包括对疾病的抵抗能力、肌肉收缩能力、身体各部分的协调能力、生理变化适应能力，以及其他一些基本的身体功能和健康状况等；情绪钟影响着人们的创造力，对事物的敏感性和理解力，情感与精神及心理方面的一些机能等。

从出生之日起，人体的 3 只生物钟分别以 23 天（体力钟）、28 天（情绪钟）、33 天（智力钟）为周期，各以正弦曲线的变化方式随着时间在运行。它们呈现出明显的盛衰起伏，在各自的运转中都有高潮期（在时间轴上面运行），低潮期（在时间轴下面运行）和临界期（与时间轴相交）。

在高潮期，人的精力旺盛，处在体力高潮期的人感到体力充沛、生机勃勃；处在情绪高潮期的人感到心情愉快，具有丰富的艺术感染力和旺盛的创造力；处在智力高潮期的人思维敏捷、记忆力强、逻辑性强、易于解决复杂问题。在高潮期曲线的峰值之日，高潮表现尤为典型。

处在体力低潮期的人容易疲劳，做事拖拉，行动畏缩；处在情绪低潮期的人往往感到烦躁、沮丧、喜怒无常；处在智力低潮期的人出现注意力不集中、健忘、判断力降低。在低潮期曲线的负峰值之日，低潮表现特别典型。

处在临界期的人极不稳定，容易出现差错，容易感染疾病，肌体各方面协调性能差，容易发生事故。

人的一生，上述 3 只钟同时相交于一天的日子，除了生日之外，还可能有两次，就是个人生命的第 10626 天和 21252 天。

2.人体三节律的计算

我们可以分两步来计算出人体生物钟三节律。首先，计算出经历总天数 Z：

Z=（测定年－出生年）×365＋闰年天数＋（当年生日距离计算日的天数）

式中，闰年天数＝（周岁数÷4）的整数。

然后，用经历总天数分别除以 23 天、38 天、33 天，所得商数为已经经历的体力、情绪、智力周期数，而余数分别为体力、情绪、智力 3 个节律状态。

举例：某人生于 1943 年 8 月 29 日，于 1980 年 10 月 5 日不幸触电身亡，现计算出他死亡那天的人体三节律状态。在其有生之年共有 9 个闰年，我们先计算其经历总天数 Z：

Z=［1980－1943］×365＋9＋（2＋30＋5）＝13551 天

接着，计算三节律：

体力周期及余数 13551 天÷23 天＝589 天，余 4 天；

情绪周期及余数 13551 天÷28 天＝483 天，余 27 天；

智力周期及余数 13551 天÷33 天＝410 天，余 21 天。

计算结果说明，他一生已经历了 589 个体力周期，正处在第 590 个体力周期的第 4 天，体力曲线位于高潮期；他已度过了 483 个情绪周期，正在第 484 个情绪周期的第 27 天，情绪曲线位于临界期；他已度过了 410 个智力周期，正在第 411 个智力周期的第 21 天，智力曲线位于低潮期。这说明他是在情绪临界期和智力低潮期死亡的。

四、生物钟节律的应用

生物节律在国外早已应用到工农业生产、医疗卫生和日常生活中，并发挥着不可忽视的作用。我国自20世纪80年代起，陆续有许多厂矿企业把生物钟三节律的理论和技术应用于安全生产中。

三节律通常是综合地影响人的行为。而对每一个人来说，三节律状态之间的组合形式又是随时间变化、多种多样的。对于不同的应用领域，人们所关心的组合形式是不同的。例如，为了掌握高难度的知识、技能，就要注意利用智力高潮期或智力、情绪同时高潮期。

可以认为，一种节律处于低潮期比两种节律同时处于低潮期要好些，三种节律都处于低潮期则是状态中较差的。为避免失误，就要注意避开临界期或两种节律重合的临界期。临界期是节律状态的最差时期，它比低潮期更差。美国一家保险公司在一份报告中指出，因偶然事故而引起死亡的肇事者约有60%是发生在其生物钟节律的临界期。例如，在统计的连续13起坠机事件中，有10起的驾驶人员大多处于临界期。美国一家汽车公司为其60名司机提供了生物节律表，预先提醒处于临界期的司机多加小心，结果使车祸减少2/3。日本一家铁路公司在发现有许多事故出在司机的临界期后，实行生物节律计划，使全年事故减少50%。

根据计算，在一个人的70年生命范围内，智力与情绪同时临界期大约有55天；情绪与体力同时临界期大约有80天；智力与体力同时临界期大约共有70天。三重临界期是更少的。在双重临界期特别是三重临界期，应特别注意避免人的失误，以防止发生事故。

需要指出，人的生物节律是统计规律，所指的是倾向性和可能性，并非必然的结果。

5.3.3 大学生时间管理

一、一般情况

网上流行着这样一段话："大一是晚上熄灯后准时上床睡觉；大二是晚上熄灯后还没有睡觉；大三是上课在老师眼皮底下睡觉；大四是上课时依然在宿舍睡觉。"这可能属于个别现象，但反映出一部分人确实浪费了不少宝贵时间。

一般来说，大学生的时间观念较强，但在客观上普遍存在着浪费时间的现象。不少大学生缺乏对自身时间管理的信心，实施困难，满意度低。部分人缺乏对时间的反思与总结，对个人的时间安排比较模糊。还有人不会合理地安排时间，影响了学习、生活和健康。

产生上述情况的原因，在主观方面，可能是还没有完全适应大学的生活，或者自我懈怠、自制力较差，或者缺乏时间计划、跟着感觉走，或者社会工作过多、忙碌度日；在客观方面，可能是受到课程安排的制约，或者是受到环境和周围同学的影响。

二、时间管理方法

1.根据生物节律高效利用时间

我们可以通过昼夜生物钟节律的测量，认清自己所属类型。如果不喜欢这种类型，可以尝试调整作息规律，以便调整生物钟，使自己的生活方式更趋健康和高效。

根据个体生物钟三节律的高潮期、低潮期和临界期，对个人的重大活动做出安排，使之更加符合身心规律。由此，培养一种可以接受的时间利用方式，既有利于身心健康，又有利于高效活动。

“文武之道，一张一弛”，我们的工作和生活有紧有松，要有节奏地合理安排。我们在紧张的工作和学习中，还要学会积极的休息，主要指休闲和睡眠。

休闲可以通过散步、沐浴、阅读、小憨、参加交际活动、体育锻炼等方式进行，使自己暂时从紧张中解脱出来，恢复精力。对此，我们要破除那些“休闲障碍”，诸如“最后再休息”“没有我不行”“用完最后一把劲再说”“一休息就会失去干劲”“休闲没意思”等不科学的理念。

睡眠好就能保证次日有良好的精力。为了保证睡眠好，应当培养合理的饮食和休息规律，睡前不饮用酒或含咖啡因的饮料、不从事体育运动，在困倦时再上床。睡眠医学的研究指出，中午或下午只要短时打个盹(30 分钟左右)，肌体也可以得到基本恢复，并产生出新的能量。有规律的午睡不仅能改善健康状况，而且能增强记忆力和运动协调能力。

2. 优先顺序法

通常，我们需要做的事情很多，必须明确其优先顺序。优先顺序就是确定其中哪些应当先做、哪些后做、哪些缓做、哪些可做可不做。据此，我们按照优先顺序去安排时间、处理各种事物。这就是优先顺序法。

我们面临的任务一般可分为紧迫、重要、日常和喜好 4 类。

(1)紧迫类任务是指那些必须立刻完成的重要任务，包括突发的危机事件(重病突发，救死扶伤、抢险、有关组织或个人命运前途的问题)，有时间限定的工作计划(投标、通考以及亟待完成的其他任务)。这类任务需要安排在优先地位。

(2)重要类任务包括一些具有战略意义的任务，如制定中期和长期目标、公关工作、个人深造、心理健康等。这类任务虽然不算紧迫，但对以后发展却十分重要，应当尽快安排，依照计划执行。如果忽略了此类任务，很可能在不久后会陷入某种危机情景。

(3)日常任务是指那些从长远来看虽不重要，但需要很快处理的日常事物，包括衣、食、住、行问题，通信联络，请示汇报，亲友来访，整理资料，家务劳动，购物，缴费等。

(4)喜好类任务既不紧迫，也不重要，属于个人喜欢做的事。它包括文化娱乐、体育活动、上网、聊天、旅游等，通常能给人们带来乐趣。

作为时间管理者，我们应按照任务的优先顺序来拟定计划。紧迫类任务是当前最重要的事，我们必须集中精力投入大部分时间；重要类任务需要确定规划、计划，当前花适当时间；日常类任务不太重要，喜好类任务并不重要，可以投入极少时间。

3. 日计划法

日计划就是每天都花费一定的时间来规划自己的活动。拟定日计划的步骤如下：

(1)列出当日的任务；

(2)估计每件任务需要完成的时间；

(3)预留一些缓冲时间给意料外发生的事情；

(4)确定优先顺序，简化及授权；

(5)追踪、检查与反馈。

拟定日计划不是孤立的。它是实现个人人生目标的具体步骤。每个人都有自己多年追求的人生目标,都有大致的年度计划、月计划、周计划,从而会引导日计划。我们要考虑,日计划所做的事,是否与周计划目标相吻合;周计划所做的事是否与月计划目标相吻合;月计划所做的事是否与年计划目标相吻合;而年计划所做的事是否与人生目标相吻合。

日计划的实施将使你的每一天度过得更有价值,更有效率。

4.记、问、思、查

通过“记、问、思、查”的方法,可以使我们更加有效地利用时间。

(1)随手记。随时随地记笔记,记录各种事件、心得和灵感,从中训练个人的思维和观察能力。最好在睡眠之前写出次日的日计划。

(2)清晨6问。每日清晨,都要抽出时间思考一下当天的安排,主要是6个问题:今天的目标是什么?今天的核心大目标是什么?今天重要的3件事是什么?今天打算学到哪些新东西?今天打算在哪些方面有所长进?今天如何更快乐些?

(3)静夜6思。人应每天对自己的思想、行为进行多次反省,以便发现问题,设法改正,完善自我。夜晚的反省主要思考6个问题:今天是否完成了小目标?今天是否更接近了大目标?今天新学到了些什么?今天在哪些方面还做得不够好?如何才能做得更好?明天的目标是什么?

(4)自查改进。许多能够科学有效地管理时间的人都有一个自查与改进的好习惯。他们自查的项目很多,例如目标的确定;目标的分割与量化;方向的选定;详细计划的制订;每日目标是否实现?辅助方案是否制定?时间计划是否落实?是否发现、改善了薄弱环节?等等。我们可以结合个人情况,来确定自己的自查项目。

5.4 休闲生活管理

人的一生有许多时间是由自己自由支配的。人们利用这些时间,从事一些自己喜爱的活动,以调节、丰富自己的生活,利于身心健康。这就是休闲生活。随着经济发展和社会进步,人们的休闲时间越来越多,休闲活动丰富多彩,休闲生活管理已成为生涯规划课题中一个不可忽视的内容。

5.4.1 休闲生活

美国学者布莱特贝尔(C. K. Brightbill)指出,如果不能以一种整体的、文明的、有创造力的方式来享受新型的休闲,我们就根本不是在生活。

一、休闲与休闲生活

1.休闲

休闲逐渐成为时尚的大众话题。随着经济社会的发展,休闲已成为人类社会文化活动的重要组成部分。它已成为人们提高生活质量的需要,成为每个社会成员的权益,成为精神生活丰富的标志。

休闲(leisure)一词来源于希腊语 Skole 和拉丁语 scola，原意为休闲和教育，即发展娱乐，从中得益，并与文化水平的提高相辅相成。应当说，休闲这个词中休息的成分很少，消遣的成分也不大，主要指必要劳动之余的自我发展。在我国《辞海》里，休闲是指无事而休息，过清闲生活；也指农田在一定期间不种作物借以休养地力的措施。

在发达国家，休闲及其活动早已风行多年。在我国，“休闲”姗姗来迟。中国青年报社会调查中心通过对全国 10117 人进行的网上调查显示，90.7%的人对休闲表示关注，其中 46.8%的人“非常关注”。近年来，为了满足人们的休闲需求，服务于人们的休闲生活，以娱乐业、旅游业、商业、文化体育业、影视传播业为核心的产业系统构成了休闲业。休闲业涉及了公园、旅游景点、商店、饭店、博物馆、影剧院、运动场所以及由此连带的企业群体。

曾任美国国家休闲研究院主席的杰·戈比(G. Godbey)教授在《你生命中的休闲》一书中，从时间、心态、生存状态、行为等角度来定义休闲：“休闲是从文化环境和物质环境的外在压力下解脱出来的一种相对自由的生活状态。它使个体能够以自己所喜爱的、本能地感到有价值的方式，在内心之爱的驱使下行动，休闲不只是寻找快乐，更是寻找生命的意义和价值”。

通俗地说，我们可以认为，休闲是在完成工作、满足生理需要以及承担家庭、社会义务的时间之外所剩余的可以自由支配的时间内，为达到休息、放松、娱乐、自我提高等目的从事自己喜欢的活动，从中得到内心体验和心理满足。

休闲是人们生活的一部分，通过休闲，人们缓解由工作积累的紧张和疲劳，恢复体力和精神，丰富精神文化生活，寻找乐趣和欢愉，进一步在智力、艺术、体力上有所提高和发展。

在社会进入多元文化的今天，休闲的方式也是多种多样的，呈现出“乱花渐欲迷人眼”的姿态。人们对于休闲的理念还有较大的差别，因而休闲方式也各不相同。例如有人读书学习，有人网上冲浪，有人运动健身，有人歌舞娱乐，有人茶馆聊天，有人游览名胜，人们各有爱好，各得其乐。

选择什么样的休闲方式是一个人的自由，别人无权干涉，只要你不违法违纪。但是，在繁多的休闲方式中，也分积极和消极两种。如读书、健身、聊天等都属于积极的休闲方式；而“推长城”或沉迷于夜总会等娱乐场所，就属于消极的休闲方式。

2. 休闲生活

休闲生活是指个人在吃饭、睡眠、学习、工作等必需活动之外所从事的用以调节身心的活动。它用个人喜爱的方式去放松身心、追求精神上的愉悦与充实，以提高生活品质。

追求刺激的人会选择最时髦的休闲方式，例如野营、攀岩、打高尔夫球、学开热气球或滑翔飞机，扬帆出海、绿茵骑马、潜水游泳等，在紧张的喘息中放飞心情。

二、大学生休闲生活概况

根据一些对大学生假日休闲生活的调查，我们发现：在内容上，以消遣娱乐的内容为多，例如上网、逛街、看小说的人数最多，用来给自己提供学习和发展交流机会的比较少；在心理上，从众心理严重，例如同宿舍里如有一人去上网，就会有不少同学跟着去上网。

一部分高校为了丰富学生的课余生活，校团委和学生会在节假日经常组织一些校园文化活动，例如球赛、交谊舞、联欢会、露天电影、棋牌大赛、职业经理人讲座等，给大家带来了较好的精神享受，吸引了不少师生。

1. 制约休闲活动的因素

每个大学生的闲暇时间如何安排和度过，这主要取决于个人的兴趣爱好。因此，那些兴趣爱好广泛的学生会感到休闲生活丰富多彩，空闲时间不够用；而那些兴趣单一或无甚爱好的学生则经常觉得闲暇无聊、索然无味。

2. 用于休闲活动的时间

由于大学生的课余时间主要由自己安排，而有些专业课程负担又不是很重，一些学生对自己的学习要求也不够严格，这就使得他们拥有十分充裕的休闲活动时间。除了双休日和课余时间外，有的学生把本该用于自学、实验或上图书馆的时间也挪用于休闲活动。

3. 休闲活动的方式

按照投入时间由多到少的顺序，当前大学生从事的休闲活动主要有电脑游戏或上网聊天、交友闲聊、听音乐、游玩逛街、阅读报刊、文体活动。

许多大学生对网络活动兴趣浓厚，这是因为几乎生活中所有的休闲娱乐方式，例如论坛、知识探索、电子游戏、影视、球赛、音乐、棋牌等，都可以在这里找到，而且简便易行。他们从中得到了丰富的知识、艺术享受和个人乐趣，开阔了视野，这是有积极意义的。但是，必须提高识别能力，杜绝网络上一些负面因素的毒害。

三、休闲教育

我国人民的休闲质量还比较低，人们还没有普遍树立积极、健康、创新、科学的休闲意识。这就需要加强休闲教育，让人们认知休闲、学会休闲。

西方发达国家普遍认识到“闲”在人的生命中具有重要的价值。因此，他们十分珍惜闲暇时间的合理支配与利用，并把休闲教育作为人生的一门必修课。通过休闲教育，每个人懂得利用闲暇时间去培养个人兴趣，发展多方面的才能。

美国的经验值得我们参考。早在1918年，美国联邦教育局就将休闲教育列为高中教育的重要内容。它特别强调：每个人都应该享有时间去培养他的个人兴趣。如果能够合理地使用闲暇时间，就会增强他的能力，并进一步丰富其生活，从而使得他能更好地履行自己的职责；如果滥用闲暇时间将损害健康、扰乱家庭、降低工作效率，并损坏其公民意识。该教育被作为正确树立人生价值观的途径。其内容包括智力的、肢体的、审美的、心理的、社会经验的；创造性地表达观念、方法、形状、色彩、声音和活动；主动参加各种公益活动的经验；野外生活经验；促进健康生活的娱乐；培养一种达到小憩、休息和松弛的平衡方法的经验和过程。近些年来，还兴起了通过创造性的休闲方式来表达自己的追求与理念，从人文精神和人文关怀的角度丰富闲暇时间的内涵与外延，例如参加志愿者活动、捐助活动、慈善活动，扶贫济困、爱动物、爱植物，鼓励人们把自我发展和承担社会责任联系在一起，用这样的行为方式营造充满温馨、友善、互助的社会氛围，使之成为一种新的社会与个人财富。

近年来，在我国一些中学和大学里，也陆续开展了有关休闲生活的教育，教育学生理性地认知休闲生活，大力提倡和开展积极、健康、有益的休闲活动，以利于个人的全面发展；坚决抵制那些不健康休闲活动的侵害，以避免影响个人身心健康，避免影响到社会的安定和文明风尚的建立。

5.4.2 休闲生活管理

一、树立科学的休闲理念

1. 休闲不是单纯的消磨时间

休闲动机是产生休闲活动的主观原因。通过调查，我们发现，当前多数大学生安排休闲活动的动机还停留在消磨时间上。学生的主要任务是学习，而学习对于许多人来说是一种艰苦、枯燥的脑力劳动。如果没有伟大的理想和毅力，就很难孜孜不倦地致力于学习。况且，人的需要和追求是多元的。在一天紧张的学习生活之后，面对一些闲暇，暂时不去学习，选择并参与休闲活动，缓解大脑的疲劳，这是很正常的。

但是，有的人把过多的时间用来上网、玩游戏、聊天、闲逛，以致超出了“放松、缓解”的界限，变成了纯粹的消磨时间。这种消磨时间的休闲动机，必然使大学生对休闲活动的选择具有盲目性、随意性和无价值性，导致休闲生活质量不高。

2. 通过休闲追求生命的意义和价值

按照中国古老文化，“休”，在《康熙字典》和《辞海》中被解释为吉庆、欢乐，人依木而休，强调人与自然的和谐；“闲”，通常引申为范围，多指道德、法度，原来的字体为门内一个月字，月光入门，夜静之时，意味着娴静、纯洁与安宁。“休闲”表达了人类生存过程中劳作与休憩的辩证关系，隐含了对生命意义和安静快乐的探索，表明了这一活动的文化内涵和对生命价值的追求。

休闲固然要使个体得到愉悦和快乐，提高生活质量，但更重要的是增进身心健康，追求生命的意义和价值。

为了提高休闲生活的质量，我们必须进一步理解休闲的真正含义，端正休闲动机。我们应当把休闲动机转移到在致力于学业和社会职责之余，让个人意志尽情发挥，让心灵与自然和谐相处，发展自我，提升生活质量。例如，阅读一些书刊来提高自己的人文、艺术修养，参加一些社团活动来培养自己的组织、协调能力，利用假日从事兼职工作来锻炼自己、增强成就感和竞争意识等。

3. 通过休闲完善自我

自古以来，中华民族就很重视休闲过程中的健身、修心、养性。我们的先辈认为：“流水之声可以养耳，青禾绿草可以养目，观书绎理可以养心，弹琴学字可以养脑，逍遥杖履可以养足，静坐调息可以养筋骸”。

在自由支配的时间里，大学生可以通过各种形式的休闲活动在广阔的德、智、体、美诸领域进行探索和磨炼。例如，投身于公益、慈善、救助等活动来提高人文、道德修养；扩大知识面，拓展学业，充实科学技术基础；加强心理素质修养，学习人际交往技巧，提升个人的情商；参加自己喜爱的文艺体育活动，从中取得健身、养性、愉悦的效果等。通过这些休闲活动，人们的智慧和才能会逐渐获得提升，在完善自我的道路上阔步向前。

二、清除休闲障碍

大学生的休闲生活是否丰富多彩，与他们面临的休闲障碍密切相关。休闲障碍越少越小，就越能随心所欲地参与休闲活动。

1.休闲障碍的类型

休闲障碍可分为三种类型：

(1)内在心理性障碍。这是大学生最主要的休闲障碍。

其一，由于社会竞争和学习紧张使大学生承受到较大的压力，产生了不同程度的焦虑和不安情绪，这使他们提不起休闲活动的兴致。

其二，考虑到父母辛辛苦苦供自己上大学不容易，自己应当发奋学习，不应当去参加那些“不务正业”“游手好闲”的休闲活动。

其三，一部分大学生缺乏特定休闲活动的感觉和技巧，阻碍了其积极性。

(2)人际关系性障碍。大多数的休闲活动都需要和别人共同来进行，这必然会受到种类繁多的人际关系的影响。同龄群体的休闲活动取向对大学生的影响最深，特别是那些关系亲近的同学往往喜爱参与同一类休闲活动。例如，某学生本来喜爱室外球类活动，但同室成员都喜欢上网聊天，时间一久，这个学生也会变得不爱外出运动；又如，某学生很爱下围棋，但由于他跟那些棋友常有争执，进而关系紧张，由此使他不再积极参与。

(3)结构性障碍。休闲活动需要外界资源(设施、组织)和个人资源(个人条件、资金)。由于大学的连年扩招，一些大学的硬件建设，如体育馆、运动场、健身房等设施不能满足众多学生的需要，这是影响学生参加休闲活动的客观障碍。应运而生，社会上建立了许多网吧、康乐中心、溜冰场等，他们有明显的商业化倾向。大学生是一个没有独立经济来源的特殊群体。这使许多学生心有余而钱不足，不能参与。此外，休闲组织的缺乏或工作开展不到位，也是影响大学生群体性休闲活动的一种障碍。

2.加强教育和管理，清除休闲障碍

为了使大学生顺利地参与并获得高质量的休闲生活，必须清除或减少各种休闲障碍。为此，一方面，大学生要进一步理解休闲的含义，主动清除心理性障碍；多培养和锻炼自己的休闲技巧，适应休闲活动的需要；扩大交际范围，培养乐观开朗的性格。另一方面，学校要增加和改善休闲设施；规范休闲组织，加强院、系、社团组织在休闲活动方面的引导和促进作用，为开展更多群体性的、有益于身心健康的、积极向上的休闲活动提供平台。

三、休闲管理举措

1.学习休闲知识，提高休闲能力

首先，大学生应当学习和丰富休闲知识，树立正确的休闲价值观，培养积极的休闲动机、情趣和参与意识。对待休闲，要保持积极的心态，参加有利于个人身心健康与成长的活动，帮助自己成长为社会需要的综合型人才。

其次，在实践中提高休闲能力。休闲能力主要包括演唱、健美、创作、竞技、交际、家政、旅游等能力。在休闲活动中，要通过反复实践、乐于求教、善于模仿、勤于体验，逐步掌握休闲的各种技能。此外，还要经常通过外部评价和自我评价来确认自己的行为，总结经验，提高效果。

2. 坚持有理、有利、有节

参加休闲活动，必须坚持有理、有利、有节的原则。所谓有理，是指在学习生活中要摆正其位置，在学习任务基本完成之后和个人经济支付能力许可的前提下安排休闲；所谓有利，是指在休闲活动中要坚持正确的文化和道德导向，有利于身心健康和职业素养提升；所谓有节，是指在休闲活动量和持续时间上要有所节制，适可而止，避免通宵达旦、过度劳累，更不可沉迷于玩游戏或上网成瘾。

3. 培养休闲个性

休闲在每个人的一生中都占有一定的地位。每个大学生都有必要根据自己的个性和条件，有意识地培养和发展一些业余兴趣和爱好，在某些休闲项目中游刃有余，维护身心健康，养成休闲个性。这将使个人在业余时间内得到积极的放松和休整，达到身心愉悦，从而更加有效地投入学习和工作。

4. 体味休闲价值

在业余时间，通过学校的组织和与社区的合作，参加各类公益活动，如慈善、募捐、救助、宣传、咨询、义务劳动等，每个大学生在对社会做出贡献的同时，提高了实践能力，彰显了个人才干，满足了自我实现的需要。这样，在轻松愉快中消除了疲劳，得到一定的精神满足，体味到休闲的价值。

四、网络休闲问题的应对

因特网具有速度快、多媒体、时空交融、视听兼备等特点，它很适合大学生好奇、浪漫、喜欢刺激、探索新事物等特点。因此，在网上玩游戏、聊天、看影视、听音乐、搜索专门知识，已经普遍成为大学生的一种重要休闲方式。

网络是把双刃剑，它在以便捷和高效的方式给人们带来了知识、信息、愉悦和各种收获的同时，也给一小部分人带来了负面影响，造成了网络心理障碍。

(一)网络心理障碍

网络心理障碍主要有表现 3 种形式，即上网成瘾、畸形网恋和网络孤僻症。

1. 上网成瘾

当全球有 2 亿多网民时，科学家的一项统计表明，其中约有 6%的人患有某种形式的网络心理障碍。他们逐渐形成了对网络强烈的心理依赖，乃至发展成“网络成瘾综合征”。这些人只有通过长时间上网才能激起兴奋来满足某种欲望。这种行为会使人的植物神经功能紊乱，导致失眠、头痛，严重危害健康。

2.畸形网恋

通过网上聊天、论坛、电子邮件等方式,使许多不同地域、年龄、性别的已婚者和未婚者在网络的虚幻世界里随心所欲地谈情说爱。由于网络条件掩盖着人的真实面目,使得人们无法对所接触的人进行全面、真实的了解,因此,各种畸形网恋频频发生,涉世未深的大学生常被那些能说会道者、玩弄异性者所欺骗,造成生理和心理上的伤害,学业受到影响,"一失足成千古恨"。

网恋虽然也曾使少数恋人从虚幻转入现实,成为佳偶,但更多的是没有结果的悲剧。

3.网络孤僻症

长时间上网,会使人在感情上对网络产生眷恋和依赖,从而不善与人交往,形成心理上的孤独感和人际交往障碍。他们甚至表现出对亲友冷漠,犹如迷途的羔羊,独自迷恋于网络幻境。他们一旦离开网络,往往产生抑郁感和孤独感,

随着网络游戏功能的飞速扩展,部分大学生、青少年对于网上游戏的迷恋"更上一层楼"。他们与网友、游戏里的盟友打得热火朝天,而与周围的亲人、朋友、同学、老师等人则日渐疏远,漠不关心。其发展趋势是逃避现实,走向孤僻。

(二)网络心理障碍的诊断和疏导

对于存在网络心理障碍的大学生,必须及时进行诊断和疏导。

1.诊断

目前,尚没有明确的网络心理障碍诊断标准。但是,网恋有明显的外显症状;网络孤僻症可以通过心理学量表来诊断;对于是否上网成瘾,则要考察过去一年内是否有下列症状出现:

(1)通过不断增加上网时间才能达到同样的满足程度;

(2)如果有几个小时或几天不上网,就会焦躁不安,不可抑制地想上网,时刻担心自己会错过什么内容,甚至做梦也是有关上网的事;

(3)上网频率总比事先计划得要高,上网时间总比事先计划得要长;

(4)企图缩短上网时间,但是从未做到;

(5)在网络有关活动(安装新软件、下载、整理、编码)上花费大量时间;

(6)由于上网而严重影响社交、学习和家庭生活;

(7)虽然意识到上网带来的严重问题,但仍然花费大量时间继续上网。

如果对照个人行为有上述7种症状中的3种以上,则被认为是上网成瘾,需要引起警惕,设法停止坠入。

2.疏导

疏导包括端正认识和实施心理干预两个方面。

(1)端正上网动机。网络休闲引人入胜,能够使人得到巨大精神享受。但是,应当有明确的目标和时间,不要把它作为逃避现实生活或排解负面情绪的工具。

每次上网前,要想好这次上网干什么,列出一、二、三、四;进一步,还要限定每项任务的时间,在上网过程中监督执行个人计划,以达到预定目标为宜,不要随意漫游或猎奇。

在现实生活中难免有各种问题和烦恼，这需要面对和解决。上网逃避，固然能得到一时轻松，但下网后，问题依然存在，仍需想方设法去解决。要认识到这种逃避现实的做法是徒劳的。

必须指出，上网是把人的注意力从现实中转到了虚幻中，从而忘记了生活中的烦恼。多次上网，会使你在虚幻中忘记烦恼的体验不断深化。这种上网行为的强化将促使你上网成瘾。我们是现实社会的人，不能脱离现实，必须使自己社会化，把个体自我和社会自我整合好，从而得到发展。

(2)实施心理干预。

其一，趋利式心理干预。对于大学生上网，不能盲目地指责，应当进行心理干预，引导他们趋利避害。一方面，要鼓励那些寻求健康有益内容的上网，要信任他们，同他们保持良好的沟通；另一方面，要关注那些上网时间过长、次数过多、访问不健康网站的个别人，及时进行规劝和制止。

其二，转移式心理干预。针对大学生求知欲强的特点，将其求知欲引导或转移到树立远大目标、培养高尚情操、扩大知识面、提高心理素质的方向。

其三，淡化式心理干预。一部分大学生由于对性的神秘感和渴望欲而迷恋于黄色网站。对此，学校应开展正常的性知识教育，淡化大学生对性的神秘感，树立正确的认识，从而摆脱对黄色网站的心理需求。

5.5 压力管理

我们处在一个竞争激烈的社会。对于所有的人来说，不论是学生、教师、运动员、农民工，还是职员、公务员、企业家，压力虽然看不到，也摸不着，但却都能感受到它的存在。

对于压力的存在，人都有着不同的感受和反应。为了适应社会、谋求发展，我们需要了解自己面临的压力，并学会管理，使自己成为有足够能力应对压力的强者。

5.5.1 压力

一、压力的定义

在力学和多数工程学科中，压力是指垂直作用在物体单位面积上的力。

在心理学上，压力被定义为当个体的能力和资源不能满足环境要求时所感觉到的紧张和不安。

在哲学上，压力是指一个人在必须做某种以前未曾达到、未曾做过的事情时所感觉到的紧张和克服这种紧张的力量。

我们这里所说的压力是指心理学上的含义。

二、大学生面对的压力

大学生在学习生活中普遍感到有压力。2006 年 6 月，杭州市进行的一项大学生心理压力调查显示：接近60%的人感到压力大，52%的人感到压力比较大，7%的人感到压力很大，没有感到压力的只占1%。

从心理学的观点来说，当代大学生所面临的压力主要有下述4种：

1.学习压力

大学生的主要任务是学习。考上大学已属不易，入校后又与那些中学阶段的“尖子生”为伍，这些学习对手就会对自己产生某种压力。在4年时间内，学习头绪较多、学习课程较重，为了适应社会上激烈的竞争，还要深造资历，如考取“职业证书”、参加特种技能训练、准备考研、准备留学深造等，这势必给学生带来巨大压力。

此外，家长对于上大学的子女具有较高的期望，这也会给许多具有报恩思想的学生形成一种无形的压力。

2.生活压力

生活压力来源之一是经济问题。学生升学的学费和生活费都是靠家庭提供的。对于那些经济条件较差的家庭来说，这是一个很重的负担。当前，大约有20%的在校学生存在经济困难。来自贫困地区的学生与富裕家庭子女的消费状况攀比，也会产生心理失衡和压力。

生活压力来源之二是生活自理问题。大学生多数都是独生子女。他们中间许多人由于受到过分的“关爱”而缺乏基本生活技能训练，生活自理能力较差。他们不会或不善于独立生活和为人处世；面对新的环境或某种挫折，往往缺乏自我调节能力，感到一定的压力。

3.人际关系压力

和中学相比，大学这个新环境的学习方式、生活习惯、文化背景和学校管理方式有很大差别。大学生面临着全新的人际关系。由于不少学生的心理素质和为人处世能力还不够成熟，在人际关系建立、维持、发展方面还不甚得法，遇到情感困惑或问题时，就会备感压力。

由于同学对自己的猜忌或误会、亲人的患病或去世、恋爱的受阻或失败等原因，都会使学生的精神受到压抑，心情沉重。

4.就业压力

竞争择业、竞争上岗、适者生存、不适者淘汰，这是社会现实。近年来，由于就业形势的持续严峻，大学生从一入学开始，到毕业前夕，都会考虑到就业问题。这使不少学生感到不安、恐慌和压力。

三、压力对人的影响

在人生的不同时期，每个人都会经受大小不同的各种压力。根据压力大小和个体承受能力的不同关系，压力对人的影响有其积极的一面，也有其消极的一面。它可以给人造成挫折，也可以成为个人事业成长的助推器。

1.压力影响着人的健康和生活

根据报道，90%的疾病与人们所受的压力有关。

压力往往给人带来负面情绪，使人产生恐惧、焦虑、沮丧、愤怒等情绪，伴随发生相应的生理变化，如果不能及时地调适，就会对个人学习和工作造成不良影响。

压力还会造成个体的自我认识偏差，一种是过高估计自己的应对能力，盲目乐观；一种是过低估计自己的能力，产生自卑，乃至自我否定、自我伤害。

压力对人的突出危害是导致攻击行为。行为的指向有向内和向外两种。当向外攻击时，具有指向外界环境的暴力倾向，如拍桌子、摔东西、踢墙、击沙袋等，严重时可能骂人、打人，甚至侵权犯罪；当向内攻击时，出于完全失望或利用自残来折磨自己与别人的企图，就攻击自己的家人或自残、自杀。

美国的一项研究表明，年轻人更多地受到压力影响，18～24岁的青年有75%遭受到工作压力。超过半数的美国人把工作压力看做是他们的主要问题。遭受较重压力的高收入的人数是低收入人数的两倍。

2.压力与人的业绩的关系

研究指出，人的业绩表现和所受压力大小呈现为一种正态曲线关系。当压力甚小时，不能激发人的潜能发挥，工作毫无起色，会使人感到无聊、疲惫和不满；当压力增大到某个适当(个人能够承受)范围时，它就能充分调动个人主观能动性和创造力，解决问题，推进工作，建树业绩，个人就会有成就感和满足感，有利于身心健康；当压力进一步增大时，它已超出了个人的承受极限，依靠个人的能力已经无法解决问题，此时难以做出成绩，自尊心降低，心情不舒畅，个人的身心健康受到损害。

因此，我们应当看到压力的两面性，尽量避免长时期压力不足或压力过大状态，把压力控制在个人能够承受的、对自己有益的范围内，使它成为个人成长的助推器，以利于创建业绩和身心健康。

5.5.2 压力管理

有的人面对压力感到害怕、不安、意志消沉；有的人面对压力则视为挑战和机遇，产生强烈的驱动力，奋力拼搏，取得成就。

一、压力管理的原则

要做好压力管理，我们应当遵循下述4个原则：

1.要对压力有觉察

肌体对压力往往有一种天生的吸收-缓冲机制，一般的生活压力会被身体转化成活力与激情。有两种压力可能使肌体调节失常，一是突如其来的过大压力，二是持续存在的小量压力。前一种压力使人压力调节机制瓦解，后一种压力可能逃避正常的肌体反应，造成压力的蓄积。

如果一个人生活在流动的，不停变化的压力丛中，他的肌体不仅可以是健康的，也是有饱满能量的。压力过小的生活让人消沉，昏昏欲睡，肌体懈怠，思维变慢。

觉察压力有3个层次：

(1)稍微过多的压力引发纷乱的情绪；

(2)较大的压力带来躯体各种不适反应；

(3)过大的压力出现意识缩窄，对环境反应迟钝，身心处在崩溃的边缘。

2. 平衡

躯体压力与精神压力有密切关系，躯体压力大，精神压力也会慢慢增大，反之亦然。通过放松来释放躯体压力，精神的压力也在释放。

当我们集中心智工作太久，或者长期处在竞争的事态里，我们应当通过肌体的放松来释放内在的压力。当我们懈怠太久，无所事事的时候，应当通过肌体的运动来保持精神的活力。

3. 选用适当的压力处理方法

对于如何管理好各类压力，有各种不同的好方法，可以按照各种生活场景给予恰当的提示与指导。例如，腹式呼吸、写压力日志、生物反馈、肌肉放松训练、冥想与想象、倒竖放松、自我催眠、一分钟放松技巧等。

腹式呼吸的方法最简便，可以选用坐下或躺下的姿势，一手放在腹部，感受呼吸的起伏；通过鼻子深呼吸，尽量让空气充满肺部，屏住呼吸约 5 秒，感到腹部胀大后再慢慢呼气，尽可能放松。如此重复 6～7 次，然后进行几秒钟的正常呼吸，让思想处于放松的愉快中。

4. 保持积极心态

积极的心态能够增加人们应对压力的能力，不良的心态本身就像一团乱麻，干扰人的心境。

同一环境、同一事件对人们造成的压力并不相同。这是由于他们具有不同的心态，他们对事件的反应，即对事件的认识与评估有差别。积极的心态有利于对压力产生理性的认识，看到压力带来的好处与机遇，做出建设性的评估，寻求克服压力的途径和方法。

因此，关键在于对压力要有正确的观念，要有理性的评估。压力并不可怕，可怕的是我们对压力有不恰当的观念与反应。正是这种非理性的观念与反应造成了对个体的伤害。害怕压力的人每天都生活在压力的恐惧中；喜欢压力的人在任何压力面前总会看到它的好处和机遇，积极应对，谋求成功。

二、压力管理的方法

关于压力管理，我们可以按照下述一般处理方法进行，也可以从两个方面着手：第一是针对压力源造成的问题本身去处理；第二是处理压力所造成的反应，即情绪、行为及生理等方面的缓解。

（一）一般处理方法

大学生在面对自己无法顺利处理的压力时，经常采取一些简单的方式，如忍受、紧张、逃避、鲁莽等。这样做，不但不能有效地解决问题，有时还会引发更大的麻烦。如果压力不能得到缓解，就可能使之增大或延续下去，造成心理和身体的伤害。

一般来说，我们应当冷静地面对压力，按照下述步骤加以解决：

(1)认清压力事件的性质；

(2)思考和分析压力事件的来龙去脉；

(3)确认个人对问题的处理能力；

(4)搜集有助于解决问题的信息，寻求环境(社会、家庭、亲友等)支持系统；

(5)选定解决问题的方法和途径，制定处理方案；

(6)付诸行动,努力解决问题;

(7)在尽力尽责之后,问题仍无法在短期解决,一方面自己必须以顽强的意志继续拼搏,另一方面需要寻求外界支持。

(二)根据压力源采取管理策略

压力来自压力源。压力源可能是外部的,也可能是内部的。

个人的压力源来自物理环境、个人承担的角色及其角色冲突、人际关系等。管理的策略有锻炼、放松、行为自我控制、认知疗法以及建立社会工作网络。

组织层面的压力源来自组织管理政策和政治、组织结构和设计、组织程序以及工作条件等。管理的策略是通过管理消除或者控制组织层面的压力源,从而阻止或者减少个体员工的工作压力。

(三)根据压力所造成的反应适当处理

压力管理过程所产生的压力对个体的身心会引起明显的反应。因此,如何适当地处理这种身心的反应,就成了压力管理的一个重要环节。我们从4个方面对此加以阐述。

1.情绪纾解

事实上,不恰当的情绪表现往往会干扰问题的解决过程。所以,首先要有效地纾解情绪。

纾解情绪的方法之一,是要认清并接受情绪体验的发生。我们应当觉察并接受自己的情绪,使自己从正面看待情绪,进而采取适当的行动。当事人要设法避免情绪的扭曲或压抑而出现种种问题。

纾解情绪的方法之二,是要调节情绪。可以用适当宣泄方式,如寻找自己信赖的人去倾诉、捶胸顿足、放声大哭等,把个人的情绪宣泄出来。

2.保持积极乐观的心态

积极乐观的心态有利于冷静、理性地看待问题,帮助平息紊乱的情绪,把问题导向正面的积极结果。

面对压力,如果个人能力不足,那么,积极应对,就会把处理问题的过程变为增强个人能力的机遇;如果压力源来自环境或他人,则可以通过理性沟通来解决;如果难度太大,一时无法解决,则应尽可能以积极乐观的心态去面对。

3.生理反应的调和

当人处在压力状态时,运动是使生理反应平静下来的有效途径。由于压力会促使肾上腺素的分泌及流动性增加,而运动则可减弱并消散其作用。因此,养成规律、适当的运动习惯,是对抗压力的相当有效手段。

一个人在静思冥想状态,或在进行缓慢的松弛活动时,如闭目养神、肌肉训练等,在体内就会产生一种宁静气息,使得心跳、血压、肺部氧气消耗降低,各器官得到良好休息。

4.行为上的调适

面对压力,一定要理性地调整好个人的行为。行为的调适主要是安排好正当的休闲生活,如听音乐、朋友聚会、看球赛、登山、参加公益活动等。在需要进行情绪宣泄时,不要采用那些不适当的宣泄方式，如酗酒、谩骂、大量抽烟、滥用药物、涉足不良场所等。

此外，有人还总结出了催眠疗法、芳香疗法、营养疗法、按摩疗法、印度草医学、冥想、太极、瑜伽等一系列有效的减压、解压的方法。

5.6 健康管理

5.6.1 健康

世界卫生组织（WHO）在《阿拉木图宣言》中指出：健康是基本人权，达到尽可能的健康水平，是世界范围内一项重要的社会性目标。

从前，人们对于健康的认识，往往只从生物学的观点考虑，认为是躯体没有疾病或不虚弱。其实，这种认识是片面的。那么，怎样全面地认识健康呢？

一、健康的定义

1978年，世界卫生组织在国际初级卫生保健大会上所发表的《阿拉木图宣言》中指出：健康不仅是没有疾病或不虚弱，而且是身体的、精神的健康和社会适应良好的总称。

1989年，世界卫生组织又一次深化了健康的定义，认为“一个人只有在躯体健康、心理健康、社会适应良好和道德健康四个方面都健全，才算是完全健康的人。”由此可知，健康的概念包含了生理学、心理学和社会学领域的内容。它突破了单一的生物医学模式，扩展为生物-心理-社会医学模式。其中，健康的心理属性和社会属性是对生物医学模式下的健康观念的重要补充和发展，它既考虑到人的自然属性，又考虑到人的社会属性，从而摆脱了人们以往对健康的片面认识。

（一）躯体健康

躯体健康是指人体生理健康，具体内容如下：

（1）身体没有疾病，这是健康的最基本条件。

（2）能够维持肌体各组织的细胞，使其功能协调、作用完善。

（3）躯体健康的表现为“五快”：

1）吃得快。进食时有良好的胃口，不挑食，不贪食，进餐适量、迅速。这表明内脏功能正常。

2）便得快。大小便通畅，一旦有便意，就能很快排泄完大小便，且感觉轻松。这表明胃肠消化功能良好。

3）说得快。语言表达准确，说话流利。这表明头脑清醒、思维敏捷，大脑和心肺功能正常。

4）睡得快。上床后能很快入睡，且睡得好；醒后精神饱满，头脑清醒。这表明中枢神经系统兴奋、抑制功能协调。

5）走得快。行走自如，肢体灵活，活动轻松。这表明中枢神经系统正常，心脏功能良好。

(二)心理健康

人的心理状况多种多样,何谓健康,何为不健康,许多心理学家从不同的角度对此进行研究,提出了各种观点。例如,坎布斯(A. W. Combs)的4条标准①,马斯洛(H. A. Maslow)等人的10条标准②等。

在一般情况下,我们认为,心理健康是指个体的心理活动处于正常状态下(认知正常、情感协调、意志健全、个性完整、适应良好),能够充分发挥自身的最大潜能,以适应生活、学习、工作和社会环境的发展与变化的需要。

心理健康包括良好的个性、处世能力和人际关系:

1. 良好的个性

自尊、自爱、自信;有自知之明,自我认识与实际相符;具有完整的人格,智力正常;情绪稳定(积极情绪多于消极情绪);心理年龄符合生理年龄特征;性格温和,意志坚强;有较好的自控能力,能保持心理上的平衡;感情丰富,胸怀坦荡,豁达乐观。

2. 良好的处世能力

对未来有明确的生活目标,能合情合理地待人处世;不断地进取,有理想和事业的追求;观察问题客观现实,正视现实,能恰当地处理好生涯平衡(事业、家庭、名利、地位、学习、生活、子女教育等)的复杂问题。

3. 良好的人际关系

待人宽厚,与人为善;不计得失,助人为乐;保持心情愉快;对他人能够做到尊重、理解、关心、宽容;一个人在自己所处的环境中,有充分的安全感,且能保持正常的人际关系,有好人缘;能受到别人的欢迎和信任。

(三)社会适应良好

社会适应良好是指一个人的心理活动和行为,能适应现实环境的复杂变化,与时俱进;个人的所作所为能够被他人所理解和认可。

当今社会发展迅速,挑战和机遇同在,成功与风险共存,形势复杂多变,这要求人们终身不断学习,跟上时代潮流,适应社会发展的需要。

(四)道德健康

道德健康要求一个人树立科学的人生观,具有良好的道德情操,最主要的是不以损害

---

① 美国学者坎布斯认为,一个心理健康的人应有4种特质:①积极的自我观;②恰当地认同他人;③面对和接受现实;④主观经验丰富,可供取用。

② 美国心理学家马斯洛和密特尔曼(Mittelman)认为检验是否心理健康有10条标准:①是否有充分的安全感;②是否能够比较充分地了解自己和恰当地评价个人能力;③自己的生活理想和目标能否切合实际;④能否与周围环境保持良好的接触;⑤能否保持自身人格的完整与和谐;⑥是否具备从经验中学习的能力;⑦能否保持适当和良好的人际关系;⑧能否适度地表达和控制自己的情绪;⑨能否在集体允许的前提下,有限度地发挥自己的个性;⑩能否在社会规范的范围内,适度地满足个人的基本需要。

他人利益来满足自己的需要；有辨别真伪、善恶、荣辱、美丑等是非观念；能按社会认为规范的准则约束、支配自己的行为；能够为人们的幸福做贡献。

二、健康的标准

世界卫生组织提出的10条健康标准如下：

(1)精力充沛，能从容不迫地应付日常生活和工作的压力而不感到过分紧张和疲劳，可以从事自己渴望做的一切工作。

(2)处世乐观，态度积极，乐于承担责任，严于律己，宽以待人。

(3)应变能力强，能够较好地适应环境的各种变化。

(4)对于一般感冒和传染病有抵抗能力。

(5)体重适当，身体匀称，站立时身体各部位(头、肩、背等)协调。

(6)眼睛明亮，反应敏捷，无炎症。

(7)头发有光泽，无头屑或较少。

(8)牙齿清洁，无龋齿、无疼痛，牙龈色正常，无出血现象。

(9)肌肉、皮肤有弹性，走路感觉轻松。

(10)善于休息，睡眠好。

这些标准中，大部分属于生物学方面的躯体健康内容，只有前三条属于心理学和社会学方面的心理健康、社会适应的内容。这些标准简明具体，易于用来衡量自己的健康状况。

三、决定健康的因素

按照联合国世界卫生组织的见解，决定一个人健康的因素及其所占比例如下：

(1)父母遗传，占15分。

(2)环境条件，占17分，其中社会环境占10分，自然环境占7分。

(3)医疗(医院、技术)条件，占8分。

(4)个人生活方式、占60分。

由此可见，决定一个人健康的因素中，个人的生活方式、生活行为占据主体地位。健康的钥匙就在自己手里。根据医学专家的不完全统计，人类可能得的疾病有70多万种，而且数量还在增加，如非典、禽流感等。目前，人们只对其中3 000多种研究得比较清楚。但是，如果我们能够把握好个人的生活方式和生活行为，那70多万种病(不管是否研究清楚)对我们就只是一个统计数字，而并不可怕了。

养成健康的生活方式，安排合理的饮食，适量的运动，保持良好的心态，不抽烟、少喝酒，定期地进行体检，这就是维护健康的根本途径。

5.6.2 健康的维护

20世纪90年代初，世界卫生组织在《维多利亚宣言》中正式提出作为健康基石的16字格言，即“合理膳食、适量运动、心理平衡、戒烟限酒”。

我们要维护自己的健康，就应当履行这16字格言。根据我国医学教育专家洪昭光介绍，履行这16字格言，能使高血压减少55%，冠心病减少75%，糖尿病减少50%，肿瘤减少1/3，平均寿命延长10年以上，方法虽简单，效果非常大。

一、合理膳食

合理膳食是指要关注饮食的科学合理性，主要是饮食结构及其分量。

卫生部发布的《中国居民膳食指南(2007)》以最新的科学证据为基础，论述了当前我国居民的营养需要及膳食中存在的主要问题，建议了实践平衡膳食获取合理营养的行动方案。《指南》包括一般人群膳食指南、特定人群膳食指南和平衡膳食宝塔三部分。

1.一般人群膳食指南

一般人群是指6岁以上的正常人群，其膳食指南共有10条：

(1)食物多样，谷类为主，粗细搭配。

(2)多吃蔬菜水果和薯类。

(3)每天吃奶类、大豆或其制品。

(4)常吃适量的鱼、禽、蛋和瘦肉。

(5)减少烹调油用量，吃清淡少盐膳食。

(6)食不过量，天天运动，保持健康体重。

(7)三餐分配要合理，零食要适当。

(8)每天足量饮水，合理选择饮料。

(9)如饮酒应限量。

(10)吃新鲜卫生的食物。

《指南》对每个条目均有说明，扼要阐述其中心内容。

2.特定人群膳食指南

特定人群包括孕妇、乳母、婴幼儿、学龄前儿童、青少年和老年人群。特定人群膳食指南是根据各人群的生理特点及其对膳食营养需要而制定的。其中6岁以上各特定人群的膳食指南是在一般人群膳食指南10条的基础上进行增补形成的。

3.平衡膳食宝塔

平衡膳食宝塔直观地展示了每日应摄入的食物种类、合理数量及适宜的身体活动量。膳食宝塔的使用说明中还增加了食物同类互换的品种以及各类食物量化的图片，为居民合理调配膳食提供了可操作性指导。

膳食宝塔共分5层，包含每天应摄入的主要食物种类。膳食宝塔利用各层位置和面积的不同反映了各类食物在膳食中的地位和应占的比例。

(1)第1层(底层)——谷类食物：每人每天应摄入250～400g。

(2)第2层——蔬菜和水果：每天应摄入300～500g和200～400g。

(3)第3层——鱼、禽、肉、蛋等动物性食物：每天应摄入125～225g(鱼虾类50～100g，畜、禽肉50～75g，蛋类25～50g)。

(4)第4层——奶类和豆类食物：每天应吃相当于鲜奶300g的奶类及奶制品和相当于干豆30～50g的大豆及制品；

(5)第5层(塔顶)——烹调油和食盐:每天烹调油不超过25g或30g,食盐不超过6g。

二、适量运动

"生命在于运动",是一句至理名言。健康的躯体离不开适量运动。适量运动是指进行适合自己身体条件的科学而规律的运动。我们进行适量运动,需要遵循下述原则:

1.适合个人身体条件

根据自己的年龄、性别、爱好、体质、职业、运动基础等情况,来选定运动项目、时间、强度等内容。

2.全面发展

考虑身体机能的全面提高和运动内容的多样性。

3.循序渐进

运动量应当由小到大,由易到难,由简到繁,逐步提高。

4.坚持不懈

体育锻炼要经常化,不可间断。只有坚持不懈地运动,才能产生明显的健身效果。

在日常生活中,我们要有意识地增加一些锻炼机会。例如,多步行,少乘车;多走楼梯,少乘电梯;打太极拳;不要长时间读书或看电视,抽空起身做些伸腰、踢腿等动作;约人定期共同爬山、慢跑、游泳、打球等。

步行是最好的运动。步行对血压、胆固醇、体重都有益;步行还能改善动脉硬化,研究证明只要步行坚持一年以上,包块就自行消除。

通过运动与人交往,可以增强大脑兴奋与抑制的调节功能,改善神经系统,使人忘却烦恼,消除孤独感;可以唤醒人们的振奋情绪,使人心情轻松、焕发激情。

应当避免过量运动,那样会危害健康,甚至造成猝死。

三、心理平衡

心灵高尚者,其心理就会平衡;心理平衡者,其生理就稳定;生理一稳定,病理就难以发生。一个人的心理平衡体现在下列几个方面:

1.能够正确地认识和接纳自己

一个人要做到心理平衡,需要有自知之明。要客观地了解自己,对自己的个性、能力、优点和缺点做出恰当的、客观的评价,力求使自己的生活理想和目标切合实际。

要承认现实的自我,一方面,努力发挥自己的优势和潜能,争取实现个人的追求;另一方面,即使面对自己无法补救的缺陷,也能理智地善待自己,使自己的心理状态在运动中达到平衡。

2.具有爱心和善心,能与人和谐相处

与人为善,关爱他人,是一种美德。科学研究表明,善举多,爱心多,内啡呔释放就多,人体微循环得到改善,免疫力提高。它使人有好心情,有利于健康。

通过人与人之间的交往,建立起彼此的心理适应,这是人际关系和谐的必由之路。每个人都应当乐于与人交往,树立与人为善的态度,掌握有效的沟通技能,坚持以尊重、信任、友爱、理解、宽容的态度与人相处。

在交往中，不仅要接纳自己，更要接纳对方，要认识到他人存在的意义和作用。通过交往，缩短彼此间的心理距离，使自己为他人所理解、所接纳，成为集体的一员，融入集体，与周围的人和谐相处。

3. 能够恰当地表达和控制自己的情绪

人们随着客观事物的变化而产生相应的情绪变化。多数人总是愉快、乐观、开朗、满意等积极和肯定的情绪占据优势，但有时也会有忧愁、悲伤、愤怒、怨恨等消极和否定情绪，虽然并不长久。

心理健康的人能够适度地表达自己的情绪，能够通过恰当的方式来宣泄个人的不良情绪，做到胜不骄、败不馁，喜不狂、悲不绝，能够与周围环境保持动态的平衡。

4. 具有坚强的意志

意志是指人们自觉地确定目标、支配行动、克服困难、实现愿望的心理过程。心理健康的人都具有坚强的意志和巨大的挫折承受能力。他们有旺盛的求知欲、坚定的自信心和强烈的事业心；他们执著追求，百折不挠，不达目的誓不罢休。

5. 具有良好的社会适应能力

社会适应是个体在与社会环境的交互作用中谋求与社会环境维持和谐平衡的过程。社会适应的主要内容是社会角色的认知和人际关系的和谐。

面对不同环境下的社会生活，要能够接受现实，适应现实，从中求得个人的发展。“适者生存”，适应能力强者顺势应变，很快进入角色，与时俱进，如鱼得水；适应能力弱者，长时间不能融入新环境和新集体，人际关系紧张，工作进展迟缓，孤独困惑，举步维艰。

大学生应当认识到：现实社会不是为某个人（包括自己在内）而存在的；我们不可能改变所有的事，必须首先学会适应，只有在适应中才能实现个人发展；进一步，要主动参加社会活动，例如为集体或他人办事、投入社会实践，承担社会责任等。不论处在任何环境下，我们都要根据客观现实情况及时调整自己的需要和愿望，把个人的发展纳入集体事业发展的轨道上，使个人的思想和行为与客观环境的现实需要保持一致。

四、戒烟限酒

1. 戒烟

众所周知，吸烟有害健康。目前，全球有烟民13亿人，每年约有500万人死于和烟草有关的疾病。我国有烟民3.5亿人，每年死于吸烟相关疾病者近100万人，约占全部死亡人数的12%，超过因艾滋病、肺结核、交通事故以及自杀死亡人数的总和。

世界卫生组织于2003年5月通过了《烟草控制框架公约》，是第一部全球性禁烟公约。我国已正式签约并生效。为了履行《烟草控制框架公约》第八条的规定，卫生部宣布于2011年率先实现卫生行政部门和医疗系统的100%无烟。

社会舆论的禁烟呼声很强。许多公众场所都设置了禁止吸烟的标志。市面上陆续出现了多种类型的戒烟食品。但是，必须指出，卫生、医疗系统的公共场所全面禁烟虽属重大举措，但其禁烟面积只占全国的2%；要彻底在全国实现公共场所禁烟，仍需要几代人的持续努力。

一项专门研究发现一个规律，抽烟量多1倍，危害多4倍。如果烟戒不了，不超过5支烟，危害尚有限；超过5支烟，危害就明显增加。

吸烟有害无益，不但损害个人健康，还会毒害身边的亲友。为了个人的健康，还在吸烟的人应以早戒为好。

2. 限酒

酒对人具有两面性，少喝有益，多喝有害。因此，喝酒一定要限量。

少量喝酒，即摄入酒精含量15～30mg，可预防动脉硬化，提升高密度脂蛋白，延长寿命。这对身体有益。但是，随着酒精摄入量的增加，对人体会产生越来越大的危害：当酒精达到40mg后，人就像孔雀开屏，喜欢吹嘘、炫耀自己；当酒精达到80mg后，人会变得狂妄自大、目中无人、脾气暴躁；当酒精增至120mg，人就失去自控能力，言行失态，酒后误事；当酒精摄入量达160～200mg时，人的思维混乱、语无伦次、步履蹒跚、昏昏迷迷，甚至死亡。造成戴安娜王妃车祸的司机，其血液酒精含量高达280mg。

5.7 课堂活动——自我管理能力测试

自我管理能力反映着一个人自我意识的健全水平，体现为约束、调控自身行为追求成功的能力。这是一个人能够自立、自强、开创美好职业前程的重要条件。我们可以利用心理学家设计的自我管理能力测试题来了解一下个人的自我管理能力。

自我管理能力测试题有18个，列于下面。对于每题的表述，受测人都有两种选择：如果认为符合自己的行为特点，就选择“A. 是”；如果认为不符合自己的行为特点，就选择“B. 否”。

一、自我管理能力测试题

1. 我发觉自己很难去模仿他人的行为。

A. 是　　B. 否

2. 在聚会和社交场合，我从来不尝试着去说或者去做别人可能会喜欢的事。

A. 是　　B. 否

3. 我只会为自己认为正确的观点去和别人争论。

A. 是　　B. 否

4. 我可以就自己几乎一无所知的话题作即席演讲。

A. 是　　B. 否

5. 我觉得自己会为了给别人一个好印象或者取悦别人而演戏。

A. 是　　B. 否

6. 我会成为一个好演员。

A. 是　　B. 否

7. 在人群中，我很难成为大家的注意中心。

A. 是　　B. 否

8. 在不同的情景下，或者和不同的人在一起时，我经常表现得不像同一个人。

A. 是　　　　　　　　B. 否

9. 我不太擅长使别人喜欢我。

A. 是　　　　　　　　B. 否

10. 我并非时时都像自己所表现出来的那样。

A. 是　　　　　　　　B. 否

11. 我不会为了取悦他人而改变自己的意见(或者改变自己做事的方式)。

A. 是　　　　　　　　B. 否

12. 我曾经考虑过要做一名演艺人员。

A. 是　　　　　　　　B. 否

13. 我从来不擅长看手势、猜字谜一类的游戏,或即兴表演。

A. 是　　　　　　　　B. 否

14. 我在改变自己的行为以适应不同人和不同情景方面存在困难。

A. 是　　　　　　　　B. 否

15. 在聚会上,我总是让别人一直开玩笑、讲故事。

A. 是　　　　　　　　B. 否

16. 我觉得自己在公司里显得有点笨,无法表现得像自己应该表现的那样好。

A. 是　　　　　　　　B. 否

17. 我可以看着任何人的眼睛说谎而面不改色(只要出发点是好的)。

A. 是　　　　　　　　B. 否

18. 我可能会欺骗别人,表面上表现得非常友善而实际上非常讨厌他们。

A. 是　　　　　　　　B. 否

二、测试和评价

1. 测试记分

在逐题进行了选择之后,开始记分。

对于标号为 1,2,3,7,9,11,13,14,15,16 的 10 个题,如果选择了“B. 否”,则记 1 分。对于标号为 4,5,6,8,10,12,17,18 的 8 个题,如果选择了“A. 是”,则记 1 分。

然后,把所有题的记分加起来,得出总分。

2. 评价

根据受测人答卷所得的总分,可以做出如下评价:

总分在 10 分以下者,很可能是一个自我管理能力弱的人。

总分在 11 分以上者,很可能是一个自我管理能力强的人。

应当指出,由于人的个性特征的差异性,这种评价方法只具有统计意义。假如自己被评为自我管理能力较弱者,也无须气馁或不安;自我管理能力是可以培养的,要树立自信心,通过学习和实践去逐步提升。

第6章 礼 仪

6.1 礼仪的概念

6.1.1 礼仪的来源和作用

我国素以“礼仪之邦”著称于世。讲“礼”重“仪”是中华民族的优良传统。

在社会生活中，礼仪表现了一个人、一个组织乃至一个国家的精神文化素养，也成为协调人际关系的约定俗成的行为规范。讲究礼仪，有利于自然人、法人和其他社会组织树立良好的自身形象，赢得他人和社会的尊重，有利于事业的成功和发展。

一、礼仪的来源

作为一个历史悠久的文明古国，礼仪的观念深入人心、寓于言行。

最初的礼仪是伴随着原始宗教的产生而产生的。出于对自然现象的敬畏、恐惧和神秘莫测，产生了对宗教和“神灵”的崇拜、祭祀活动。随着社会的进步，这种崇拜活动逐渐扩展到伏羲氏、神农氏、尧、舜及领袖、权威人物，再往后又扩展到基层亲朋宾客之间。以往，礼仪是在较大较隆重的场合，为表示对神灵的膜拜和祈祷、对君王首领的敬畏和服从、对宾客亲友的尊重和友好，根据某些惯例而举行的礼宾仪式。现在，它不仅指仪式，而且引申为广义的礼仪概念。它涵盖了社会生活中由风俗习惯形成的，并为大家共同遵守的道德准则、行为规范、礼节仪式、规章典制等。

回顾历史，人们最初是把“礼”和“仪”分别使用的。

根据古辞书《说文》，礼即“履也，所以事神致福也”，也就是用以敬神祈福的形式，如祭祀、跪拜、鞠躬、磕头等。《辞海》解释“礼”的含义有4层：①表示礼貌和敬意；②为表示敬意或隆重而举行的仪式；③等级制的社会规范和道德规范；④礼物。《中国大百科全书》解释：礼是中国奴隶社会的典章制度，奴隶社会和封建社会的道德规范。由此，可以认为“礼”是指等级制度下人际交往的礼节仪式和统治阶级一切行为的准则。

在《辞源》中，仪被解释为“法度、标准”，《淮南子修务》中说“设仪立度，可以为法则”。在古汉语中，“仪”有3层含义：①容貌和外表；②指礼节和仪式；③指准则和法度。

后来，人们把“礼”和“仪”连在一起组词，作为典章制度和道德教化来使用，据《辞源》解释，礼仪即行礼之仪式。

在西方国家，礼仪一词的含义由最初“法庭上的通行证”演变到后来“人际交往的通行证”，其内涵逐步扩展，包括谦恭有礼的言词和举动，有教养、懂规矩和礼节等，有时则指仪式、典礼和习俗。

礼仪发展到今天，它的含义更加丰富，概括地说，“礼仪”是指人们在社会交往中形成的、以建立和谐关系为目标的、符合“礼”的精神的行为准则和规范的总和。礼仪是在长期社会实践中形成的一种行为模式或行为规范。它得到了社会的认可，有的融入了民间的习俗之中，有的则体现在典章制度内。

二、礼仪的作用

礼仪反映了人们的共同利益要求。它是维护社会生活稳定而形成的一种行为规范。它在人们心目中建立起一定的道德信念和行为准则，并以此约束个人在社交中的行为举止。

1.礼仪的作用

《论语》曰：“不学礼，无以立”。《荀子·修身》曰：“人无礼则不生，事无礼则不成，国家无礼则不宁”。我国古代思想家把礼仪当做了个人立身之本，强调礼仪对于人们的做人做事是必不可缺的。礼仪在人们的社会生活中发挥着重要作用。归纳起来，礼仪的作用有4种：

(1)表达尊重和敬意。

(2)通过礼仪规范约束人们的社会行为。

(3)具有道德习俗的教育作用。

(4)通过礼仪活动调节人际关系。

2.关于道德习俗教育作用的进一步说明

关于道德习俗的教育作用，需要进一步说明。这一作用的实现形式有下列3种：

(1)礼仪作为一种基础性的行为规范，可以引导人们加强道德修养。人出生后，最初接触的行为规范就是“礼”和“礼仪”，包括待人接物的谦恭、礼貌和仪态仪表的端庄、文雅；此后进一步加强修养，逐渐成为有道德的人。

(2)礼仪作为一种道德精神的外在形式，可以显现人们的道德水平。人的道德素质是沉淀在内心世界的，必然通过现实的礼仪行为(仪态仪表、行为举止、语言文字)表现出来。

(3)礼仪是一种操作性强的道德规范。礼仪可以用语言、文字、动作进行准确的描述和规定。通过礼仪教育和训练，可以增强人们内心的道德观念，掌握正确的行为准则，在社会交往中进行标准化操作，从而保证道德原则的实施。

养成良好的礼仪，绝非一朝一夕之事。我们要弘扬民族的传统美德，健全现代的礼仪体系，要把礼仪教育作为文化建设的一项重要任务，贯穿于终身教育的各个阶段，使人人都做到懂礼仪、通礼节、讲礼貌。

6.1.2 礼仪的特点和基本原则

一、礼仪的特点

礼仪属于社会的上层建筑。它随着经济基础的变化而变化，随着社会实践的发展而发展。礼仪具有如下特点：

1.规范性

礼仪是在人际交往实践中所形成的惯常行为模式。这些模式被归纳到典章规则之中，具有一定的规范性。例如，1981年初，中华全国总工会等单位曾提出的“五讲四美”(“五讲”是讲文明、讲礼貌、讲卫生、讲秩序、讲道德;“四美”是心灵美、语言美、行为美、环境美)，就属于这种礼仪规范。

礼仪具有规范性。但与法律规范、宗教规范、道德规范比较起来，它属于作用较弱的行为规范。它提倡人们这样去做，如有违反，只构成失礼，一般并不被追究责任。

2.多样性

礼仪与其所处时代的经济、文化、生活方式息息相关。不同地域、不同民族、不同历史时期，存在着不同的文化传统和宗教信仰，这就造成了礼仪的多种多样和千差万别。

在社会生活的不同场合，存在着不同的人际关系，从而产生了许多不同的礼仪要求。所以，正是社会生活的多样性决定了礼仪的多样性。家庭成员之间有老幼、夫妻之礼，学校生活中有师生、学友之礼，社会交往中有许多交际礼仪，各行各业有自己的职业礼仪，还有多姿多彩的婚丧礼仪、庆典礼仪、宗教礼仪、少数民族风俗等。

同样一种礼仪形式，在不同地域或民族可能有着不同的意义。例如，男性彼此手拉手，在阿拉伯地区被视为友好和相互尊重，在美国则被看做同性恋者。阿拉伯地区懂礼仪的女性出门要披长衣、戴面纱，严禁向丈夫以外的男人显露肌肤，否则被视为淫邪;西方国家的女性在男性面前显露肌体某些部位，非但不失礼，还被视为尊重男性和有性感美。

由于社交对象的阶层、性别、年龄和所处场合等不同，同样的礼节可能会产生不同的效果。例如，同样是握手，男女之间、新老朋友之间就有所不同;同样是打招呼，不同民族、不同地区也有所不同。我们必须针对不同的情况运用相应的礼仪，“上什么山，唱什么歌”，使自己在社交活动中保持良好的形象，促使社交成功。

3.传承性

礼仪是在长期历史发展过程中逐渐形成并世代相传的，可以把它看做人们心理习惯的积淀。它使人们形成了一定的观念定势和价值标准，并通过社会实践表现出来。现代礼仪来自传统礼仪。许多传统的礼仪在当前仍然流行，并得到发扬光大。

随着科学发展和社会进步，礼仪不可能一成不变。它在继承的基础上必然向着有利于新时期社交效果的方向演变和革新。

礼仪是人们在社会生活中互相交往或表达意愿的形式和手段。无论人类社会怎样发展，礼仪都会以不同的形态存在。它起源于原始社会，将贯穿于人类社会的始终。

4.普遍性

礼仪是人类文明的一种表现、象征。它具有明显的社会性、人文性。古今中外，凡有人类生存之地，皆有社会生活需要的礼仪。

礼仪是普遍存在的，只是因时代、地域、国家、民族、阶级状况不同而有不同的表达方式。

二、礼仪的基本原则

在现实生活中，人们可以谅解那些不符合具体场合的礼仪规范，但不能容忍违反礼仪基本原则的行为。那么，什么是礼仪的基本原则呢？下面我们对此作简要介绍。

1.平等

交往双方相互平等，这是现代礼仪的首要原则。平等，就是指以礼相待，双方人格地位平等，既不能居高临下、盛气凌人，也无须诚惶诚恐、卑躬屈膝。

平等原则适用范围很广，无论是在家庭、学校、组织、亲朋、公众场合，还是在国内环境或异国他乡，都需要坚持平等原则。

平等是相对的，不是绝对的。根据民族传统和文化习惯，有些场合要实行某种“优先”。例如“女士优先”，在公交车上主动给老弱病残让座，工作人员首先向到来的宾客施礼等。

2.尊重

尊重，是指致礼施仪时要体现出对他人的真诚尊重，不得藐视。在公共场所与社交场合，对于别人的人格、意见、习惯、隐私等都应当尊重、理解和谅解。

我们在与人交往中，首先要热情而真诚。热情既不可欠缺，否则不利于结交；又不可过火，否则有虚伪之嫌。在交往中，要耐心倾听，让对方表达思想、表现自己；要做到求同存异，不可把自己的意见强加于人。在言谈举止方面，要尊重他人的自尊心，给别人留面子。

尊重是礼仪的情感基础。在人际交往中，讲究礼貌是为了表达对人的尊重。人人都希望别人尊重自己。然而，尊重是相互的。只有自己尊重对方，对方才会尊重自己；反之亦然。

尊老爱幼是中华民族的优良传统。在西方国家，尊重妇女被视为美德(集中表现在“女士优先”上)。

与尊重密切相关的还有诚信。对人尊重，就要诚实、讲信用。待人以诚，久而久之，彼此就会建立良好的信誉，相互尊重和信任。诚信是尊重原则的必要补充。

3.宽容

宽容，即宽宏大度，能够理解、原谅别人的过失。宽容就是要严于律己，宽以待人。这就要求我们有容人之雅量和多为别人考虑的品德。为此，我们应当注意下列3点：

(1)“入乡随俗”。注意地区、民族、宗教信仰等方面的具体情况，尊重当地的礼仪和习俗，融入当地的礼仪模式，从而给人以亲切和友善之感，减小人际距离。

(2)严于律己。要求别人做到的，自己首先要做到；“己所不欲，勿施于人”；不强求对方，要以自己的人格和品行来赢得对方的认同。要正确对待别人对自己的批评意见，做到认真倾听，虚心接受，须知“忠言逆耳利于行”。

(3)宽以待人。每个人都有千差万别，“金无足赤，人无完人”，对于对方的不同意见或某些缺点，要有“海纳百川”之容量，做到包容、理解和原谅。宽以待人者定会拥有更多的朋友。

4.适度

在人际交往中，要做到适度得体，即把握好彼此之间的情感尺度和行为方式。

孔子曰：“上交不谄，下交不渎”。其意是对上司不谄媚奉承，对下级不傲慢无理。

要做到适度，应从两个方面注意：一是把握好态度行为，要注重礼仪，举止得体，进退有据，不卑不亢；二是把握好不同时间、地点、场合下的不同对待，要做到因人制宜，因时制宜，因地制宜。社交场合是多种多样的，对于不同的对象需要使用不同的方法，甚至对于同一个人，也需要根据时间、地点的区别灵活对待。

人们之间的交往，既不能不热情，也不能过于热情。这里，需要掌握一定的尺度：热情而有度。交往需要给予和付出，需要把握交际距离。距离是维持朋友关系最重要、最微妙的空间，是朋友之间长久相处的秘诀。正如美学中的一种观点：距离就是美。

6.2 礼仪的表达方式

礼仪表达方式多种多样，有语言礼仪、仪表礼仪、体态礼仪、媒体礼仪等。

6.2.1 语言礼仪

语言分口头语言和书面语言两类。语言礼仪是通过用词、修辞和语气等体现的。

一、称呼

通过面谈或信函进行交往，首先要有称呼。得体的称呼能使对方感到亲切愉悦，有利于顺利地开展交往；不妥当的称呼可能使对方尴尬不快，造成交往受阻。称呼有敬称和谦称两种。

敬称是尊敬对方的称呼，一般用“您”“您老”“您老人家”等，有时对非亲属的交际对方以亲属称谓呼之，如“爷爷”“大伯”“大妈”“大哥”“大姐”等。在比较正式的场合，人们习惯于职业称呼，如“×老师”“×大夫”“×厂长”“×经理”等①。对于不大熟悉的人，“女士”“先生”“小姐”等的称呼渐为流行。

谦称是通过贬低自己来表示对他人尊敬的称呼。这在封建社会应用较多，如老人自称“老朽”，老百姓见官自称“草民”“小人”，对人谈话时称自己的子女为“犬子”“犬女”等。时至今日，这些谦称已基本消失。一般来说，第一人称的谦称常常使用“鄙人”或本人之名、“属下”；通常，人们以小辈身份称呼年长者为“×爷爷”“×叔叔”“×阿姨”“×师傅”等。称呼必须符合对方的具体情况，符合当地的风俗习惯。在与许多人打招呼时，要遵循先长辈后幼辈、先上级后下级、先女后男、先疏后亲的原则②。

二、介绍

介绍是人们在社交活动中互相结识的初次媒介方式。它有自我介绍和一般介绍两种。

1. 自我介绍

自我介绍就是把自己介绍给他人。介绍内容是个人的姓名、所在单位、职务等。自我介绍应做到直率、坦诚、谦虚、自信、繁简恰当。

2. 一般介绍

一般介绍是指介绍他人和被他人介绍。

介绍他人应注意指向，通常是把年轻人介绍给长者，把晚辈介绍给长辈，把男士介绍给

① ②称呼里的“×”为对方的姓氏。

女士,把无职务者介绍给有职务者,把个人介绍给群体。介绍前应先向双方打招呼,待双方认可后再开始介绍。介绍内容要实事求是,简明扼要。介绍后,还要引导双方交谈。

在被他人介绍的场合,当介绍人介绍对方时,应主动而礼貌地向对方问候,如说声"您好,认识您很高兴",并微笑致意。当自己被介绍时,应适当点头微笑,以表示对他人介绍的认可,切忌表情生硬。

三、交谈

各种社交活动都离不开交谈。交谈是一种互相沟通感情的双边或多边活动。交谈者既是发言人又是听众。

讲究语言礼仪的交谈是促使成功的重要条件。在交谈时,要真诚、自信,注意场合和对象,尊重对方,用语务求准确而委婉,适度幽默,营造轻松气氛与和谐关系。

四、类语言

类语言是指没有固定语义的音响动作,如语调的高低变化、不同的语气、笑声等。

语调有平、升、曲、降 4 种,在不同的语言环境中具有丰富的含义。同样一句话,若以不同的语调说出来,就会产生不同的效果。例如,"你真能干"这 4 个字,因说话时的表情和语调不同,可以表达出赞赏、肯定、不满、讽刺等多种态度和效果。

笑声表达的意思因具体场景和笑者的表情而异,有非常高兴、有真心喜悦、有冷笑蔑视、有幸灾乐祸、有阿谀奉承、有阴险奸诈等。

掌声一般表示赞成、高兴、欢迎、鼓励,但个别场合,也有"拍倒掌"者,并夹杂唏嘘声,那是表示对当时对方行为的否定和抵制。

在语言礼仪中,切忌话语粗俗,忌长篇大论,忌不考虑场合、对象和反应的自我宣泄。

6.2.2 仪表礼仪

仪表是指人的外表,包括人的容貌、服饰、姿态、风度等方面。它是一个人精神面貌和内在素质的外在表现。一个人的仪表仪容并不单纯取决于先天的生理条件,也不局限于穿戴与修饰,更重要的是与其思想修养、道德品质、文化素质、生活情调密切相关。

仪表美包含有 3 层含义:①由先天生理特点决定的容貌、形体、体态等的协调美;②经过修饰打扮和后天环境影响而形成的美;③心灵美,即一个人纯朴高尚的内心世界和蓬勃向上的生命活力的外在体现。

仪表美是自尊自爱的需要,是尊重他人的需要,可以给人留下良好的第一印象,在社会公关活动中具有积极的良好效能。

我们着重从个人容貌和服饰佩戴两个方面介绍仪表礼仪。

一、个人容貌

容貌由面容、发式以及未被服饰掩盖的肌肤等内容组成。容貌包含两个部分,一是来自遗传的自然长相,二是后天养成的内在心理素质。它随人的年龄增长而有所变化。

大多数人的面容皆非十全十美，都有一些不尽如人意之处。要想使仪容美，一般是通过化妆、发型与脸型设计的途径来实现。面部化妆应考虑时间、场合、个人年龄和身份等因素，要扬长避短，突出个性；要注意发型、脸型、肤色与身材的协调配合，这是仪容美的重要体现。化妆不必浓妆艳抹，应当以清洁健美为旨，以自然真实为度，力求协调、雅观、舒适、自信。个人要讲究卫生，做到面净衣整、头正肩平、不傲不怠、和悦庄重。注意防止有异味（口臭、刺激性食品味等）发散。

男子的美容以整洁和反映自然的肤色、五官、气质、发型之美为佳。一般地说，要保持面净衣整；选择符合本人风度的发型，并注意清洁与护理；经常剃须和修剪指甲；选择与本人脸型和气质协调的眼镜架。

女子的美容离不开化妆。化妆有工作妆和生活妆之分。两者因场合与活动不同而有所区别，但就其化妆效果与主要表现而言，却是一致的。化妆的最佳效果应是化而不露、妆而不觉、清新自然、明快洒脱。化妆的部位是眼睛、眉毛、脸颊、嘴唇、头发、鼻子等。

现在，社会上流行着各种各样的美容术，如隆胸、矫正五官、做双眼皮、换鼻子等。在选用这些美容方法时，一定要到那些有资质的医疗机构去做。否则，就可能发生不测和悲剧。据北京电视台报道，我国每年有 300 万人做整形手术，平均每年有 2 万起因整容而毁容的事例。

二、服饰佩戴

服饰是指人的穿着和饰品。它包括衣、帽、裤、裙、手套、鞋、袜和各种饰物。在社会交往中，服饰是一种礼仪符号，它能反映出主体的审美能力及其道德、礼仪水平。

服装的功能已从御寒变为美化生活、装扮自己的形象。由于人的身材、肤色、年龄、体形、职业岗位、生活环境各不相同，所以，服装的选择因人而异，必须与这些具体因素协调。

一个人的穿着表现了其文化修养，反映出了其审美趣味。它既要讲究协调和色彩，又要考究场合和身份。具体来说，穿着要注意色彩搭配的常识、色彩与着装的匹配、色彩给人的感受；要根据具体场合（喜庆，庄严，游乐、悲伤）选择不同的着装。

1. 男子服装

男子服装主要有便装、工作服、西服。它不求华丽鲜艳，只需合乎身份。在非正式场合，穿着比较随便，可以穿多种样式的衣衫，如 T 恤衫、休闲装、牛仔服、夹克装、猎装等。在上班时间，一般都穿工作服或法定的制服。在比较正式或严肃的场合，现在都穿西服、黑色或深色皮鞋。西服是男子的礼服，属于国际通用的服装。它使人潇洒自信、风度翩翩。穿西服，要配好衬衫，衣领要硬扎挺括、稍露出外衣领，袖口稍长于外装；要系领带，学会正确地打结；还要穿皮鞋，并上油擦亮。为保持西服不变形，上衣口袋和裤兜内不可装物。

男子的帽子和手套只在室外戴。在与人握手时，也不可戴手套。选择袜子，要注意质地、颜色和长短，考虑与裤色的搭配。

2. 女子服装

女子服装异彩纷呈，有体现女性柔美的旗袍、连衣裙等；有表现女性健美的运动装、休闲装等；有体现女性身份的职业女装。女性服装讲究整体搭配，要从发式、帽子、手套、首饰、鞋袜等方面综合考虑。职业女装是女子的礼服，一般是西服上衣配西装长裤或西装裙。

多式多样的帽子是女士的重要饰物，无论室内室外都可以戴。女士的手套具有保暖和装饰双重作用。手套的颜色宜与衣裙及大衣相配。在社交场合，可以穿除拖鞋、凉鞋以外的任何鞋靴，但要与年龄、衣着、场所协调。穿裙子者，一般配以肉色或黑色的长筒袜或连裤丝袜。外出时切忌穿着挑丝、有洞或补过的袜子。精美的小型手提包被女士经常携带，它的选用应根据季节、身材、衣着款式等因素确定。

3. 饰物

饰物是用来衬托人体美的点缀品。饰物的品种繁多，日益受到人们喜爱。饰物多用金银、钻石、玉石、珠宝、水晶、翡翠、玛瑙等材料打造，佩戴在人的头、项、耳、手、足等部位。饰物的佩戴原则是与人的身材、肤色、衣着、气质协调一致，符合流行的礼仪规范。

常见的饰物有发卡、项链、耳环、手镯、戒指、脚镯等。它们的选用要符合自己的特点，要少而精（不超过 3 件），有利于提高美感。值得注意的是，戒指不但要根据手指形状选购，而且还要按照约定俗成的方式佩戴：戴在食指上，表示求婚或想结婚；戴在中指上，表示处在恋爱中；戴在无名指上，表示已订婚或结婚；戴在小指上，表示独身。

6.2.3 体态礼仪

体态是指人的表情、姿态、动作和风度，包括人的全部举止行为，如站姿步态、音容笑貌等。体态往往是人的内在品质、知识、能力的真实流露。体态是一种“无声的语言”。它向别人所传递的信息相当丰富。有时，表情姿态的作用会远远超过自然语言沟通。

体态具有习惯性的特点。它既不能靠外表的修饰打扮来取得，也不能靠表情和动作的模仿来实现。只有提高个人素质，加强自身修养，并通过长期的培养，才能做到体态美。

一、表情

人的面部表情能最准确、最迅速地表达出内心的感受。“眼睛是心灵的窗户”，回眸一笑、目光炯炯、目瞪口呆、贼眉鼠目等眼神及时表达了各不相同的心态。

人们的笑态有多种多样，有微笑、大笑、苦笑、狞笑、嘲笑、皮笑肉不笑等。它们各自表达着特定的感情和态度。微笑是美好的交际方式。真诚的微笑使人感到自然、得体、亲切。

二、姿态

姿态主要是指人的各种姿势，包括坐、站和走的姿势。这些姿态可以表达人的思想感情，展示个人修养。对于姿态的要求是站有站相、坐有坐相、走有走相、举止端庄、落落大方、自然优美、彬彬有礼。

1. 关于站相

良好的站相应能给人以庄重、稳定、健美、有朝气的印象，要求抬头，颈挺直，下颌微收，双目平视，唇微闭，面带微笑；两肩放松，自然呼吸；挺胸收腹，平肩立腰；两臂放松，自然下垂于两侧，虎口向前，手指自然弯曲；双腿并拢直立，提髋，膝和双脚跟靠紧，两脚分开呈“V”字形;身体重心置于身体中垂线上。在此基础上,还可以有所调整。

立时不要倚门靠墙,要挺胸收腹,双脚自然落地。

优美的站立姿态是其他动态美的基础。切忌歪脖、斜腰、屈腿、挺腹等不良姿态。

2.关于坐相

要求轻稳入座,上身自然坐直,两肩平正放松;双臂自然弯曲地放在膝上或座位扶手上,掌心向下;两膝自然并拢,两脚平落于地;脊背轻靠椅背,宜坐满座位的三分之二以上;不要随意拖拉椅凳;上身保持直立状,不可前倾后仰,不可半卧半坐,更不可跷二郎腿。如果坐的时间较长,需要变换姿态,只要保持端坐、直腰、头和上身协调配合即可。

女性入座后应挺起胸脯,脊椎骨与臀部呈一直线,不要使两膝盖构成外八字形,也不要使双足构成内八字形,可以左掌搭在大腿上,将右掌搭在左掌上。

一般情况下,以舒适为原则,只要端正、自然即可;在严肃场合,则要求正襟危坐。

3.关于走相

行走是站立动作的延续,是人的动态美的一种表现形式。行走,应当两眼平视前方,上体正直,挺胸收腹,双臂自然摆动,步履稳健,步距均匀,走直线。良好的走姿可以展示一个人的风度和魅力。

女性走路时,要注意步位(落脚的位置,应在一条直线上)和步度(相邻两步的间距,以鞋长为宜),膝盖和脚腕要富于弹性。

许多人一起行走时,通常应让主宾、长者或女士走在前面或走在内侧。

三、动作

动作是指人们的各种肢体动作,包括敬礼(鞠躬、注目礼)、点头、握手、招手、摆手、饮食起居等。

(一)握手

握手流行于全世界。其含义是向对方表示问候、慰问、致意、感谢、鼓励、祝贺。

1.握手的场合

(1)遇到较长时间没有见到的熟人时;

(2)在社交场合,偶然遇见亲朋故旧或同事时;

(3)自己被介绍给不认识的人时;

(4)拜访他人之后,在辞行时;

(5)在比较正式的场合与熟人道别时;

(6)在本人是东道主的社交场合,迎接或送别来访者时;

(7)向别人表示恭喜和祝贺时;

(8)对别人表示理解、支持、肯定或感谢时;

(9)领取奖品或赠送礼品时;

(10)对于遭到不幸或挫折的人进行慰问时。

2. 握手的次序

讲究握手的次序，意在表示对主人、身份高者、女士、长者的尊重。

(1)一般情况。在交际场合，宾主双方，主人应向客人先伸手；身份有差别者，身份高者(长辈、上级)应先伸手；男女之间，男方须等女方伸出手后才可握手，切不可用力，若女方无握手之意，则可点头致意；同性之间，年长者先伸手。

当要与较多的人握手时，也要遵循由尊而卑的次序，即先上级后下级，先长辈后晚辈，先老师后学生，先女士后男士，先已婚者后未婚者。如果人数过多，只能同近处几个人握手，可向其他人点头示意，或微笑鞠躬。

(2)接待来访者。当客人到达时，应由主人首先伸出手来与客人相握，这是表示欢迎；当客人告辞时，应由客人首先伸出手来与主人相握。这是表示再见。

(3)休闲场合。在休闲场合，人们握手的次序主要取决于年龄、性别与婚否。

3. 握手的方式

双方握手时，应当注意掌心的方位。一般来说，站在距对方约一步远处，上身稍前倾，两足立正，双目注视对方，保持右手手掌处于垂直状态，虎口相交，拇指张开下滑，与对方握手。同时，以微笑、点头或简短言语致意。

掌心向下握住对方的手，显示出一个人强烈的支配欲，被认为是一种傲慢无理的握手方式。另一种掌心向里的握手方式则显示出一个人的谦卑和毕恭毕敬。

面对上级或长辈，应快步趋前，身体微欠，握力适当。对于下级或晚辈，要热情伸手，用一定力度，时间勿太短。遇到故交好友，应远远伸出手去，紧紧握手。

通常，握手的持续时间以三四秒钟为宜。当然，关系亲近的人也可能长久地把手握在一起。但是，那种"蜻蜓点水"式的握手也是无理的。

握手动作能够表现丰富的感情。持久、不断摇动、强有力的握手说明感情真挚而热烈。连手指都不愿弯曲、例行公事般的握手表明冷淡。握手时，不等自己说完话，对方已把手抽回，表明对方不感兴趣。

4. 握手的禁忌

(1)不可用左手去握手。

(2)男士不得戴着手套去握手。

(3)不要拒绝同别人握手。如果因为你有手疾、手不洁净，可以告诉对方。"对不起，我的手现在不太方便"，以免造成不必要的误会。

(4)握手时，不要仅握住对方的手指尖，那会给人以疏远感。

(5)握手时，不要把对方的手拉过来、推过去，或者上下左右抖动不止。

(6)握手时，左手不得伸进衣袋或拿着东西。

(7)握手时，不要面无表情，也不要点头哈腰、过分客套；不要不置一词，也不要滔滔不绝、夸夸其谈。

(二)手势

运用手势可以增强传情达意。做手势动作时，要注意与面部表情和身体其他部位的协调，应当手指并拢伸直，手与前臂呈一直线，肘关节自然弯曲，掌心斜向上方。手势的摆动规律是欲扬先抑、欲左先右、欲下先上。

（三）待人接物

在递物或接物时，要表情专注，双手接送。与人交谈时，目光应注视着对方，要诚恳、热情、略带微笑；不可面对客人伸懒腰、打喷嚏、打哈欠、挖耳鼻、剔牙、修指甲，这时有此类行为是不礼貌的。

（四）饮食

人人都会吃，但要正确地使用餐具和呈现一副良好的吃相，并非人人都能做到，其中也是有一定讲究的。

在中餐中，使用的主要餐具是筷子。发放筷子前要先洗手，然后轻拿轻放，摆在碗的一侧（不可放在碗上、插在碗里），不可拿起筷子挥舞。

在西餐中，规矩颇多，我们应熟悉西餐的礼仪规范和用餐要求。西餐餐具有刀、叉、匙、杯、盘、碟等，在就餐前已在餐桌上摆好，各有其用法。进餐前，只有主人先拿起餐巾后，客人方可拿起餐巾，双手握住中折线将它平铺在双膝上；可用餐巾擦手或擦嘴边油物，但不可擦桌上餐具（这表示不信任餐具的卫生状况，对主人和餐厅服务人员不礼貌）。若发现餐具不洁，可向餐厅服务人员示意调换。随着上菜的道数，按照刀叉的摆放顺序取用餐具，左手持叉压住食品，右手握刀把食品切割成小块，用叉送入口中；肉食要从左侧切起；应拿专用叉吃色拉，右手持叉，叉尖朝上；吃面包，要直接用手取；吃完一道菜后，应把刀叉合拢平行摆在盘沿上；未吃完时，应把刀叉呈八字形摆在盘沿上（不要使刀口向外）。在席间，不可玩弄刀叉。用餐完毕，可将餐巾放在桌子上。

就餐时，要保持神情自然，切忌露出一副贪相。急于开餐、紧盯菜肴、狼吞虎咽的动作是很不礼貌和缺乏教养的表现。正确的做法是神情自若，和同桌人随意交谈，营造一个和谐融洽的就餐气氛。等待主人举杯示意开始时，客人方可用餐。就餐时，动作要文雅，不要抢在邻座之前夹菜，不要挑食，不要口含食物与人交谈，要细嚼慢咽，勿发出过大响声。一旦吃到难咽之菜，应尽量忍耐，不要吐舌耍怪。用餐完毕，可用餐巾或递送的热毛巾擦嘴和手，但勿擦其他部位。在主人示意结束时，客人方可离席；若要提前离席，应向主人说明，并向同桌就餐人致歉。

关于喝，是指喝汤、喝茶、喝咖啡。喝汤，应该用汤匙舀着喝；将汤轻轻喂入自己口内，不要发出过大声响；不要用嘴去吹热汤，可先把热汤舀进自己碗里，轻轻舀动，待降温后再喝。在西餐中，喝汤要就着盘子，用汤匙直接把汤送入口中，不要把嘴放在汤匙边喝，切不可使汤滴在盘外。在普通家庭，以茶待客，只要将沏好的茶摆在托盘上端放在客人右手前方即可。客人小口啜饮、细细品味。这里，没有多少规矩。在正式社交场合，以茶待客，则有一套严格的操作程序和礼仪。这套程序分为嗅茶、温茶、装茶、润茶、冲泡、浇壶、温杯、运壶、倒茶、敬茶和品茶，计11个步骤。每个步骤皆有相应的礼仪。许多国家有用咖啡待客的习俗。

我国喝咖啡的人也日渐增多。喝咖啡，从端咖啡、给咖啡加糖、搅拌咖啡，到品喝咖啡，都有一些礼仪要求。随着社交范围的扩大，我们有必要学习这方面的一些知识。

（五）居住

居住要注意文明。要主动关心和照顾邻里，搞好邻里关系。外出居住在旅馆时，要自觉遵守规章制度，尊重服务人员的劳动，爱护居住设施，注意礼貌。

（六）出行

人们都需要通过多种交通工具出行。出行时，应当注意一些必须遵循的道德与礼仪。在走路时，一定要遵守交通规则，行人之间彼此礼让；路遇熟人应主动招呼、问候；问路要有礼貌。

骑自行车行驶，除遵守交通规则外，还要尊重行人，在出入大门时下车。

乘坐车船时，要文明候车，按顺序上下，遵守公德，敬老爱幼，注意安全；与乘务人员配合，创造一个舒适的环境；与乘客和睦相处，搞好旅途中的人际关系。

6.2.4 媒体礼仪

媒体礼仪是通过媒介物体，以名片、信函、请柬、传真、电话、电报、电子邮件、手机短信等方式表达的礼仪。

一、名片

名片是现代流行的自我介绍信，广泛地用于拜访、会见、建立联系等场合。

恰到好处地使用名片，既可表现自己的礼貌和修养，又便于对方了解自己的职业特点并在必要时及时联系。名片上的内容应包括姓名、工作单位、职务（职称）、地址、电话号码、传真、Email 等（如有业务需要，可用中英两种文字印出）。

名片通常在初次见面的场合使用，要把握出示的时机，最好在双方交谈融洽、对方希望建立联系时，或者双方握手告辞、本人希望继续联系时呈送名片。赠名片者，应用双手或右手递给对方，以示郑重和尊敬。接名片者，应以谦恭的态度接受，并在看一下名片后再郑重地放入妥当之处，然后回赠一张个人名片，或者在未带名片时作简短自我介绍。

二、信函

信函是历史悠久的交际、沟通工具。它可以充分地表达思想感情，使人得到可以长久保留的信息，用以反复品味和研究。

信函的内容主要包括对收信人的称谓、文前应酬语、正文、信尾祝颂词、署名、时间等。它有约定俗成的结构顺序和书写格式。信封的尺寸和格式执行国家邮政规范。我们书写信函，必须了解并符合这些格式要求。

信函内容要言之有物，通情达理。行文应通顺流畅，用语确切。书法不一定都很好，但必须做到字迹工整，不可潦草随意，特别是在信封上，更要规范地填写，以免延误投递。

三、请柬

请柬是人们为举办聚会或吉庆活动而郑重其事地向邀请对象发出的邀请文书。它被广泛地用于私人和公务场合。

请柬大多是用优质纸料印制、装帧精美的格式文书，具有浓烈的艺术性和礼仪色彩。

请柬的内容由标题、正文、结尾、落款、时间等部分组成。标题印在封面上，如“请柬”“请帖”等。正文包括受邀人姓名、拟举办的活动名称、活动时间、活动地点、注意事项等，文字力求准确、热情、恳切。在结尾行，空两格写“敬请”或“恭候”等词语，另起一行写“光临”或“莅临”。落款写在同一行下方，由发柬人签名。最后，另起一行注明日期。

送递请柬，可以邮寄，也可直接或托人面呈。

四、电话、传真、手机、短信、电报、电子邮件

电话、传真、手机、短信、电报和电子邮件是现代快捷通信手段。

固定电话机和手机已成为人们通用的通信联络工具。

传真广泛地用于新闻传媒、业务联系和商务运作，传递图文信息，简便、快捷、准确。在收发传真时，双方都应礼貌待人，认真操作，圆满完成文件的发送和接收。

电报分普通电报和礼仪电报两类。礼仪电报主要用做贺电或唁电，要求郑重其事和迅速送达。贺电是在对方取得重大成就、做出贡献、获得荣誉、遇到喜事或者喜事纪念日之际，表达对收电人的祝贺赞颂，语气应热烈和诚恳。唁电是对亡者家属和亲友表示吊慰的电报，宜突出悲痛悼念和安慰亲属之情。

通过互联网，传递电子邮件是另一条快捷通信渠道。它可以不受空间和时间限制，快速便捷地传递信函、文档和图像。电子邮件具有一定的保密性，但须防范病毒攻击。

五、礼品

在现实社会中赠送礼品，有两种截然不同的含义：一种是健康的主流，表达友情、祝贺、敬重和感激；另一种是作为一项投资，表达希望获得关照和某种回报的拜托之情。

在日常生活中，礼尚往来是人之常情。遇到婚丧嫁娶、欢庆传统佳节、拜见长辈、探望病伤者、“接风洗尘”、送别亲友、贺喜酬谢，人们会很自然地考虑赠送礼品。不同的环境条件，对这些活动既有约定俗成的不同规范，又有较大的自由度。

虽然赠送礼品是因地和因人而异的，要考虑受礼人的喜爱和满意度。但是，仍有一些共性的问题需要注意。首先，礼品对于受礼人应有一定的实用价值或者纪念意义。其次，礼品须有雅美的包装。再者，要注意礼品的特定寓意，如向异性送红玫瑰象征爱情，向病人送黄月季花表示早日康复的祝福，向老人送钟表则有不怀好意的“送终”之嫌。

那种投资性质的礼品，以金钱和珍稀名品为多，“含金量”较高。由于不同阶层人们需要的多样性，此类送礼涉及范围相当广泛。不少人只是想托人使自己达到本人无法达到而又急需达到的目标，一般并不触犯法律。但毕竟也有极少数假送礼之名行贿赂之实者，企图

获取非法利益，那是触犯刑律的行为。

6.3 职业礼仪

6.3.1 社交惯例与职业礼仪

一、社交惯例

人们在长期的社会交往中，逐渐形成了一系列共同遵循的社交惯例。作为社交的行为规范，它得到了许多国家的普遍认同。归纳起来，主要有下列10条：

1. 女士优先

西方国家把在社交活动中尊重妇女的原则具体化为“女士优先”。它要求成年男子在任何时候、任何情况下，都要从各个方面尊重女士，在行动上照顾、帮助和保护妇女。例如，演讲时总是先称“女士们”；行走时，单行或进出门时则女先男后，并行时则要使女士处于显贵和安全位置；在与女士一起进餐、乘车、撑伞时，也要体现出尊重和关爱。如不遵守，将被看做失礼。

当前，即使一些尚有男尊女卑遗风的国家，在国际交往中，也实行“女士优先”的原则。

2. 礼宾次序

礼宾次序是指在重要的礼仪场合对参与交往的国家、团体、个人的次序按照一定规则和惯例进行排列的先后次序。它体现了主人对宾客应有的礼遇。

礼宾次序包括位次客体和位次主体两个方面。

位次客体就是位次本身的上下、大小和前后。一般情况下，以右为尊、大、长，室内就座时的对门座位为尊，等等。

位次主体，通常有3种排列方法：一是按身份和职务的高低循序排列；二是按字母或笔画顺序排列；三是按通知和抵达时间的先后顺序排列。这3种方法并不互相排斥，在大多数情况下，是交叉结合使用的；同时，还要综合考虑年龄大小、资历深浅、声望高低、行业范畴、亲疏程度、地域异同、风俗习惯等因素。

3. 身份对等

身份对等，就是指主人在接待活动中使宾客得到与其身份相称的礼遇。这种礼遇涉及宾客身份、来访性质、双方关系等诸多因素。这是一项涉外交际礼仪的基本原则。

4. “等距离”原则

这是在同时与多个朋友打交道时需要掌握的原则。所谓“等距离”，就是在社交应酬中要对众多伙伴一视同仁，要把握自己的言行，勿使任何一方感觉到亲疏远近或冷暖厚薄。

5. 修饰避人

维护自我形象的一切工作，如梳妆打扮、剪指甲、擦皮鞋、挖耳朵等，均应在“幕后”进行，不可在他人面前去做。否则，会显得自己缺乏教养，造成冷落他人的不良影响。

6. 以右为尊

在比较正规的场合，人们的位次排列要讲究尊卑主次。

一般地说，原则上以右为尊。我们在一些正式场合，尤其在涉外活动中，应当主动把右侧的位置让给贵宾。例如在行走、入座、乘车时，均应使贵宾处于我们右侧。

7. 不得纠正

由于中外文化和习俗的差异，为了友谊和团结，我们对外宾的举止行为，不要评论其是非，不要用我们的观念对其“失误”加以指正。

在国内，当面指出好友的失误并予以纠正，乃是诚恳待人之举；但遇到稀客贵宾或交谊不深的朋友，对其言辞或行为的失误，则以“不得纠正”为宜。

这样做的目的是为了友谊，既不使对方难堪，也表现了自己的宽容。

8. 不热情过度

待人接物，既要诚恳热情，又不可热情过度。热情过度，必然会忽略“礼”的适度，强硬地按照个人意愿去缩短与对方的距离。其结果往往是强人所难，有害无益。

9. 不妨碍他人

每个有教养的人都会有意识地约束自己的行为，尽量不惊动、打搅或妨碍他人。这样做，可以表现出个人对他人的尊重和关爱。

10. 不问他人隐私

隐私是指不愿告诉他人和不愿意公开的个人情况。国内外都尊重个人隐私权。我们在与人交谈时，要注意回避一切涉及个人隐私的问题。

一般来说，应做到“五不问”：不问年龄、不问婚否、不问经历、不问收入、不问住址。否则，就可能造成一方不悦，另一方尴尬的局面。

二、职业礼仪

(一)职业礼仪

职业礼仪是礼仪的一个重要组成部分。职业礼仪是人们在职业活动领域应当遵循的礼节，包含着对人在职业活动中的仪容仪表和言谈举止的普遍要求。学习职业礼仪的目的在于塑造良好的职业形象，促进职业活动的开展。

在电话联络、处理公务、商务交往等许多方面，职业礼仪具有一系列约定俗成的行为规范。了解并应用职业礼仪的基本规范，可以为职业发展的成功奠定基础。

(二)职业礼仪的基本规则

职业礼仪具有下列基本规则：

1. 约定俗成

国家的法律规范对于适用范围的个体具有约束力，可以强制执行。而礼仪则是人们接受、认可，并愿意遵守的礼节和程序。礼仪的产生与其所处地理环境的文化、习俗、传统密切相关。职业礼仪规范一旦形成，便对相应职业活动领域的群体具有较强的制约力。

2. 先后有序

在时间、空间和职位等级等方面，职业礼仪都有一定的次序规定，由此来体现人与人之间的尊重。例如，初次见面时的介绍和握手是有先后顺序的，商务活动中遵循"客户优先"，公众场合遵循"女士优先"等。

3. 客随主便和主随客意

客随主便，是指作为客人者，应当充分尊重当地的礼仪和风俗习惯，这样才会受到主人的欢迎。

主随客意，是指作为主人公，在接待他人时，应当考虑并尊重客人的文化习俗和禁忌，这样才会使客人感到满意。

客随主便和主随客意反映了礼仪中的互相尊重精神。它在不同民族、种族、地区、国家及文化之间进行职业活动时尤为重要。

6.3.2 交往尊位

在商务活动中，交往人员的位次排列具有符合礼仪要求的一系列规范。它反映了对交往对象的尊重和友善，备受人们的关注。

一、入座位次

(一)会议位次

举行会议是商务活动的一种重要方式。会议通常有小型会议和大型会议两种。

1. 小型会议

日常会议以小型居多。小型会议一般只考虑主持人之座位，职位较高者靠近主持人就座，其他人自由择座。

按照国际惯例，商务礼仪的基本要求以右为上，坐在右侧的人为地位高者。

2. 大型会议

举办大型会议，应当安排主席台、主持人和发言人的位次。主席台之位次排列：前排高于后排；中央高于两侧；右侧高于左侧[①]。主持人之座位可以在前排正中，也可居前排最右侧。发言人的席位可以设在主席台前方，或主席台右前方。

(二)宴会位次

根据我国宴会习惯，出席者按照各自的职务排列入座，以便于交谈。

当主人为一人时，1号来宾和2号来宾分别坐在主人的右侧和左侧；3，4，5，6，7，8，9号来宾依次分别坐在两侧。

当主人为两人时，1号来宾坐在第一主人的右侧，2号来宾坐在第一主人的左侧；3号来

① 国内政务会议则为左侧高于右侧。

宾坐在第二主人的右侧,4号来宾坐在第二主人的左侧;5,6号来宾分别坐在1,2号来宾的外侧;7,8号来宾分别坐在3,4号来宾的外侧;其他来宾依次排座。

在一般情况下,单席餐厅内,面向门口居中就座者为主人;主人右侧者为主宾;其余两侧按照主左宾右就座。

二、乘坐位次

(一)乘坐电梯

1.自动扶梯

在使用自动扶梯上下楼层时,应该按照先来后到的顺序进入扶梯台阶,不要与前面的人靠得太近。如果扶梯较宽,应靠右侧站立,以便让急于上下的人从左侧超越①。

2.电梯

乘坐电梯应遵守先出后进的原则,等待里面需要出来的人走出完毕后,外面的人才可以陆续进入。如果里面的人拥挤已满,切不可强行往里面挤;如果电梯发出超载信号,最后挤进的乘客应主动退出,让里面的人先走,自己耐心等候下一班电梯。

走进电梯后,先上的人站在电梯门的两侧,其他人站在后壁和两侧,最后进去的人站在中间。如有残疾人,应扶住电梯门,让他安全进入,并待在靠近电梯门口处。

引导宾客乘坐电梯时,招待人员应首先进入电梯,等宾客进入后关闭电梯门。到达预定楼层时,招待人员按住开门的按钮,让宾客走出电梯。

如果由于人员拥挤,无法去按自己需要到达的楼层按钮,可以请人代劳,并致以谢意。

(二)乘坐轿车

乘坐轿车时,需要注意座次、举止和上下车顺序3个问题。

1.座次

(1)轿车的座次。轿车是指座位固定、车顶固定的各种专用客车。它包括双排座、三排座、多排座以及吉普车等。乘坐轿车的座次排列因轿车的类型和驾驶人不同而异。

国内的轿车以双排座和三排座为多。当主人亲自驾驶轿车时,一般以前排座为上,后排座为下;以右为尊,以左为卑。作为宾客,一定要有人坐在前排(以示相伴),不可让前排座空着。当专职司机驾驶轿车时,一般以后排为上,前排为下;以右为尊,以左为卑。

如果由男主人驾驶轿车,则一般由其夫人坐在副驾驶座上,

当男主人驾驶轿车送其友人夫妇回家时,男友人一定要坐在副驾驶座上,表示与主人相伴;如果友人夫妇同坐后排,将被视为失礼之举。

吉普车的座次排列次序是:副驾驶座,后排右座,后排左座。

四排以上的大中型轿车,不论何人驾驶,均以前排为上、后排为下;以右为尊,以左为卑;

---

① 在交通规则是靠左边行路的国家,例如澳大利亚,一般人应当靠扶梯左侧站立,让急于上下的人从右边超越。

并以距离前门的远近排定尊卑。例如，一辆六排17座的中型轿车，其尊卑次序依次是：第二排右座，第二排中座，第二排左座，第三排右座，第三排中座，第三排左座，第四排右座……

(2)座次的安全考虑。乘坐轿车，首先要考虑安全问题。后排座要比前排座安全得多。相对而言，副驾驶座最不安全，后排左座则最安全。

当主人驾车时，把副驾驶座作为上座，是因为要表示对主人尊重并与之同舟共济。

当专职司机驾车时，副驾驶座常成为随员座。坐于此座者多为秘书、译员、警卫等；女士、老人、儿童不宜在此就座。有些城市的出租车不允许乘客在副驾驶座就座，其目的也是为了安全，防止歹徒劫车。

(3)尊重宾客意愿。通常在乘坐轿车时，请宾客就座于上座，属于礼仪之举。然而，我们也不要太过拘泥，还应当尊重嘉宾的意愿和选择。我们应当明确，嘉宾想坐哪里，即应认定哪里是上座。即使宾客不明白座次，坐错了位置，也不要轻易对其指正。这时，一定要坚持"主随客便"原则。

2.行为举止

当我们同他人一起乘坐轿车时，要注意约束自己的行为举止，使之符合礼仪要求。具体说来，应注意下列几点：

(1)不要争抢座位。上下轿车时，要相互礼让、井然有序，不要为了争抢座位而拥挤上车，也不要为亲友抢占座位。

(2)注意体态仪表。上下车的动作要文明雅观，保持与异性的距离，行走时不要跨上跨下、攀上爬下；坐下时不要东倒西歪。穿短裙的女士在上车时应双腿并拢，背对车门坐下后，再收入双腿；下车时要面对车门，双脚着地后，再移身车外。

(3)讲究卫生。坐在车内不要吸烟，不要吃东西；不要往车外吐痰或抛弃杂物；不要脱鞋或脱袜；不要用脚踩座位；不要将手或腿伸出车窗外。

(4)注意安全。在行车时，不要与司机长谈，以防其走神；不要让司机听移动电话或看书刊。协助尊长、女士或宾客上车时，可以帮助他们开门、关门，动作要轻。当自己进出车厢开门、关门时，要注意后面的人，避免碰伤或夹伤。

3.上下车顺序

一般来说，在乘坐轿车上下车时，须请尊长、女士、宾客先上车、后下车。但是，考虑到驾驶人和车型的不同，也有相应的一些不同规则。

(1)主人亲自驾车。主人驾车时，应当后上车、先下车。这样，便于照顾宾客上下车。

(2)专职司机驾车。专职司机驾车时，如果人员分坐于前后排，则坐在前排者应当后上车、先下车，以便照顾后排坐客。如果人员同坐于后一排，则应当请尊长、女士、宾客从右侧车门先上车，自己再从车后绕到左侧车门后上车；下车时，自己应先先从左侧下车，再从车后绕过来帮对方下车。如果车停在闹市，左侧门不便打开，需要都从右门上、下车，这时应以方便为原则，上车时，里座人先上，右座人后上；下车时，右座宾客先下，里座人后下。

(3)有折叠座位的轿车。当固定座位坐满后，一般是后上车的人或指定的某些人坐在折叠座位上。为了行动方便，在下车时，这些人应最先下车；在上车时则最后上车。

(4)三排九座车。乘坐三排九座车时，以方便为宜，一般是坐后排者先上车，后下车；坐前排者后上车，先下车。

(5)多排座轿车。乘坐多排座轿车时，通常以距离车门的远近为序。上车时，距车门最远者先上，其余人按离门远近依次而上；下车时，则次序相反。

6.3.3 电话礼仪

利用手机、座机、网络进行通话，已成为人们普遍采用的通信联络方式。在通话中，通过电话交谈，人们往往能够粗略判断对方的人品修养，了解对方所在单位的工作风貌，产生是否进一步联系的思想倾向。因此，要想进行有效的沟通，必须注意情绪、语言、声调，掌握礼貌待人的正确方法。

一、接听电话

在一般情况下，是在铃响后及时拿起话筒，首先问候对方“您好”，随后主动自报家门(单位、部门、个人姓名)。接着，询问对方身份和来电原因，认真倾听，积极反馈，并作简要记录。在正式谈话结束后，向对方致谢，并说“再见”，等对方先挂断电话后，再放下电话。

1.接听电话前的准备

(1)维护好电话机，保证通话正常。

(2)在电话机旁准备好纸和笔，以便在接听时及时进行记录。

(3)在电话铃响三声之内，拿起话筒接听。

2.接听电话的注意事项

(1)使用语言要文明礼貌。

(2)讲话要简捷明了，语速不宜过快。

(3)不要使用对方可能不理解的简略语或专业术语。

(4)注意听取对方所讲的时间、地点、数字、事由等重要内容，并认真做好记录。记录的核心内容是5W1H：何时(When)，何人来电(Who)，事件地点(Where)，何事(What)，原因(Why)，怎么办(How)。

(5)对于错打本机号码的来电，要有礼貌地让对方确认电话号码。

3.代接电话

(1)遇到对方要找的人不在现场时：代接电话，要礼貌地询问对方的工作单位、职务、姓名，首先应当告诉对方此人不在的原因(出差、开会、外出)，在对方询问何时回来时尽量予以回答。接着，主动地询问对方是否留言，如留言，应详细记录并予以确定，表示会尽快转达。如果对方不愿留言，则应等对方挂断后自己再挂。

(2)遇到来电要找的人正在接电话时：首先告诉对方他所找的人正在接电话，询问对方是等一会儿或是留言。如果留言，就记录对方的留言、单位、姓名和联系方式；如果对方愿意等一会儿，自己就把话筒轻轻放下，立即通知被找的人准备接听；如果被叫人正在接听一个重要电话，短时间难以结束，则应告诉对方实情，切忌让对方莫名地久等。

(3)遇到投诉或抱怨来电时：对于这类电话，要有涵养，不与对方争执。若属于本部门的职责，就表示尽快联系解决；若不属于本部门职责，就答应转达给相关部门和人士，或建议对方联系该找的某个部门，找谁和怎么找。

二、拨打电话

拨打电话，一般的过程是，首先选择合适的时间，做好拨打电话的相关准备，如文件、笔、纸等。然后，拨通电话，首先问候对方“您好”，再自报家门（单位、部门、姓名），简要说明要告诉对方的事由和情况，进行电话沟通，在正式谈话结束后，向对方致谢，并说声“再见”，然后挂断电话。

1.拨打电话前的准备

（1）选择时间。如无紧急情况，尽可能在上班时间打电话。给客户打电话的时间以早8时至晚22时为宜。

（2）内容确定。准备好所需的文件、资料，重要内容应先写出纲要，琢磨好措辞、语气、声调。

（3）选择接听人。要想快速有效地联系业务或解决问题，需要斟酌和选择电话接听人。接听人所在的部门、职责、与本单位的关系是必须要考虑的。

（4）准备好笔和纸，以便在通话时随时记录。

2.通话

（1）接通后。接通电话后，对于熟人，简单问候即可进入主题；对于不相识的人，先说“您好”，讲明自己的身份和通话目的，然后再谈具体内容。

谈问题要简明扼要；在谈到机密或敏感话题前，要先问对方谈话是否方便，如果不便，切勿强行表达。如在交谈过程中需要处理某些事，应当礼貌地告知对方，以免误解。有些问题未能讲清或者难以沟通，可以另约时间，并履行诺言。

通话结束后，不要急于挂断电话，一般应由尊者、长辈、客户、主动打电话者先行挂断；自己要挂断电话时，应先向对方致谢，说声“再见”。

（2）意外情况。如果打电话要找的人不在，可以委托他人简要说明原由，主动留言，留下个人姓名和联系方式。记住委托人的姓名，并致谢意。

6.3.4 业务交往礼仪

我们在本节将从办公室礼仪、与上司相处和与同事相处3个方面讲述业务交往礼仪。

一、办公室礼仪

对于就业人员来说，每个工作日约有三分之一的时间在办公室度过。根据职位和业务需要，办公室可能是一个单独的房间，也可能是配置有若干个办公桌的公用间，或者是用隔板构成许多工作间的开放式大厅。不论哪种情况，每个在职人员都有自己开展职业活动的工作位置（工位、地点、桌椅、办公设施），我们把这些办公场所统称为办公室。

办公室礼仪是指人们在办公场所需要遵循的礼仪规范。按照这些礼仪规范去做，有助于建立良好的工作环境，树立得体的职业形象，维持和谐的人际关系。

(一)在自己的办公室

1. 上班

如果个人住处离工作单位不远,步行上班,可以踩着上班时间点准时到岗。如果个人住处离工作单位较远,需要搭乘公交车或自己驾车,则应按照提前10分钟到达的计划去上班,以免因"塞车"、乘电梯排队等意外原因而迟到。

在上班途中,当出现交通拥堵或其他意外,自己意识到必然要迟到时,应当立即与上司联系,说明自己要迟到及预计到达时刻。这样,上司就会有所准备,进行相应的工作调整。

2. 办公

到办公室后,见到上司和同事,要面带微笑地向他们一一问好,或者点头示意。如果自己最先到达,可以打开窗户,做一些卫生保洁工作,以使空气清新、环境整洁。

在工作时间需要离开办公室外出(参加会议、联系业务、上司召见、财务报销等)时,自己应把个人去向和大约时间告知临近的同事。这样,当有人来找时,同事可以说明你的情况并帮忙应付。

3. 下班

在下班前,记住把桌面上的资料、文具分别归类收拾妥当;将灯具、仪器、电脑等设备电源切断。离开办公室前,要向仍在办公室的同事打招呼"我先走啦""明天见"。

如果自己是最后一个离开办公室的人,一定要检查一下门窗和电源,确保关闭电灯、电源和门窗。

(二)在他人的办公室

1. 进入他人办公室之前

他人的办公室,不管是有门的房间或是隔板构成的工位,都属于同事的私人专用区域。我们理应表示尊重。当我们因公因私需要进入他人的办公室时,先要敲门或告诉对方,等待对方同意后,才可以走进去,切不可失礼地贸然闯进他人的办公室。

如果自己要拜访的同事正在为某事忙碌,最好先离开等候一阵再来,不要堵在别人门口,那样会给别人造成一定压力和被监督的感觉。

不要站在阁子间外,或探头越过隔板,就大声对里面人讲话。那样做是很不礼貌的,而且还会影响其他同事工作,并使谈话失去隐私性。

2. 在他人办公室

双方的交谈应在自己进入对方办公室后再开始。

有的人喜欢在办公桌上摆放一些照片、玩具、奖品、纪念物等。这些物品对主人具有重要价值。如果没有取得主人的同意,就不要随意去动它。这是对主人人格和感情的尊重。

如果因为私事进入他人的办公室,则不宜停留过久。

3. 走出他人办公室

在交谈完毕要离开时,应向主人告别或打声招呼。

走出有门的办公室时，应当随手把门轻轻关住。

二、与上司相处

与上司相处，首先要摆正自己是下级属员的位置，尊重上司，服从调遣，少说话，多做事；着装得体，面带微笑，保持良好的职业形象。此外，还需要注意下列事项。

（一）见上司

1. 路遇上司

无论在何种场合，见到上司时都应主动问候（“您早”“您好”“早上好”等）。

在遇到高层领导时，自己应放缓脚步，并向外侧让路、点头致意、问好。

2. 求见上司

到办公室求见上司时，应当先用右手食指和中指的中关节轻轻叩门两三下。在得到允许后，轻轻推开房门进入。上司没有请坐，自己就站着说话；不要随便坐下，也不要随意走动，更不要翻动室内物品。

3. 与上司单独相处

此时，谈话的主题（公事或私事）应按照上司的意见切入。要细心了解上司关心的核心问题所在，诚恳地阐述个人见解。如果上司心情不佳，最好不要再打扰他。如果上司接电话，自己应尽量回避。

4. 探望生病的上司

对于生病的上司，应打电话慰问，也可以带上水果或鲜花去看望。

见到生病的上司，万勿诉说单位所发生的一切事情，除非上司问及公事。这时，可以简单回答：“单位一切正常，只是大家都很想念您，希望您早日康复”。

（二）对待上司

1. 不要得罪上司

要看到上司在业务能力、工作经验和人际关系上都比自己要强的事实，要尊重他，认真按照他的要求办事。

要了解上司的人格特征，不要得罪他。对于受到的一时一事的不合理待遇要能够容忍，做到忍辱负重，千万不要对着干。对着干只能是两败俱伤。

如果要称赞上司，绝对不要无原则地阿谀奉承，一定要适中。例如，要赞赏30多岁的女上司漂亮，可以说“很有气质”；要奉承男上司，可以说“在您手下做事，我学到了很多为人处世的道理，我很幸运”。

2. 不要忘记汇报

对于上司交给自己的工作，在执行中、特别是在完成后，应当及时做汇报。汇报方式可以是书面的或口头的。须知书面优于口头，面谈优于电话。汇报内容必须说明按照上司要求都完成了哪些任务，有无遗留问题及对遗留问题的解决方案等。

每次汇报后，都要虚心听取上司对自己工作的指教，以便改进后续工作。

（三）给上司提建议

(1)在自己认为想出了一个好主意时，可以主动采取一种委婉的方式向上司说明，尽力取得他的认可与支持。

在你的建议被上司采纳，并开始施行时，你千万不要到处炫耀这原本是你的主意。这种表白自己高明的举动是浅薄的表现，令人不屑一顾。

(2)在自己认为的好主意得不到上司的认同时，不要“据理力争”，一定要耐心倾听上司的不同见解，理会其合理之处和亮点所在。要学会从多个方面来考虑问题，避免片面性。

三、与同事相处

与同事（和自己在一起工作的人）相处，彼此之间的关系是否和谐、融洽，直接影响到工作绩效和事业发展。因此，注重与同事相处的礼仪，建立融洽的工作关系，是非常必要的。

1. 互相尊重

同事之间的关系是以工作需要为纽带的。这种关系不同于亲情关系。亲友之间一旦不和或产生摩擦、矛盾，往往还可以用亲情来弥补。但是，同事之间如果失礼不和，则会久久难以愈合。对待同事，我们要以“和”为贵，尊重对方的人格和劳动。

特别应当提出的是尊重隐私。每个人都有隐私。隐私关系到个人的名誉和形象。议论他人隐私往往会造成彼此间关系恶化，对双方都不利，属于侵权行为。尊重他人隐私，是每个公民应当履行的义务。

2. 互相关心

在我们国家，一般同事如有困难，他请求帮助的首选对象是其亲朋好友。作为同事，当我们发现某人有困难时，应当主动关心，尽量给予力所能及的帮助，要“雪中送炭”。

同事间能够互相关心，献出爱心，就必然能构建出和谐的人际关系，有利于工作和生活。

在异性同事之间的互相关心应当适度。虽然这个“适度”很难把握，但是必须用心去把握：既不可过分亲密，又不可横眉冷对，要言语举止得体，保持空间距离。

3. 避免纠纷

在工作和生活中，由于每个人的个性特征、道德修养和业务素质都不相同，所以，在和同事一起相处时难免产生一些分歧和摩擦。此时，我们应当严于责己、宽以待人，本着求同存异的精神，化解矛盾，避免纠纷。

一个人在物质利益方面无论有意或无意地占了对方的便宜，都会引起对方心理上的不悦，劣化自己在对方心目中的形象，影响彼此关系。因此，在向同事借钱、借物时，应当主动打借条，把每一项都记清楚、以便及时归还；若不能按时归还，应定期向对方说明情况。如果接受了同事馈赠的礼品，莫忘“礼尚往来”的原则，要以适当的方式予以回报。

4. 承担责任

一起工作，有获得成功的喜悦，也会出现失误和挫折。当出现失误和挫折时，要客观地分析和看待，认清并勇于承担自己应负的责任，绝不可文过饰非，把责任推给同事。

在一起相处时，一时的言语不当、某些事做得欠妥，都可能使对方在精神上或物质上蒙受伤害。当自己冷静下来发现这类失误时，应当主动向对方道歉，以求得对方的谅解。

如果发现彼此之间有误会，正确的做法是主动地进行沟通，说明情况，消除隔阂；绝不可小肚鸡肠，耿耿于怀，导致关系恶化。

6.4 课堂活动——仪表和体态礼仪模拟训练

仪表和体态礼仪表示着对自己的尊重和对别人的礼貌。它是人们树立自信的有效方法，是保持健康与活力的手段，是实现悦己悦人的途径。

仪表和体态礼仪是通过学习和实践而养成的。本节列出的模拟训练内容切实可行，也很花费时间，课堂时间有限，可以选择其中若干项进行练习。

一、仪表礼仪模拟训练

仪表礼仪要求人们通过整洁、发型和化妆来做到自然美、修饰美和内在美。

1.发型选择

合适得体的发型不但能起到遮掩和弥补的作用，而且还使人精神焕发。

发型选择既要注意和脸型的搭配，还要适合自己的体型，更要与自己的年龄和身份相配。

(1)训练目标：掌握发型选择的基本要领。

(2)训练方法：选择几个同学上台展示自己的发型，并说明设计思想。其他同学进行点评，并提出具体的发型建议，选出3个最佳发型。

(3)训练小结：每个同学记下个人的心得。

2.面部清洁

面部往往是人们用来判断外貌美丑的主要依据。通过睡醒后的纸巾测试法，可以了解自己的皮肤性质。采用6步洁面法来清洁自己的面部。

(1)训练目标：了解如何测试自己的皮肤类型，掌握正确的面部清洁要领。

(2)训练方法：准备好洗脸盆、毛巾、清洁纸巾、洗面奶、乳液等。同学们分小组，各抽一位同学重点操作，其他同学辅助操作。

(3)训练小结：每个同学记下个人的心得。

3.女士面部化妆

(1)训练目标：掌握化妆的基本步骤和技巧。

(2)训练方法：准备化妆盒、粉底霜、散粉、眼影、眉笔、胭脂、唇彩等。教师为一名女生操作示范，

(3)训练小结：每个同学记下个人的心得。

4.眼神

(1)训练目标：掌握眼神的基本要领，正确使用眼神。

(2)训练方法：

1)按照要求，练习定视法(眼睛盯着一个目标，正面盯视或斜面侧视)、转视法(眼珠在眼眶里上、下、左、右来回转动)、扫视法(眼睛对某一范围的目标单向扫描，要看清扫描路线上的全部目标)。

2)准备一些图片，播放优秀影视剧光碟，注意观察不同人物是如何通过眼神来表现内心情感的。

(3)训练小结：每个同学记下个人的心得。

5.微笑

(1)训练目标：掌握微笑的基本要领，在交往中适宜地微笑，养成爱微笑的习惯。

(2)训练方法：

1)他人诱导法，人们互相通过一些有趣的笑料、动作来引逗别人发笑。

2)情绪回忆法，通过回忆往事，幻想自己将要经历的美事而引发微笑。

3)口型对照法，通过一些相似性的发音口型，找到适合自己的最美微笑状态，例如人们在照相时说“一”“茄子”等。

4)假装微笑法，强迫自己忘掉烦恼、忧虑，假装微笑，久而久之，就会改变心态，发出自然的微笑。

5)牙齿暴露法，用牙齿咬住一根筷子，露出牙齿，做出微笑状。

(3)训练小结：每个同学记下个人的心得。

二、体态礼仪模拟训练

在下列各种体态礼仪模拟训练时，可以播放一些优美的音乐，以放松心情和减轻疲劳感。建议女性穿半高跟鞋，以强化训练效果。

1.站立姿态

(1)训练目标：掌握站立姿态的要领，了解在不同场合下的站立姿态；纠正不良的站立姿态。

(2)训练方法：

1)面向落地镜子，或者两人相向而立、互相指正，按照动作要领体会标准的站立姿态。

2)每人都靠墙站立，做到脚后跟、小腿、臀、双肩、后脑勺紧贴墙壁，进行整体的直立和挺拔训练，持续20分钟(应坚持每天一次)。

3)在头顶放一本书，使书保持水平，以此促进自己挺直上身和腿部，将下巴向内收，持续20分钟(应坚持每天一次)。

4)在两腿之间夹一本书，进行双腿站直的训练。

(3)训练小结：每个同学记下个人的心得。

2.坐姿

(1)训练目标：掌握坐姿的要领，了解在不同场合下的坐姿；纠正不良的坐姿。

(2)训练方法：面向落地镜子，或者两人相向而坐、互相指正，按照坐姿基本要领，着重腿、脚、胸、腹、头、手各部位的训练，进行起坐、落座练习，体会不同的坐姿，训练20分钟（应坚持每天一次）。

(3)训练小结：每个同学记下个人的心得。

3.行走姿态

(1)训练目标：掌握行走姿态的要领，了解在不同场合下的行走姿态；纠正不良的行走姿态。

(2)训练方法：

1)摆臂训练。直立身体，以肩为轴，双臂前后自然摆动。注意摆动的幅度要适当，纠正过于僵硬、双臂左右摆动的毛病。

2)步位步幅训练。沿着地面上的一条直线行走，检查自己的步位和步幅，观察是否正确；纠正脚步过大或过小、“外八字”“内八字”。

3)稳定性训练。将书本放在头顶中心，保持行走时头正、颈直、目不斜视。

4)协调性训练。配合有强烈节奏感的音乐，行走时注意速度、节拍，保持身体平衡，双臂摆动对称，动作协调。

(3)训练小结：每个同学记下个人的心得。

4.下蹲姿态

(1)训练目标：掌握下蹲姿态的基本要领和公共场合下的下蹲姿态，纠正不良的下蹲姿态。

(2)训练方法：

1)利用活动关节、压腿、踢腿等方法，加强腿部膝关节、踝关节的力量和柔韧性训练。

2)按照下蹲姿态的标准，反复进行训练。

(3)训练小结：每个同学记下个人的心得。

三、小结

良好的仪表和体态礼仪有利于社交活动的成功。为了具备良好的仪表和体态礼仪，我们需要通过学习有关知识和自我训练来塑造。

1.仪表和体态礼仪的训练方法

(1)自我检验法。一种方式是列表自查。检查的项目有面部、眼睛、眉毛、耳朵、鼻子、嘴巴、胡须、脖子、胳膊、手指、膝部、脚部等。针对每个部位，检查其清洁度、健康程度和自我满意度，根据礼仪要求提出改进措施。另一种方式是对镜自查。按照我们学习的有关礼仪规范，观察有何不足，进行自我修饰，以求自然和愉悦。

(2)他人评价法。仪表和体态礼仪具有通用的规范性。但是，由于个体的差异和偏爱，每人欣赏观点有所不同，所以，自我欣赏的仪表和体态尚需得到他人与社会的认同。为了符合社会规范，我们可以请他人评价和指点。

(3)专家指导法。聘请礼仪专家或名流，有针对性地进行个别指导，对提高我们的礼仪修养会有具体而有效的帮助；也可以参加这方面的专业培训，从中提升自身技能。

2.坚持训练，形成习惯

为了培育良好的仪表礼仪，我们要掌握基本要求和操作要领，用心理会仪表修饰、眼神、微笑的诀窍，按照标准规范进行练习，日积月累，逐步做到自然、得体、优美。

对于站、坐、走、蹲等各种体态礼仪的训练，我们也必须掌握基本要求和操作要领，要坚持训练，在学习初期，每天用10～20分钟进行认真训练。我们可以观察周围人的各种体态姿势，发现其问题和优点，提醒自己注意改进；也可以请他人帮助指正自己的体态动作，以求逐渐完美。

多次反复训练，时间长久，自然会形成习惯，呈现出良好的体态。

第7章 人际沟通

7.1 人际关系与人际沟通

7.1.1 人际关系

著名科学家爱因斯坦曾感叹道："物理很简单，人际关系很复杂。"美国前总统罗斯福说："成功公式中，最重要的因素是与人相处。"

身居不同社会角色的亲朋邻友都会不同程度地诉说个人发展离不开良好的人际关系。有人说，一个人走上工作岗位后，能否获得发展和成就主要取决于职业能力和人际关系两个因素。可见，人际关系是很重要的。

一、人际关系

1. 人际关系的界定

人际关系是社会关系的一种。社会关系还包括生产关系、政治关系、经济关系、阶层关系等。人际关系是各种社会关系据以实现的基础，是人与人直接联系的媒介。

《辞海》释义：人际关系是人与人之间通过直接交往而形成、发展起来的心理关系。它是较低层次的社会关系，但同时又渗透和影响着社会关系。

影响人际关系的因素有主观因素与客观因素。主观因素包括价值观的一致性，个人的性格、气质、能力等心理因素，彼此间的相似程度，需求上的共同性或互补性。客观因素包括空间距离的远近和交往次数的多少。

人际关系是人们在共同的活动中为寻求满足各种需要而建立起来的彼此之间的心理关系。它主要表现为人们心理上的距离远近、个人对他人的心理倾向以及相应的行为。

人际关系的分类方法甚多。按照个体扮演的社会角色不同，可分为夫妻、母子、师生、同学、朋友等。按照关系的情感表现性质不同，可分为亲密、疏远、敌对等。按照关系持续期不同，可分为临时、长期等。按照关系中所含的需求性质不同，可分为情感性、工具性等。

一定的人际关系表现出一定的人际行为模式。一方的行为模式会引发对方相应的行为。一般来说，正确的行为会引起积极的行为反应；而错误的行为则引起消极的行为反应。这里的"正确"与"错误"判断标准是因人而异的。它与个体对他人行为认知时所持有的各种主客观因素有关。

如何测度人际关系，是个复杂的课题。美国精神病学家莫雷诺(J. L. Moreno)提出了社会关系测量法，用来对个体之间感性联系状态进行测量。

2.人际关系的复杂性

中华文明历史悠久，中国人具有非常复杂的人际关系。它包括“六亲”(父、母、兄、弟、妻、子)，“九族”(其中父族含本人的同族和姑表兄弟、外甥、外孙，还包括岳父岳母，母族含外祖父、外祖母、姨表兄弟)，宗亲、乡亲、同学、同事、同行、同志、好友。

西方文化的特点是“个体重于群体”，强调个人自由意志和独立个性，人际关系相对淡薄。与此不同，中华文化则突出“群体重于个体”，人们希望在群体中完成个体，个人才干集结众人力量而升华，人际关系相当重要。这样一来，就更增加了我国人际关系的重要性和复杂性。

二、形成人际关系的心理因素

形成人际关系的心理因素主要有3种：

(1)认知因素，是指个体对人际关系状况的了解，是人际知觉的结果。

(2)情感因素，是指交往双方彼此在情感上的好恶程度及对交往现状的满意程度。

(3)行为因素，是指具体的人际交往行为。

在上述3种因素中，情感因素起主导作用。它制约着人际关系的亲疏、深浅及稳定程度。人们彼此之间情感的联系是人际关系的主要特征。

要想增强人际关系，必须设法加深人们相互间的情感联系。经验表明，人们的情感联系与彼此的空间距离和交往频率关系密切。

就一般情况而言，空间距离越近，越容易接近、了解和互相帮助，在生活上形成“远亲不如近邻”，不少同学、工友都曾产生过深厚的情谊。

交往次数越频繁，就越易于形成紧密关系，如“青梅竹马”“日久生情”。就个人而言，若具备一些令人喜爱的素质，如平易近人、乐善好施等，则容易有良好的群众关系；“门当户对”的人们因有相似的处境、素养和心态，“心有灵犀一点通”，容易亲近；有时，两种素质完全不同、甚至对立的人，也可能由于互相需要而形成亲密关系，如主观独断的上司与绝对服从的下属，主动支配型男性与被动顺从型女性。

三、人际沟通中的心理效应

在人际关系中，人的知觉会不自觉地产生一些有趣的心理效应，直接影响到对人的判断。正确认识和运用这些特定的心理效应，有利于避开不利的因素，以提高我们人际沟通的正面效果。人际沟通中的心理效应有如下4种：

1.首因效应

首因效应，又称优先效应，是指在人们形成印象的过程中，首先出现的信息比后来出现的信息占有更大的权重。人们的初次见面的第一印象具有新异性，往往给人留下深刻印象，并影响到对人以后一系列行为的认知。

首因效应源于人们知觉的恒常性，当知觉条件在一定范围内改变时，人的知觉的映像仍然保持不变。这是由于人们总是在原有知识、经验基础上感知外界客体，并按照已有印象来解释当前变化的事物。然而,这种效应却造成了认识的主观、片面性。

一般来说,在对陌生人的认知过程中,首因效应特别突出。作为被认识的对象,我们应当注意给别人留下良好的第一印象,以利日后的交往。作为认识的主体,我们应当把第一印象和后续的观察结合起来,全面、客观地认识一个人,给以正确的评价。不要忘记:"路遥识马力,日久见人心"。

2.近因效应

近因效应是指最后的印象对人以后的认知具有强烈的影响。它与首因效应是一个问题的两个方面。也就是说,第一印象和最近印象对于人们认识事物都很重要。

一向表现良好的同学,一旦犯了错误,就会给周围人造成很深的负面印象。也有一些长期关系较好的同学,会因一点小矛盾而反目成仇。这些都是近因效应的表现。

一般来说,在对熟人或久别之人的认知中,近因效应更为明显。我们应当头脑清醒,在与他人交往时,既要注意初次和最近留给对方的印象,也要注意平时留给对方的印象。

3.晕轮效应

晕轮效应犹如起风之前月亮周围形成的晕轮那样,是指个体对某人的某种人格特征已形成好或坏的印象之后,倾向于据此来推断那人其他方面的特征。

晕轮效应使人的认识具有片面性,例如对一个印象不好的人,就会觉得他一无是处,被消极否定的晕轮所笼罩;对一个有好印象和好感的人,就会觉得他什么都好,被积极肯定的晕轮所笼罩。

晕轮效应源于心理定势的作用。心理定势是指个体一定的心理活动所形成的准备状态,它对以后的感知、思维、记忆、情感等心理活动和行为方式起着正向或反向的推动作用。晕轮效应其实就是个体对他人形成的一种心理定势。它使个体按照这种定势对外来的他人信息进行分类、解释和推论,加入已形成的对他人的印象中,并以此作为以后交往的依据。

晕轮效应是个体主观推断的扩展和定型,是一种以偏概全的评价定势。它常带来个体判断的偏差,并导致交往障碍。我们一方面要注意不要被别人的晕轮效应所影响;另一方面,要尽可能利用晕轮效应,增加个体的人际吸引力。

4.投射效应

投射效应是指个体在形成对他人的印象时,总是假设他人与自己有相同的倾向、特性,即把自己的倾向、特性投射到他人身上。

投射效应在大学生的表现中是多种多样的。例如,一个对他人怀有敌意的人,总是觉得对方在敌视自己,而且其一举一动都有挑衅意味;有的人因犯某种错误受到批评时,常常举出某名人也有类似行为来为自己解脱;有的人喜欢背后议论他人,他总觉得别人也在背后议论自己;有的人暗恋某个异性,他就希望对方也喜欢自己,并把对方的一个眼神、笑脸、友好表示都看成是示爱动作等。

投射效应使人在认识他人时产生主观臆断。我们一定要注意克服主观片面性,辩证地、一分为二地对待自己和他人。

5.刻板印象

刻板印象也叫定型化效应,是指个体头脑里存在着关于某类人的固定印象,并以此印象作为评价和判断他人的依据。

刻板印象是在以往有限的经验基础上产生的，源于对人的群体归类。例如，男生心粗、胆大、刚强，女生心细、胆小、娇气；农民淳厚，市民圆滑；老人稳重，青年勇敢等。

刻板印象在人际交往中有利有弊。它使人简化了对他人的认识，有助于对他人的概括了解。但是，它也使人忽略个体的差异性，容易形成对人的偏见。我们在人际交往中，要注意个体的差异，扩大对人认识的广度和深度，做出客观、全面地判断。

四、人际关系对人生的影响

人际关系对于一个人的健康、才能施展与事业成就具有重要影响。

1.影响人的个性发展

心理学的研究指出，幼童与其抚养者之间通过积极的交往所形成的稳定的亲密关系是其心理和生理正常发展的必需条件。如果缺乏这种亲密关系，不仅性格发展会受到不良影响，而且还会出现明显的智力障碍。孤儿院的孩子一旦被某个普通家庭收养，由于改变了人际关系，他与抚养人的关系更加亲密，其个性和智力发展都会有明显的改善。

心理学的研究还表明，如果一个人长期不与别人积极交往，缺乏稳定而良好的人际关系，他就必然有明显的性格缺陷。健康的个性总是与健康的人际交往相伴随的。个性成熟的人都同别人有良好的交往和融洽的关系。他们能够很好地理解他人、同情他人、容忍他人的缺点，乐意帮助和关爱他人。

2.影响人的健康

良好的人际关系使人心情愉快、精神饱满、对生活充满热爱和自信，有利于自身的生理和心理健康。这类人通常都有较好的自我认知，为人乐观直爽，能客观地评价别人，恰当地调适自己与周围各种人的关系，达到团结和谐。

与之相反，不良的人际关系则使人心情不悦、难觅知音、在心理上形成压力，甚至紧张、忧虑，导致病态心理，严重影响心理和生理健康。这类人往往过高评价自己，心胸狭窄，不能客观、公正地对待自己和别人，因而不能处理好与周围群体的关系，造成人际关系的失谐与紧张。调查表明，绝大多数大学生的心理危机都是与人际交往缺乏和人际关系不良有关的。

心理学的研究指出，那些心理健康水平较高的人，往往来自于人际关系良好的家庭。

3.影响人的才能施展与事业成就

无论在小说、影视中还是在现实生活中，都有一些人学识渊博、才华出众，但就是不愿也不会处理好人际关系，以致“虎落平原”，不被群众和组织接纳、赏识，使个人的才能难以施展、屡遭挫折、绩效不佳、命运坎坷；而另有一些人虽然才学平凡、能力一般，却因为善于处理人际关系，“如鱼得水”，促使他“得道多助”、人尽其才、一路顺风、业绩显赫。有人对成功人士进行研究后得出结论，85%的成功人士与良好的人际关系有关。

古往今来，无数事实表明，人际关系的好坏是影响个人才能施展、职业成就的重要因素。而职业成就又与家庭幸福、生活质量密切相关，所以，人际关系也影响到人们一生的个人幸福和命运。

7.1.2 人际沟通概述

人际关系的建立、维持、发展或疏远，是依靠人际沟通来实现的。因此，人际沟通，或者说人际交流，乃是人际关系的动态形式。

事实上，人生在社会上不得不沟通，而沟通总有一定的目的。人们经常有意无意地运用沟通来达到不同的人际目的。

一、人际沟通的定义

何谓人际沟通？根据《辞海》的释义，人际沟通简称"沟通"，是指人与人之间的信息交流过程。它往往是直接的、面对面的信息交流。在社会心理学中，一般把人际沟通分为语言沟通和非语言沟通两类。语言沟通是利用言语交流信息，对人来说，这是沟通的主要形式。非语言沟通包括目光接触、面部表情、身体运动和姿势、人际距离、接触等。

可以认为，人际沟通就是用来达到人际目的的符号交换活动。

这里所说的符号是指人们用于交换思想观点的社会性的可理解符号，包括言语、观点、情感、对象，以及事件的非语言表达。

人际沟通的实质在于信息的传递。信息包罗万象。人们通过交谈或非语言方式，表达彼此的感情、见解和观点。希望传递的信息总是被加工、编码成一定的符号形式，发送给对方；而接收方则以高保真度接收并解码这些符号，以便准确地理解。有效的沟通，就是要准确地理解沟通信息的含义，而并不在于双方是否达到意见一致。

在沟通中，我们总希望所传递的信息能被对方充分理解。由于沟通信息存在于所传递的符号之中，而每个人的信息符号存储系统并不完全相同，因而对同一符号的理解可能会有出入。这会对准确理解对方传送的信息造成障碍。沟通者为了消除这种障碍，就需要因人而异地熟悉并适应对方的信息符号存储系统，尽量使自己选用的符号形式被对方准确、充分地理解。

人际沟通不是一个纯粹的单向活动。它是一个双向、互动的理解和反馈过程。或许你已经向对方表达了自己的见解，但这并不意味着对方已与你实现了沟通。当对方尚未对你发出的信息做出反馈时，还没有产生预期的沟通结果，这时并未实现沟通。只有通过双方的符号传递、理解和反馈，互相作用，才能实现有效的沟通。

二、人际沟通的目的

概括而言，人们通过人际沟通要达到的目的如下：

1. 营造期望的人际关系

良好的人际关系会给人们带来精神愉悦和物质利益。因此，人们不惜花费大量时间和精力，采用多种沟通方式去培育诸如亲情、友情和爱情等美好的人际关系。

不同的人际关系是不同的人际沟通的产物。人们通过不同的沟通行为，可以达到建立、维持、发展或疏远、结束彼此之间的关系。

要维持关系，需要保持经常性的联系和必要的礼尚往来活动。要发展关系，需要增进彼此间信任和了解，更加亲近和相互依赖。要疏远关系，只需逐渐减少沟通，直至断绝沟通，便可达到目的。

2. 树立个人形象

人们通过特定的沟通行为，使个人形象按预想的目标展现在人们面前，树立美好的个人形象。

一般来说，每个人的各种行为除了其工作目的外，还包含有要别人按照个人内心希望的那样来看待自己。例如，想要树立精明强干形象的人，在沟通时常常谈论自己的见多识广、特长、成绩等；想要建立并发展良好关系的人，在沟通时往往表露出微笑、点头、同意对方观点、“相见恨晚”。

3. 满足某种需求

人们通过多种沟通行为，争取获得帮助、支持、利益、职位和荣誉，或者得到某种有用的资源，从而满足个人或他人的某种需求。在进行此种目的的沟通时，往往牵涉个人形象和他人的利害关系，必须全面考虑，尽可能做到识大局、顾大体、事业为重、脱离低级趣味。

由于人们的具体沟通背景千差万别，所以，其沟通目的也各不相同。有时还会同时涉及两个以上的目的，需要分清轻重缓急，有所取舍。

三、人际沟通的原则

人际沟通的基本原则是尊重、互惠、相容和诚信。

1. 尊重

人人都有友爱和被尊重的需要。古语：“爱人者，人恒爱之；敬人者，人恒敬之”。进行沟通的双方都必须互相尊重。尊重包含自尊和尊重他人两个方面。自尊要求个体在各种场合都要做到自重、自爱，不做有损人格尊严之事。尊重他人就是重视他人的人格和价值，承认他人在人际沟通中的平等地位。

通常，人们是不愿意和那些不尊重自己的人交往的。只有面对真心接纳自己、尊重自己的人，人们才会乐意进行沟通，并取得良好的效果。

2. 互惠

每个人在生活和工作中都难免有需要别人关爱、帮助的地方。互相关心、互助互惠，是人际沟通的客观需求。

心理学家研究发现，以帮助和互相帮助为开端的人际关系，不仅容易确立良好的第一印象，而且可以迅速缩短彼此间的心理距离，从而建立起良好的人际关系。

人际沟通一般是为了在精神上或物质上进行协商和交流的。其基本原则是互惠互利，既要感情，又要功利，达到需求平衡、利益均等。为此，需要互补与协同，当双方的需要以及对另一方的期望正好成为互补关系时，就会产生强烈的吸引力，促使沟通成功。

3. 相容

相容是指与人沟通时的容纳、包涵、宽容和忍让。它要求我们能够站在对方的角度去理解和处理问题，善于发现对方的价值，容忍对方的不同观点和行为，尽可能帮助他人。

要做到心理相容，应当注意增加沟通频率，寻找共同点，求大同存小异，在不违背原则、不损害国格、人格的前提下，尽量做到宽容。在发生冲突时，要有耐心，可以在情感能以接受的范围内作出调整和让步。“风物长宜放眼量”，不可为了争一时一事之高低而影响了长远的人际关系。

4. 诚信

坦诚布公、言而有信是结交朋友的基本法则。在人际关系中，取信于人是非常重要的。墨子曰：“言不信者，行不果”。没有真诚和信用，就不可能与他人建立并保持良好的关系。

诚信，就是要说真话，守诺言。在与人进行沟通时，一定要说话算数，不轻许诺言；要热情友好，以诚相待，不卑不亢，端庄谦逊，充满自信。人们总是对那些具有诚信品德的人怀有亲近感、信任感和安全感，愿意真心实意地同他们结交和共事，并保持长久的良好关系。

7.2 人际沟通的方式

语言是人际沟通中最重要、最便捷的沟通方式。非语言符号也在人际沟通中起着举足轻重的作用。语言沟通和非语言沟通各有其重要性，在不同场合分别起着主导作用。

7.2.1 语言沟通

语言是人类最重要的交际工具。它同思想有密切的联系，是人类形成和表达思想的手段，也是人类社会最基本的信息载体。人们借助语言保存和传递人类文明的成果。语言是人类区别于其他动物的本质特征之一。

就其机制而言，语言是社会约定俗成的音义结合的符号系统。它随着社会的产生而产生，并随着社会的发展而发展。作为一种符号，其作用是象征、指代现实世界的真实对象，当然也指代语言本身。语言用做沟通工具，依靠的是语言的意义。

一、语言沟通概述

1. 语言沟通的特点

语言沟通有 3 个特点：

(1)语言带有任意性。语言是人们根据不同需要和不同理由创造的。人、事、物之所以这样说而不那样说，并无本质性的道理。同一词汇，对于经历不同的人可能会有不同的具体指代，避免把意义弄混；另一方面，指代相同的对象，也可以使用不同的词汇。

(2)语言是根据沟通的目的选用的。沟通双方大多都试图解决某种问题。他们是根据其目的来选择词语的。所用词语的内涵信息体现着沟通活动的目的。通常，人们按照实用的连贯性或者词语与沟通目的的关联程度来理解。

(3)在沟通中如何运用语言，存在着不同的观念。针对在沟通中的语言使用问题，通常有 3 种观念，即表现型、常规型和修辞型。表现型者认为“言为心声”，沟通即表达思想和感情，言辞不必经过任何修饰。常规型者认为沟通乃是一种游戏，沟通言辞应遵守社交游戏规则。因而在进行沟通时，要注意言语表达，力求以适当的方式来达到预期的目的。修辞型者认为沟通是为了建立良好的人际关系；语言表达和社交规则可以根据人际目的的差异来选用。

当沟通目的比较简单时，这3种观念所用的沟通方式可能大致相同。但在许多复杂的沟通情景下，所用的沟通语言却有明显的差别。

2.沟通语言的阐释

要想确切地阐释沟通语言的意义，我们需要掌握阐释语言信息的层级模式。这类模式有许多，其中应用最广的是美国学者皮尔斯(Pearce，W. B.)和科林(Conklin，F.)的意义层级模式。

意义层级模式把语言意义分为5个层级：

第1层是行为，是对语言的原始感觉。

第2层是语言陈述，阐述语言信息的文字意义。

第3层是语言表现，词语既有其本身含义，又可表现字面意思以外的内容。

第4层是情节，一系列互相关联、有着明确开始和结束的互动行为。人们应把情节作为阐释语言的指导性框架，使用各种有关情节的资料来阐释语言。

第5层是原型，人们习惯地从模式内部因素的角度解释相关话语。

3.语言禁忌

语言禁忌是指在人际交往活动中故意避免使用某些词语而另择代称的语言文字应用现象。常见的语言禁忌有下列4种情况：

(1)在日常生活中，人们都有祈福避祸的美好心愿，为图吉祥顺利，撑船的人忌说“沉”“翻”；上山的人忌说“蛇”；探望老弱残病者忌说“死”等，甚至连同其谐声词语也在禁忌之列。

(2)直称尊长之名，被认为不敬，故须避讳。

(3)涉及死亡、生育、排泄、性等的词语，因其粗俗或不雅而须禁忌。

(4)出于礼貌原则，现代服务行业规定了一些忌语。

语言禁忌导致了禁忌语和委婉语的形成。

二、倾听

要想有效地实现人际目的，我们必须善于倾听。倾听就是认真聆听对方的讲话，体验其内心感受，接纳其思维方式，设身处地地理解对方、信任对方、准确地认知对方的意愿。

倾听是阐释信息的基础。通过倾听，可以培养对他人愿望和需求的感知能力，提供分析问题、解决问题的新思路，提供理解他人思想感情的途径，有助于建立良好的人际关系。

事实说明，倾听的方式影响着对沟通语言的解释。下面介绍两种有用的倾听方法。

1.同感倾听。

美国学者皮尔逊对同感倾听有精湛的研究。他认为同感就是“用别人的眼光来观察世界”。他明确地列出了6种同感倾听的言语技巧：

(1)建议补充说明；

(2)寻找共同的经历和观点；

(3)用明确的语言作回答；

(4)使用描述性而不是评论性的语言作回答(避免使用恩赐式、恐吓、鄙视、讥讽或品头论足式的语言)，不要向对方提建议；

(5)给予积极、肯定的回答；

(6)通过对对方感觉的反应，通过核实性的反馈，来表示自己的理解。

对于沟通效果和人际关系的发展而言，同感倾听至关重要。

倾听方式的选择取决于人际目的。如果沟通目的在于互相理解和照顾沟通对象，则适于使用同感倾听。

2. 协商式倾听

协商式倾听是积极倾听的一种行之有效的方式。积极倾听者把自己的全部精力，包括态度、知觉、信仰、感情、直觉都投入到沟通活动中。这要求沟通者既要积极地把握对方言谈的中心内容，又要注意其中内在含义，并用自己的观点提供支持意见。

在许多情况下，如对沟通对象有成见、语言本身有障碍、注意力集中在个人身上、环境干扰等，都会影响协商式倾听的效果。针对这些可能出现的障碍，沟通学家提出了一些应对措施，如请求补充说明、提问、变化答语、给予肯定回答、明确回答、阐述个人的理解、避免沉默不语等。

在要求回应的沟通中，协商式倾听起着积极的作用。特别在以确定关系地位和保证关系安全为目的进行沟通时，最宜用协商式倾听。

有些时候，我们可能需要综合运用上述两种倾听方式。

为了提高倾听技巧，我们应当注意 5 个方面：①学会沉默；②在没有准备的情况下倾听；③抓住对方观点，避免曲解；④善于提问；⑤在理解别人的观点前避免争论。

7.2.2 非语言沟通

非语言沟通是指使用除语言外的所有方法进行的人际沟通。

一、非语言行为

根据心理学家贝克(C. W. Back)的研究成果，可把非语言行为分成无声的动姿、无声的静姿和有声的辅助语言与类语言 3 种。

对于非语言行为的研究，一些学者采用功能方法进行探讨。就非语言沟通而言，其功能就是沟通动机、目的在沟通情景中所达到的效果，包括传达喜欢、亲近、显示个人才干、支配他人等现象。这有 3 层含义。第 1 层，单一的非语言行为(如一瞥)在传达和接受特定信息时并非完全有效，而结合在一起的系列非语言行为则可实现一定的功能。第 2 层，混合使用不同的非语言行为(如表情、体态、声调)可以实现一种功能。第 3 层，任何一种非语言行为都可以用来实现多种功能。例如，依靠情景效应，目光的频繁接触可以传达亲近、支配、注意或威胁。

了解各种非语言行为可能产生的功能，对于提高我们进行非语言沟通的效果是十分必要的。下面从相貌、表情、体型、体态和性别 5 个方面加以说明。

(一)相貌

在人际沟通中，作为非语言信息，相貌的重要性是众所周知的。在封建社会里，苏妲己和杨贵妃的天姿国色曾使殷纣王和唐明皇“不爱江山爱美人”。人们都希望与英俊美貌的人相处，当生活在其间时，会感到愉悦和自信。与相貌平凡者相比，相貌俊美的人拥有更多的约会机会、交际对象和发展机遇。

人们对于相貌的认知，往往先入为主，并难以改变，存在着一种偏向性和凝固性。不仅成年人，连儿童都认为相貌俊美的人应当而且能够得到优良成绩、发展机遇和丰厚待遇。人们认为容貌美丽的人善良敏感、柔顺随和、善于交际等。国外曾有过一次交际实验，在332名男女大学生每两人一起参加舞会后，询问他(她)们是否希望再次同对方约会，结果显示，希望再次约会的关键性因素既不是气质和性格，也不是高智能，而是美貌。

(二)表情

在对人类表情的研究中，不同的学者从不同角度出发，却获得了一致的结论，即人类具有共同的表情模式。

1.表情模式

人类究竟有哪些具体的表情模式呢？1924年，美国行为主义心理学家奥尔波特(F. H. Allport)在其专著《社会心理学》中把人类表情分为6类：痛忧、惊怕、愤怒、嫌恶、快乐和其他。1966年，奥斯古(C. E. Osgood)提出了新的论述，将人类表情分为9类：愤怒、惊奇、悲痛、厌恶、厌烦、愉快、期待、快乐和恐惧。

如果静止地、单个地来看，每种表情并不难辨识。但在实际沟通中，常常有两种以上的基本表情混合在一起呈现。例如，抱怨里面混合有生气和厌恶，这种混合表情就很难识别。

社会文化对人类表情有着深刻的影响。这是现实中难于识别表情的另一个重要原因。例如，儒家文化强调人的言行要合于礼。这使人们特别注意自己的面部表情。表情要受到礼的约束，不可“逾矩”。

在同一文化背景下，人们的表情模式也并不是一致的，仍然可能会有很大的差别。究其原因，这与性别差异、性格差异和表情风格差异有关。一般地说，女性比男性更喜欢笑；而男性的表情则非常有限，经常故意地掩饰真情。研究发现，性格内向的人一般远离社交或交际面狭窄，在交际中不善表达情意；性格外向的人大多喜欢社交，自信心强，有一定的支配欲望。

2.表情风格

人们对沟通风格进行了研究，总结出有8种类型的表情风格：

(1)抑制型——毫无表情，不显露个人内心感觉。

(2)展示型——喜欢不断地显露个人感情。

(3)无意义表现型——不能有意识地表现个人情感。

(4)无表情型——自信已表达了感情，但脸上却不露声色。

(5)替代表情型——自信已表达了感情，实际上却用另一种表情代替个人内心真实表情。

(6)表情凝固型——面部留有抹不掉的情感痕迹，难以显露其他表情。

(7)表情准备型——在任何情境中的第一反应总是表达一种特定感情，如惊讶，然后才显露出现实感情。

(8)表情洋溢型——这类人通常只有一种或两种表情,面部始终洋溢着其中一种表情。

这些表情风格的巨大差异,在一定程度上构成了沟通障碍。只有在沟通实践中通过摸索、深化认识、积累经验、分析归纳,才能突破障碍,达到沟通目的。

(三)体型

一般来说,女性比男性更加关心体重和体型。

关于体型,人们已有约定俗成的分类:肌肉强健型、偏胖型、偏瘦型和极瘦型。对于肌肉强健型的身强体壮者,广受社会偏爱;对于偏胖型的体态丰满者,人们有着一般的认同;对于偏瘦型的身材瘦小者,人们常有短小精悍、机智灵巧、清洁利索等印象;对于极瘦型的枯瘦如柴者,历来人们一直持消极态度,中外名著里的艺术形象阿Q、孔乙己、堂吉诃德等的不幸人生遭遇从一个侧面反映了这类人所受的社会歧视。

出于性别的偏见,强健型或偏瘦型的女性被人们认为美好而受喜爱;男性则以肌肉强健型为完美形象。

应当指出,人们对于体型的看法并非一成不变的。随着社会的发展,审美观点和健康状况都在发生变化,这必将影响人们对体型的态度。例如,我国唐代推崇偏胖型的美女,现代的女性则要"瘦身"、追求苗条。

(四)体态

一个人在举手投足之间,往往能够显示出个人的文化素质、精神状态和自信程度。

关于手臂的动作,在沟通中可以归纳为4种类型:

(1)调适型,用来满足个人身心需要,如摸手臂、抓头发、绞手指,双臂紧抱,不自主地摆弄钢笔等小物件。

(2)说明型,强调动作,边说边比划,指点空间,猛砸手掌等。

(3)象征型,属于对某种文化或亚文化具有特别意义的手势,如在中国,竖起拇指一般表示称赞;而在美国,竖起拇指则表示他想搭便车。

(4)调整型,属于用来保持或调节沟通顺序的手势,例如在记者招待会上有许多记者举手要求提问,只有被主持人指定者才获准发言。

(五)性别

两性生理差异和沟通动机不同等原因,造成了非语言沟通的性别差异。

美国人类学家爱德华·霍尔(A. Hall)关于成人之间非语言沟通性别差异的调查结果表明:

女性有更多的自我意识,更多的温柔和微笑;话音清晰连贯、柔声细语、和谐悦耳;善于触摸,喜欢包容,喜欢直接坐在沟通者对面;能更好地表达感情,更精确地观察对方、判断感情。她们更多地注视别人,也更多地被别人注视。在双方都不说话时,她们又会躲开直视的目光,或者朝一边看。

男性在沟通场合喜欢拥有更广阔的空间，比较豪爽，容易放松或漫不经心；有更多的不安动作，说话声音洪亮，言谈中使用更多的临时停顿，可能出现更多的话语错误。他们更喜欢打断对方谈话。

二、非语言行为的内涵

许多非语言行为在日常沟通中具有特定的内涵。了解并掌握其中的奥秘，对于提高沟通效果极为有益。我们把这些常见的非语言沟通行为归纳如下：

1.表示喜欢和亲近的非语言行为

沟通人所处空间距离的远近，是影响沟通效果的因素之一。缩短彼此距离，直接面对，加强目光注视，点头、斜靠、微笑，示人以愉快的表情，采用适宜的坐姿，增加手势，等等，这些都表示沟通双方已达到一定的亲近层次。一般性的人际交往大多保持一定的空间距离。

朋友之间主动地注视、微笑，面部表情和悦，彼此距离很近；避免自我触摸、交叉双臂等不安或不舒适等举动，这些都是表示友谊的非语言行为。

通过微笑、积极的面部表情、握手，表达热情、友好和亲近。

2.表达约会兴趣的非语言行为

显示对约会感兴趣的非语言行为有目光频繁接触、频频微笑、不时斜靠、频繁地靠向一边、彼此之间靠得很近、有意无意地采取面对面姿态、因幽默发笑时捕捉异性的目光、停止自己正做的事而注意对方等。

3.表达爱意的非语言行为

表达爱意存在着一系列的非语言行为。

首先，通过握手、对视、微笑、祝福、滑稽动作等来向对方发出信号，引起注意。如果确实引起了对方的注意，在相互认知之后，沟通者会采取面对面的位置表达爱意。接着，会出现进一步的刺激和暗示性示爱行为，如凝视、挑逗的目光等。最后，沟通者决定是否确立亲密关系。

对于自己感受到的示爱行为，不可采取错误的回应。在进一步行动之前，一定要从多种渠道（面容、体态、语言、声调等）寻找多重和反复的暗示行为来加以证实。

4.欺骗者的非语言行为

在沟通中可能会遇到撒谎。撒谎的目的是造成误导，处心积虑地使对方形成错误的看法。撒谎者十分注意言谈不露破绽，做到自圆其说。但是，由于内在心理和生理的变化（焦虑、心虚、害怕败露、刺激、注意力集中在语言上等），必然在外观的非语言行为上有所反映。

沟通学者通过研究，提醒人们注意，那些不可靠的，可能与欺骗有关的非语言行为如下：目光闪烁不定、眼睛频频盯人、摇头晃脑、瞳孔扩大、耸肩、位置移动、腿脚移动、声调特高、自我指谓（指称“我”“我的”次数较多），说话错误不断、反应时间长（提问题与回答问题之间犹豫不决，回答问题的时间间隔过大）、装模作样。

7.3 培养人际沟通能力

一般来说，人际沟通能力是解决一切人际沟通问题，达到一切人际目的的基础。一个具体的沟通活动究竟如何开展，能否取得成功，是由沟通双方的能力决定的。在一些人际关系的处理中，有的人驾轻就熟、游刃有余；有的人却生硬拘谨、举步维艰。这反映出他们的人际沟通能力相差悬殊。

由于人际沟通能力直接影响到沟通活动的成败，所以，许多学者对它进行了专门研究。

7.3.1 人际沟通能力概述

一、人际沟通能力的构成

斯皮茨波格(Spitzberg. B. H)和卡帕克(Cupach. W. R)提出人际沟通能力是由动机、知识和技能3部分构成的。

1. 动机

动机是指引起和维持个体活动并使活动向某一目标发展的心理过程或内部动力。它是促成沟通者在各种沟通情境中参与或避开某种沟通活动的心理动力。人们总想通过沟通达到一定的目的，得到自己想要的东西。因此，针对某种特定目的，如果沟通有望成功，则沟通者信心倍增地投入；如果信心不足或认定失败，则避开这一目的。

在每次沟通之前，人们并不能准确地估计自己的需求和能力，但应明确个人的生活价值观念。我们要明白自己需要什么，要付出多少才能得到所需，从而指导我们的人际沟通活动。

2. 知识

一旦产生了达到某种人际目的的动机，人们将制定实现目的的计划。这就要依靠往日积累的沟通知识。通常，人们并非针对每一次活动都要制定一个计划，而是针对大体相似的沟通情境就采用相似的计划。这要求沟通者具备用于达到有价值目的的备用计划，也即沟通的程序知识。

这种沟通的程序知识能够确定如何辨识沟通情境和采用何种具体的沟通途径。这种知识的获得来自三个方面：一是往昔的个人经验，二是观察和借鉴他人的成功经验，三是人际能力原型。人际能力原型就是指每一个具体沟通情境程序的典型代表。研究不同的原型，便可以掌握不同社交场合的“游戏规则”。当然，由于这些原型各有其局限性，对于千差万别的现实特定情境，我们还必须重新设计具体的行动计划。

3. 技能

这里所说的技能是指在沟通活动中表现出来的行为。有的人可能既有沟通动机，又知道如何沟通，俨然“胸有成竹”，但是，一旦临场，却慌乱失态、不知所措。这种仅有理论知识，但缺乏实践能力的人，在社交活动中很难取得成功。要培养和提高沟通能力，重在实践，必须积极大胆地参与人际沟通活动，在实践过程中锻炼和提高沟通能力。

二、个性对沟通能力的影响

个性差异会导致人们人际沟通能力的巨大差别。下面从个性的组成因素、控制能力、对沟通对象的认知能力、争辩、沟通焦虑、孤独等方面加以说明。

(一)个性的组成因素

根据米勒(Miller)和里德(Read)个性人际模式,个性包含有4个组成因素:目的,计划,资源和理念。正是这些因素决定了人际沟通的个性特征。

1.目的

目的是指人们追求的某种状态或结果。一般来说,因人而异,存在着初级目的、基本目的和高级目的等层次。目的不同,沟通者的动机和行为也就不同。例如,一个追求友谊的人具有友好的动机,乐意与人联系和互助;一个追逐利益的人则轻视友情活动,把大量时间花在个人计划和形象设计上。

性别不同,表现在沟通目的的追求上也有很大差别。

2.计划

计划是指为实现某种沟通目的而制定的一系列行动方案。

3.资源

资源是指人际模式中的3种基本资源:个人资源,情境资源和关系资源。

个人资源包括个人的身体特点、知识、财产、权力,以及沟通技巧和处理事务、缓解压力、平衡情感的能力。

情境资源包括接近那些能够帮助我们实现沟通目的的人(拥有权力、地位、金钱者)的方法,提供接近对象(如电脑、通信、交通工具等)的方法,或者取得经验(如参加志愿工作,为以后求职铺路)的方法。

关系资源包括来自朋友的感情支持和其他使沟通者结合到一起的资源。

4.理念

人们对于世界和人际关系的理念存在着差别。这将影响到他们参与沟通的计划和手段,影响到如何去使用其沟通资源。例如,一个相信"人性善"的人会比相信"人性恶"的人更加主动地参与沟通,与人沟通,共度人生。

(二)控制

1.自控行为

自控,即自己控制个人的行为,是一种与个体自我意识相联系的个性结构。

高自控者属于实用自我观,按照特定的社交情境和角色来确定他或她的身份。他们能在社交场合密切注意个人行为与他人行为,使其行为符合沟通情境的需求。他们有强烈的对话动机,能营造对话环境;熟练地运用表情控制,显示出一定的灵活性和包容性;及时了解周围正在发生的事,从而采取适当的应对措施;针对特定的目的而选择特定的朋友,容易变换朋友。

低自控者属于原则性自我观,按照个体性格和特征来确定身份。他们选择能反映其本质的理念、态度和倾向的语言及行为。他们依据与其真实自我观念吻合的方式去行动,大多是表里一致,不做表情控制。他们认为人际关系以情感为基础,包容性强,与朋友的关系深厚而持久,不因沟通情境不同而改变。

2.控他行为

在个性上控制他人或被他人控制的程度不同，对于人的沟通能力有着严重的影响。我们把这种行为称为“控他”行为。

控他意识强烈的人，把获胜动机置于友情之上，在人际沟通中热衷于追求个人利益，甚至达到只求目的、不择手段(奉承、欺骗、不讲道德等)的程度。他们改变观点的可能性较小，朋友较少。他们喜欢操纵他人，变幻无常。他们会随着沟通的发展寻求灵活而有效的途径，运用感情魅力，取得良好沟通效果。控他意识薄弱的人，在社交中把保持人际关系作为重点，不做有损友谊之事。

3.内控者与外控者

每个人对自己的行为方式和行动结果有着不同的认知定向。

一类人相信后果决定于个人在相关事情上的投入，认为自己能够从内部控制事情的发展与后果，称之为内控者。内控者认为：回报等于能力加努力。

另一类人则相信命运、社会机遇等因素，认为个人生活中多数事情的后果是自己不能控制的外部力量作用的结果，称之为外控者。外控者认为：回报等于情境加幸运。

在社会沟通领域，研究发现，上述两种观点对于人际模式的目的、计划、资源和理念产生极大的影响。这具体体现在两个方面：其一，内控者会为实现沟通目的而坚持不懈地竭力影响他人，坚信能取得成功；外控者则认为“成事在天”，只做有限的努力。其二，内控者依据所得回报取决于自身努力的理念，运用激励、情感控制、个人说服力来影响和带动他人；外控者则在沟通中常常依靠外部压力来影响对方。

(三)对沟通对象的认知能力

人们对事物的观察和描述存在着巨大的差别，对于沟通对象的认知能力也相差悬殊。优秀的社交者对沟通对象的观察和描述比较全面、深刻、细微，包括对方的思想信仰、起居习惯、待人接物特征。他们具有高于常人的人际沟通能力。人们把他们的认知技巧归纳为如下5种能力：

(1)推断沟通对象动机及其行动后果的能力。

(2)认识和理解他人情感状态的能力。

(3)综合沟通对象不一致信息的潜在能力。

(4)避免简单化、表面化地评价他人的能力。

(5)传达和理解他人观点、认识、情感和动机的能力。

(四)争辩

由于个性不同，在人际沟通中，有的人喜欢争辩，有的人避免争辩。不难发现，在各种社交场合，喜欢争辩的人总是乐于在一起。

在争辩中可能会出现言语侵犯。两者都具有攻击性，但却有本质的差别：争辩是在攻击对象的观点，经常与建设性结果相联系；而言语侵犯则是攻击对象的个性，往往引发消极的人际冲突。

(五)沟通焦虑

一些人对于自己在沟通情境中如何行动、被人如何评价感到非常焦虑,这在心理学上称为沟通焦虑。焦虑者和非焦虑者在社交关系和沟通行为方面都有较大差别。

焦虑者一般约会少,掌握的社交技巧也少。他们很可能通过非语言行为显示出内心的焦虑。他们对于保持对话和控制沟通具有更多的相关变量。

高度焦虑者或忧惧者会对沟通者个人生活造成危害,限制他们获得达到工具目的的能力。

当前,无论在大学校园还是社会职场,随着生活节奏的不断加快,普遍地出现了沟通焦虑现象。这在一定程度上影响到人们的学习、工作和生活。要消除这种影响,必须学习社会心理学的知识,多多参加集体活动,广交朋友,培养必要的社交技能。

(六)孤独

这里的"孤独"是指由于个人希望与实际社交的矛盾而造成的痛苦经历。

形成孤独的起因多种多样,例如,有的人由于组织和他人不能帮助自己达到有价值的目的;有的人由于得不到组织和他人有效帮助的时间持续得相当长久;有的人特别需要亲朋好友,并希望同他们一起活动,但却没有这样的人;有的人希望有一个伴侣,但长期以来却难于寻觅。

环境的变迁、缺乏必要的社交技巧、生活中出现的不幸和遭遇,往往会给人造成短暂的情境孤独。对此,孤独者如果归因于外在不稳定的可控因素,相信自己有能力把握这种变故,则可能逐步摆脱出来;如果归因于内在稳定的不可控因素,认为孤独是无可奈何、无穷无尽的事,则有可能变成长期孤独者。与情境孤独者和无孤独症者相比,长期孤独者极端缺乏沟通能力,甚至可能放弃各种人际沟通目的,远离社交圈,完全丧失沟通能力,陷入孤独的深渊。

7.3.2 培养人际沟通能力

一、培养人际沟通能力的技巧

当前,由于独生子女现象、封闭教育方式、人际沟通培训缺乏等原因,使得相当一部分人不具备应有的沟通能力,甚至因沟通功能失调而导致病态个性,严重地影响了学习、工作和生活。越来越多的人认识到了人际沟通能力的重要性。用人单位都很重视应聘人员的这一素养。

我们在前面已经阐述了个性与人际沟通能力之间的密切关系。不难看出,良好的个性有利于提高人际沟通能力;而人际沟通能力的提高,则又促使个性向着健康的方向发展。

人际沟通能力包括动机、知识和技能3部分。人们必须具有沟通的心理动力,即沟通动机;掌握一定的人际沟通知识和沟通技能,才能比较顺利地进行沟通活动。

我们从下述6个方面来培养和提高人际沟通能力:

1. 灵活性

灵活性是指根据不同的沟通场合改变沟通行为和调整沟通目的的能力。这要求我们参加相当数量的各种沟通活动，积累足够的沟通体验和技能，从中学会因人、因时、因地而异地选择合适的沟通行为。

对于不同的沟通情境，要镇静地做出正确的认知和判断。理解和确认对方的自我表达目的，从而帮助自己调整沟通目标。

在沟通中，要适当把握自我表露的广度和深度；要提高使用语言和非语言方式表达思想、观点和感情的能力。另外，要尽可能学会机智幽默，这有助于使沟通由沉闷变为活跃，消除沟通的紧张和尴尬。

2. 沟通融入

沟通者必须自觉地融入。这体现在认知和行为两个方面，例如点头、口头表达或眼神暗示等。

面对具体沟通情境，人们应当明确自己的角色形象，知道说什么，理解沟通中产生的各种感情。注意观察，了解对方如何观察、研究和看待自己。要聚精会神地专心沟通（不要过分关注自己），认真倾听，做到以沟通对象为中心。

3. 沟通控制

在沟通中，人们并非被动地适应沟通情境，还可以主动地控制它。高明的沟通者懂得如何对沟通进行操作和控制。

我们要学习通过控制或妥协、点头或摇头、话题引伸和转换、提出问题、变换声调等举动来对沟通进行控制的技巧和能力。

4. 同感

同感意味着用对方的观点来观察和认识世界。

同感不是同情。同情是自发地对对方的感情或行为表示怜悯，不一定都是理智的感情反应。同感则是有理智的参与，是“将心比心”的理解。

在沟通中，人们要运用同感倾听来学会理解对方。

5. 有效

人们希望每次沟通都能达到一定的效果。能不能在不放弃其他重要目的的前提下来获得预定的结果，这取决于自己的沟通能力。

人们应当竭尽全力使沟通达成一定效果。

6. 合适

合适是指沟通行为要适合于具体沟通情境的要求。一般来说，要做到服饰得当、举止文雅、注意倾听、相互尊重、求同存异，力求以合适的行为争取预想的效果。

在沟通中，有时难以做到有效与合适两者兼顾。因为合适的行为并不总是与良好的效果共存的。例如，在人际冲突中，如果避免争辩就同意对方的观点，虽然行为合适，但却放弃了个人理念，没有积极的效果；相反，如果使用极度的竞争策略取得某种有利的结果，虽然卓有成效，但却损害了自己在他人心目中的形象。在这种情况下，我们需要权衡利弊，从长计议，酌情处理。

要想了解个人的人际沟通能力，可使用沟通能力自测表，附录3列出了简便易行的一种自测表。

二、民间交际口诀

在长期的社会生活中，人们积累了建立良好人际关系的许多经验。在一些地区广为流行的交际口诀就是最具代表性的一种。口诀的内容浅显易懂，便于记忆和实践，虽无严谨的科学性，但只要付诸实施，却能收到有益的成效。

交际口诀共有40个字：一表人才，两套西装，三杯酒量，四圈麻将，五方交友，六出祁山，七术打马，八口吹牛，九分努力，十分忍耐。

一表人才，是指由天生的外貌和后天习得的素养构成的个人形象。在交际活动中，要重视第一印象，必须用心调整自己，尽量给人以良好印象。

两套西装，其意并非刻板地指冬、夏各有一套西装，而是强调穿着要合时宜。在不同场合，着装要自然得体，不违时令、不失身份也不怪异。

三杯酒量，这里“酒”是泛指交际场合通用的各种饮料(酒、茶、咖啡、果汁等)；“三杯”也不是机械地定量，其实意为适量、不过分。人们相处，经常借聚餐、小酌来增进友谊，完全不予理会并非良策。在这方面，应当从众随俗，具备必要的应酬能力。

四圈麻将，这里“麻将”是泛指许多交谊活动方式，包括麻将、台球、保龄球、棋牌、游泳、登山等；“四圈”的意思是适可而止，既有一定活动量，又不影响健康和正常生活，达到增强情谊、宾主尽欢。

五方交友，是说在结交朋友方面，不要自我设限，要尽量扩大交友的范围。结识各行各业的朋友，不但能开阔眼界、增长知识和阅历，而且可随时请教，获得更广泛的帮助，甚至有时，“多一个朋友多一条路”。

六出祁山，本是当年诸葛亮不折不挠的“伐魏”历程。此处借用，意在说明在交际过程中并非一帆风顺的，常常会出现误会、分歧、乃至对立，要想方设法、妥善应对；要能经受住挫折，不怕困难、坚定信心、持之以恒。

七术打马，意指人们对上级或长辈难免有些拍马、颂扬的行为，以示尊重或讨好。人们应当尊重上级和长辈，以做好本职工作为要任，给上级和长辈留下好印象。这有利于在适当机会获得提携。

八口吹牛，是适当地自我推销，做到自信而不过分。通过自我介绍，让别人了解自己在某方面有何能耐。绝不可脱离个人实际，自吹自擂，否则将失去周围人的信任。

九分努力，是要持久不懈地做出许多努力。我们知道，努力的人未必都能成功，但不努力的人肯定难以成功。良好的人际关系的建立、巩固和发展，同样也需要培育、浇灌，需要付出相应的长期劳动。

十分忍耐。要求做事有恒心、有毅力；要宽容待人，有承受挫折的能力，不可因小事而乱大谋。忍耐对自己是很不情愿、甚至很痛苦的事，但为了事业，为了建立有利的人际关系，必须有足够的忍耐精神。忍耐常使人豁然开朗，“忍一忍风平浪静，退一步海阔天空”。忍耐常能化解不少障碍，使人获得意想不到的好处。

了解上述口诀并不困难，但也不产生什么功力。只有把它体现于个人的社会实践，持之以恒，才有可能达到预期的人际沟通目的。

7.4 课堂活动——大学生人际关系综合诊断

下面列出了人际关系综合诊断量表的28个问题，通过对这些问题的回答，可以分析出答题人的人际关系特征。

一、大学生人际关系综合诊断量表

(1)关于自己的烦恼，有口难言。 (　　)
(2)与生人见面感觉不自然。 (　　)
(3)过分地羡慕与嫉妒别人。 (　　)
(4)与异性交往太少。 (　　)
(5)对连续不断的会谈感到困难。 (　　)
(6)在社交场合感到紧张。 (　　)
(7)时常伤害别人。 (　　)
(8)与异性来往感觉不自然。 (　　)
(9)与一大群朋友在一起，常感到孤寂和失落。 (　　)
(10)极易受窘。 (　　)
(11)与别人不能和睦相处。 (　　)
(12)不知道与异性相处如何适可而止。 (　　)
(13)当不熟悉的人对自己倾诉他的生平遭遇以求同情时，自己常感到不自在。 (　　)
(14)担心别人对自己有什么坏印象。 (　　)
(15)总是尽力使别人赏识自己。 (　　)
(16)暗自思慕异性。 (　　)
(17)时常避免表达自己的感受。 (　　)
(18)对自己的仪表缺乏信心。 (　　)
(19)讨厌某人或被某人所讨厌。 (　　)
(20)瞧不起异性。 (　　)
(21)不能专注地倾听。 (　　)
(22)自己的烦恼无人可倾诉。 (　　)
(23)受别人排斥与冷漠。 (　　)
(24)被异性瞧不起。 (　　)
(25)不能广泛地听取各种意见和看法。 (　　)
(26)自己常因受伤害而暗自伤心。 (　　)
(27)常被别人谈论、愚弄。 (　　)

(28)与异性交往时不知如何更好地相处。 ( )

二、测试与诊断

1.测试

答题人针对每个问题的内容，以实事求是的态度，在那些与自己情况相符的题后括号里打钩“√”；在那些与自己情况不相符的题后括号里打叉“×”。打“√”者得1分；打“×”者得0分。

然后，把所有题的得分加起来，得到总分。

2.诊断

按照受测人所得总分的多少，做出如下诊断：

总分为0～8分者，这类人与朋友相处困扰较少。他们性格开朗，善于交谈，主动关心别人，对周围的朋友都比较好，愿意和朋友在一起，也受到朋友的喜欢。他们能从与朋友相处中得到许多乐趣，生活充实而丰富多彩。他们与异性朋友也相处得很好。他们人缘好，获得许多人的好感和赞同。

总分为9～14分者，这类人与朋友相处存在有一定程度的困扰。他们的人缘很一般，与朋友的关系时好时坏、并不牢固，经常处在一种起伏波动的状态中。

总分为15～28分者，这类人与朋友相处存在着显著的困扰。如果总分超过20分，则表明问题严重，在心理上存在明显的障碍，例如性格孤僻、不善于交谈、心胸狭窄、清高孤傲等。

第8章　学习与社会实践

8.1　学　　习

8.1.1　学习

一、学习的定义

在一般人的概念里，对学习这个词并不陌生。每个人都是从小就开始学习的，从小学、中学到大学，学习了许多年，学习了许多知识，提高了道德修养，充实了职业能力。但是，学习的含义远非这些，它的意义、广度和深度要比传统的观念延伸得更加开阔。

学习是一种既古老而又永恒的现象。由于不同的历史条件、不同的研究角度，也形成各种不同的学习观。

1.辞书的解释

在《现代汉语词典》里，学习的释义为从阅读、听讲、研究、实践中获得知识或技能。

在《辞海》里，学习有三种释义。其一是学、效、习，引申为效法。其二是求得知识技能。其三是指个体经过一定练习后出现的，并且是后天习得的能够保持一定时期的某种变化；是个体在适应环境过程中，心理上产生的适应性变化过程。

2.学术界的定义

根据不同的假设，社会上形成了诸多不同的学习理论，现在的研究侧重于不同理论的融合以及与教育实践的结合。学术界从不同角度对于学习的定义提出过不同的论述。

在昆虫学中，学习被定义为由于经验或实践的结果而发生的持久或相对持久的适应性行为变化。

在生态学中，学习被定义为能够使动物的行为对特定的环境条件发生适应性变化的所有过程，或者说是动物借助于个体生活经历和经验使自身的行为发生适应性变化的过程。

心理学家认为：学习是指学习者因实践经验而引起的行为、能力和心理倾向的比较持久的变化。

教育学家认为：学习是人和动物在生活过程中通过获得经验而产生的行为或行为潜能的相对持久的适应性变化。

目前，被大多数学者所接受的关于学习的定义：学习是个体在特别情境下，由于练习或反复经验而产生的行为、能力或倾向上的比较持久的变化及其过程。

一般而言，学习是指动物和人在生活过程中，凭借经验而产生的行为或行为潜在的相对持久变化。学习的广义概念包括人类知识和技能的获得，各种行为习惯、态度、人格特质的形成，学习产生的后果(积极的，消极的)。学习的狭义概念是指学生的专门学习，其纵向过程贯穿于从幼儿园到博士后。

学习是介于经验和行为之间的变量。学习者必须依靠反复练习与经验，才有可能产生行为或行为潜能的持久变化；反过来，又可以凭借行为或行为潜能的变化来推动学习的产生。学习是由反复的经验而引起的，但离不开个体成熟的影响，只有当个体具有一定经验的成熟准备时，经验才会发生作用。

3.学习是人类认识自然和社会、不断完善和发展自我的必由之路

自从地球上有了人类，学习就成为整个人类及其每一个个体的一项基本活动。不学习，一个人就无法认识和改造自然，无法认识和适应社会；不学习，人类就不可能达到当今的社会文明。

人类正是通过学习才得以逐步认识、适应客观世界，进一步改造世界，创造出精神文明和物质文明的。无论一个人、一个团体，还是一个民族、一个社会，只有不断学习，才能获得新知，增长才干，与时俱进，持续发展。

在党和政府的领导下，我国正在构建全民学习、终身学习的学习型社会，促进人的全面发展。这就从深度和广度上对学习提出了新的更高的要求。

二、学习的内涵

虽然当前还没有一种为人们普遍接受的学习定义来描述其所有内涵，但是，我们认为下列几点是至关重要的：

(1)学习是普遍存在的一种客观现象。在地球上生活的人类和动物都在进行不同形式、不同程度的学习。

(2)学习是一种适应性活动。任何生物为了生存，必须在生理上和心理上适应客观环境的变化，与环境保持动态平衡。

生理适应是在环境条件变化的作用下，引起个体生理结构、功能及其行为的变化。心理适应是在环境条件变化的作用下，引起个体心理结构、功能及其行为的变化。

生物与环境的相互作用是这种适应性活动得以发生的客观基础。

(3)学习是通过相应的行为变化而体现的。个体在与环境互相作用的基础上，获得了有关经验，建立了相应的心理结构，用以调节自己的行为。新的行为体现了学习的结果，更加适应个体生存。

(4)学习是相对持久的行为变化。能够引起人的行为变化的因素很多，例如学习、生理成熟、疲劳、药物等。比较而言，其中由学习而引起的行为变化相对要持久一些。

(5)学习是个体经历。学习既非主观自生的产物，也不是来源于基因改变或种族遗传。学习存在于个体与环境的相互作用中。它是个体的经历。

三、学习的重要性

人们之所以要学习，是因为人类的生存和发展需要它，归纳起来主要是个体生存需要，

提高个体综合素质需要，以及文明的延续和发展需要。

（一）个体生存需要学习

1. 动物和人为了生存必须学习

动物和人的生存都离不开学习。学习是动物和人与环境保持平衡、维持生存和发展所必需的条件，也是适应环境的手段。

为了生存，动物和人都必须通过学习获得个体经验。这种后天习得行为经验可适应客观环境的变化，与先天本能相比，其意义尤为重要。然而，学习对个体生活的作用和重要性的程度，在各种动物之间的差异很大。越高等的动物，生活的方式越复杂，本能行为的作用也越小，学习的重要性就越大。

人是最高等的动物，生活方式极为复杂，固定不变的本能行为最少。人类行为的绝大部分是后天习得的，学习的能力以及学习在人类个体生活中的作用也就特别大。初生的婴儿与动物相比，其独立能力低，天生的适应能力也低。如果离开监护人的养育，婴儿是无法存活的。但是人类却有动物不可比拟的学习能力，可以迅速而广泛地通过学习适应环境。例如，狩猎捕食、种植谷物、避暑御寒、战胜洪水猛兽、对付疾病瘟疫、改善生活质量等。事实表明，人和自然界的其他动物相比，虽在很多方面处于劣势，但却成为万物之灵，靠的就是学习。1972 年联合国教科文组织发表的研究报告《学会生存》，就把学习同生存直接联系在一起，强调学习对人类生存的重要性。

2. 人们为了竞争必须学习

竞争是大自然的普遍现象，也是人类社会的普遍现象。人类就是在竞争中求生存、求发展的。

竞争是实力的较量，只有实力强者才有把握战胜对手，得以生存和发展。实力来自职业素养，而职业素养的提升依赖于学习和磨炼。因此，为了在竞争中求生存、求发展，必须坚持终身学习，不断增强实力。

只有那些善于学习的人，才能在职场的激烈竞争中脱颖而出，获得成功。

每个人都需要在现实社会里生存和发展。要获得经济来源、展现个人价值、对社会做出贡献，就必须通过学习来充实自我、提高自我、完善自我、超越自我。

（二）提高个体综合素质需要学习

1. 学习能够促进人的生理和心理逐渐成熟

随着年龄的增长，人的生理和心理会逐渐成熟，但成熟并不是完全脱离环境和学习影响的纯自然过程。克雷奇（D. Krech，1966）、罗森茨韦格（M. R. Rosenzweig，1972）等心理学家的实验研究发现，动物，尤其是初生动物的环境丰富程度（接受丰富多变的环境刺激和适当学习训练），可以影响动物感官的发育和成熟，也会影响大脑的重量、结构和化学成分，从而影响智慧的发展。

研究表明，早期的学习、训练以及相应的文化环境，对人的感觉器官和大脑等机体功能的发展是有着一定影响的。在婴儿出生后的四五年里，除了营养条件外，缺乏适当的学习训练或教育不当，也会给脑的发展带来不利的影响。

2.学习能够使人在德智体美诸方面全面发展

我们的教育方针是要培养德、智、体、美全面发展的社会主义建设者和接班人。个人成才的必由之路就是接受教育、进行学习。

通过学习，人们可以获得人类创造的科学、技术、文化、艺术等知识成果，以提高自己的科学文化素养。通过学习，人们可以培养高尚的品德、良好的情商、健全的人格、博爱的胸怀、坚忍的意志等品质，从而优化人的心理素质。通过学习，人们可以成为身心健康的人才，成为具有各种专长的人才，成为具有较高审美素养的人才。

3.学习能够使人的职业素养不断提高

我们处在知识经济时代，知识更新的速度超出人们的想象，高新技术不断用于各行各业，伴随着产业结构、设备条件、运营方式的调整和变革，带动了国民经济的高速发展。

与此相应，许多职业都处在变革发展中，而且职业活动的方式今非昔比。旧有的一些职业相继淘汰，新生的职业不断产生。办公自动化、电子商务、网络运营、开拓创新等都对从业人员提出了更高的要求，要求从业人员必须在职业活动中不断学习新知识、新技术，才能适应业务发展的需要。

因此，时代提出要求，在知识技能方面不能“吃老本”，必须善于学习，才能不断提高自己的职业素养，从而紧跟时代的步伐，与时俱进。

（三）文明的延续和发展需要学习

纵观人类历史，在最初的蒙昧时代，人类世代生活在森林中，以野生果实、植物根茎为食。随着地壳的变化和气候的改变，人类不得不从树上移居地面，学会了捕食鱼兽，使用火、石、弓箭等生存的本领，世代相袭。再往后，人类又学会了制陶术、动物的驯养繁殖和植物的种植，进一步还学会了铁矿的冶炼，并发明了文字，从而使人类历史过渡到文明时代。此后，人类世代相袭地学习畜牧业和农业，从而摆脱了像自己的远祖那样靠现成的天然产物为食的生活。

由此看来，人类文明的延续和发展，就如同一场规模宏大、旷日持久的接力赛。先辈们通过劳动获得维持生存和发展的经验，不断地总结、积累和提高，形成知识和技能，传给后人；后辈人在学习前人经验的基础上，进一步丰富和提高，以适应时代与环境的变迁。正是依靠世代传递，才形成了人类文明延续发展的历史。

值得注意的是，由于人类文明在一定意义上存在加速发展的趋势，所以学习活动对人类社会的作用更加突出。18世纪，人类通过学习掌握了物理学、机械学等知识，发明了蒸汽机，实现了一次技术革命，推进了社会文明。19世纪，通过人类的学习，特别是一批科技精英（赫兹、法拉第、麦克斯韦、西门子、多普勒等）的研究、发现和发明，开创了电力时代，实现了生产力的跃进。20世纪，以电子计算机、原子能、空间技术为标志的新技术革命，使人类进入了信息时代。日益普及的电脑和互联网使得人们“不出门而知天下事”，缩短了人们的空间距离，提高了工作效能，推动了生产力迅猛发展。这又一次证明了学习对人类文明的巨大促进力。

历史的发展雄辩地证明:人类正是通过不断学习,推动科学技术进步,才实现了一次又一次的技术革命,保证着社会文明的延续和发展。

8.1.2 大学的学习

一、大学学习的4个环节

大学学习过程主要包括听课、读书、研究和运用4个环节。

(一)听课

课程学习是大学学习的主要形式。大学生学习的主导环节就是听课。听课是在校生与社会青年学习的主要区别和优势。

大学教师在课堂上讲授的内容各有自己的知识体系,与教材的内容不尽一致。因此,要学好一门课,大多数学生不但需要在听课时认真做笔记,而且,还要在课后阅读有关参考资料时做笔记。当然,因人而异,并不排除有些人可以只听不记,他们聚精会神地听讲,依靠理解和记忆来吸收讲课内容。

记笔记的方法一般有两种。一种是在听讲时尽可能逐句记录,在课后进行复习、整理、贯通;另一种是在听讲时只摘记纲要、结论,课后再通过复习加以扩充完善。

从记笔记到整理笔记,是一个从被动记录到主动地获取知识的过程。由于既动脑又动手,能够加深对知识的理解和记忆,能够逐步增强个人自学能力。

(二)读书

读书是大学生学习的基础性环节。

大学生必读的书是那些与课堂教学有关的教材和参考书。根据课程设置,读这类书,有利于使学生形成"金字塔"型知识结构。这就保证毕业生有深厚的基础知识、扎实的专业基础知识和精深的专业知识。

此外,大学生休闲阅读的书则离不开个人的兴趣和需求。那么,一个人究竟应该怎样来扩充自己的知识结构呢?目前,还难以找出一个公认的标准。为了使这一问题具体化,我们举出周作人先生对个人知识结构的设计,供大学生参考。他提出要从五个方面来读书:第一,要了解作为个体的人,应该学习生理学(首先是性知识)、心理学、医学知识;第二,要认识人类,应该学习生物学、社会学、民俗学和历史;第三,要认识人和自然的关系,就要学习天文、地理、物理、化学等知识;第四,"关于科学基本",要学习数学与哲学;第五,"关于艺术",要学习神话学、童话学、文学、艺术及艺术史。

(三)研究

研究是大学生学习的动力性环节。它是中学生变成大学生的主要标志。

中学生只要按照学校要求去学习各门课程,取得较好的成绩,别的就什么也不用考虑了。但是,在大学里,学生进入了研究性学习阶段。他们常常要自己选择学什么,围绕自己提出的问题进行思考和研究。

在研究性学习的过程中，一项学习任务的完成需要经历3个阶段：

1. 进入课题阶段

在老师的指导下，大学生在原有知识储备和经验积累的基础上，通过与同学的交流，进入研究性学习的探索状态。大家收集相关的信息资料，归纳出具体的研究课题，确定基本目标。

2. 具体实施阶段

同学们发挥个人与集体的智慧，找出解决问题的方案、途径、措施、方法，分工合作，进行创造性的劳动，力求实现研究目标。

3. 总结交流阶段

通过对课题的研究实践，同学们经历了艰辛与磨炼，遇到过困惑与挫折，获得了成功与收获，各种体会和感受颇为深刻。在课题结束前，大家需要用一定的形式把在研究性学习中取得的成绩和成果总结出来，采取汇报、研讨、展览、编刊等方式，与同学、老师交流。

（四）运用

学习的目的在于运用。运用是大学生学习的实践性环节。

无论学习什么知识，只有理论联系实际，将知识用于实践，做到融会贯通，才能够更加深入地理解和掌握知识，才能把所学的知识内化为自己的能力。

重视实践，运用知识，在运用中对原有的知识进行再认识，发现新问题，研究新情况，总结新经验，就会获得新的认识，使知识进一步深化。

运用知识的方式很多。进行研究性学习（如上所述）、参与老师承担的课题项目、参加社团活动、到企业实习、应聘家教工作、假期去打工、参加公益活动等，都能够不同程度地使自己所学知识得到运用。

现在，用人单位招聘人员都很重视实践经验或工作经历。特别是那些实践性强的技术岗位，对应聘人员的实践能力就更加强调。微软公司希望应聘程序员的大学毕业生最好有10万行的编程经验。

二、大学生应有的学习能力

学习能力一般是指获取知识和技能的能力。它包括思维能力、表达能力、自学能力、研究能力、获取和运用知识的能力、创新能力等。下面着重讲述自学能力、研究能力、获取和运用知识的能力以及创新能力。

（一）自学能力

在大学里，课堂教学时间有限，而且教师也不可能讲授教材中的全部内容，留有较多的参考书及思考题，这就要求学生培养自学能力，确定学习内容、安排时间、查阅有关的专业资料、做笔记、写综述，独立自主地获取知识。

在教学期间，由于大部分时间是留给学生自学的，所以，自主学习成为大学生的基本学习方式，并贯穿于大学学习的全过程。大学生要自主安排学习时间、学习内容，自主选择学习方法。有的学生可能还会根据个人兴趣和职业方向去选择专业外的课程学习。这些都有助于学生在学习方面发挥其自觉性、积极性和主动性。

自学能力的培养应注意下列几点：

1. 注重理解

学习知识离不开对所学内容的理解、记忆和运用。中小学学习偏重于记忆。大学生学习则首先要注重理解，为了理解，需要质疑和提出问题。对于任何一个知识单元，都应多问几个“为什么”，务求准确理解之。理解有助于记忆；理解有助于举一反三地学习其他知识，解决其他问题，逐渐达到无师自通的境界。

2. 多向思维

研究一个问题，往往从不同的观察角度或思路出发会得到不同的结论。我们在学习知识或解决问题时，切记不要死守一种思维模式；不要使自己成为课本或经验的奴隶，要善于从多个不同的角度去观察问题，从中激发思考能力和创新能力。

3. 以人为师

大学里师资力量雄厚，老教授、中年名师、博士生、硕士生、众多的同学在知识结构和学术造诣方面各不相同、各有所长，都有许多值得自己学习的方面。大学生要珍惜大学这个学习环境，充分利用校内人才资源，向他们请教，同他们探讨，这是学习知识的一条重要渠道。

到了工作岗位上，所处工作环境所能没有这么多学界精英，但是，切莫忘记：“三人行必有吾师”。如果我们善于发现别人的长处，能够注意向别人学习，那么，对自己的生活和工作都会有一定的帮助。

4. 查阅图书资料

大学生在学习各门课程时，需要查阅与教材有关的图书；在进行课题研究、写作或寻求解决具体问题方法时，也需要查阅图书资料；毕业后，为了不断补充新知识、新技能，更是离不开查阅资料信息。因此，善于查阅图书资料乃是学习的一项基本功。

查阅图书资料的主要渠道是图书馆和互联网。

在大学里，由于校图书馆专为本校各专业师生服务，所以，与自己学习有关的图书资料一般都容易查找。到了社会上，除了国家图书馆收藏着历史悠久的所有学科的图书外，其他（省、市、院、校等）的图书馆，在藏书的类别、数量、年限上都有很大的差别。我们去图书馆，首先要对于图书馆的藏书状况有所了解，考虑是否与自己的要求“对口”；进一步，要了解自己需要的内容属于哪一类（学科、期刊、语种）载体，还要了解和利用馆内的编目、查询工具，才有可能收到一定的效果。通过多次查阅，就可以熟悉有关环节，提高查阅效率。

互联网是一个包罗万象的资料信息库。不论在学校、家中，还是在工作岗位，人们借助于“百度”“谷歌”等搜索引擎，可以快速、便捷地查找各种各样的资料和信息。

（二）研究能力

研究能力体现在许多方面，如思维、理解、领悟、表达、钻研、协作、预算、决策、实践等。在大学里，通过参加课题辩论、科研小组、优秀科技成果评选以及利用学术资源（网站、期刊、讲座）等途径，可以激发学生的研究兴趣，培养研究能力。

归纳起来,研究能力包括发现问题能力、研究问题能力、分析和解决问题能力。

发现问题,是指通过实践与调查或网络与文献搜索,利用突破常规、变换情景、多向思维等方法去发现问题,了解问题的产生背景、现状、“瓶颈”、研究方向、创新点。

研究问题,必须提出要解决什么问题,定位要解决的问题、缩小聚焦的研究范围;确定指导的理论及其要素体现;设计研究方案,选择研究方法;收集有关数据,进行统计检测和研究。

分析和解决问题,就是要在研究的基础上考虑各种因素,分析统计数据、全面评估事物的优缺点,预测可能发生的后果及其连锁反应,确定优选方案,得出研究结论,即要做到用事实和数据说话,实现研究的目标。

(三)获得、运用知识和信息的能力

在大学里,按照专业培养目标和教学计划,学生要获得和运用的知识在框架上已基本确定。同学们通过借书、找资料、研究课题、编制程序、进行毕业设计等基本训练,逐渐培养了一定的获得、运用知识和信息的能力。

大学毕业生在就业之后,如果独当一面地开展工作,那就必然会遇到许多自己不曾熟悉和经历过的新任务、新问题。为了推进工作,固然也可以向行家里手请教,但更多的情况却是需要自己想办法,获得和运用所需的知识信息,解决面临的问题。

可以肯定地说,21世纪最重要的学习能力就是善于获得、运用知识和信息。具体地说,知识和信息浩如烟海。在生活和工作中,一个人不可能、也不需要学习所有的知识,但他必须知道去哪里能够迅捷地找到自己所需的知识、技能,用来解决自己的实际问题;同样,一个人不可能、也不需要了解包罗万象的所有信息,但是,他必须及时掌握有关个人和组织发展的重要信息,并且善于处理和使用。

获得知识和信息的能力,是根据个人学习、工作的需要,通过大量收集资料的实践活动逐渐养成的。它依靠知识和经验的积累。这种能力可以帮助一个人开阔眼界,发现解决某种问题的途径,推动工作进展。

运用知识和信息的能力,是在理论与实践结合的过程中成长起来的。因此,学以致用,把学得的知识用来解决个人在生活、学习、工作中遇到的问题,不断加强实践,就会提高这种能力。这种能力可以帮助一个人展现自我价值,提升工作绩效。

(四)创新能力

学习本身就具有创新性。因为人们通过学习而学会和掌握了新的知识技能。学习能力的提高往往又愈益加强了学习的创造性成分,使人进入一个更高的学习境界。这种创造性体现在将已知的知识重新组织,进而获得新的、具有一定价值的学习结果的过程中。

一个人成才的根本标志不在于他具备了多少知识,而在于他是否具有利用知识进行创新的能力。知识的积累为培养和发挥能力奠定了基础,而良好的能力又反过来促进了知识的掌握。

知识的积累固然有助于创造性智能的发展,但并不等同于知识创新。那种只会死读书、生记硬背的书呆子是不可能有创新能力的。因为他们因循守旧、视书本所论为绝对真

理，不懂得“实践是检验真理的唯一标准”，从而不敢越雷池一步。创新需要有一定的知识基础，但更重要的是突破原有的知识，通过质疑、探索、实践，冲破前人的陈规，做到有所发现、有所前进，达到前人未能达到的新境界。

一个人的创造力与他具备知识的多少并没有正相关的关系。历来在科技界做出过突出贡献的发明家有不少都是年轻人。例如物理学家伽利略 17 岁由于看到教堂里吊灯的摆动而发现了单摆摆动的等时性原理，进而发明了时钟；牛顿 23 岁发现了万有引力定律和二项式定理；爱迪生在 21～30 岁期间先后发明投票自动记录器、印刷机、打印机、打字机、蜡纸、留声机；数学家高斯 18 岁发现质数分布定理、正态分布曲线，19 岁使用圆规和未刻度的尺子构成了正十七角形；我国医学家李时珍写成《本草纲目》时年仅 35 岁。他们敢于质疑、勇于探索、不受前人理论的约束，执著钻研，标新立异，终于突破了常规，达到了更高的水准。

创新能力的关键在于如何发挥想象力和活用知识。培养创新能力，就要发挥想象力，想象力是科学研究的重要因素。爱因斯坦曾说，想象力比知识更重要，因为知识是有限的，而想象力概括着世界的一切，推动着进步，并且是知识进化的源泉。培养创新能力，就要抛弃那种墨守成规、步人后尘、亦步亦趋的作风，而要在工作中多动脑筋，将理论与实践相结合，灵活地运用相关知识和经验来寻找新概念、新方案、新创意和新办法。一般来说，聪明之人知道事物应该是什么样；练达之人知道事物实际是什么样；有才之人知道怎样使事物变得更好；而创新之人则知道如何活用知识、找出把事物变得更好的“金点子”。

8.2 终身学习

8.2.1 学习型社会

一、学习型社会的由来

20 世纪 60 年代，学习型社会由美国学者哈钦斯(R. Hutchins)首先提出。

20 世纪 70 年代，联合国教科文组织在《学会生存》的著名报告中特别强调终身教育和学习型社会两个概念，把学习型社会作为未来社会形态的构想和追求目标。从此，终身教育和学习型社会的理念就在国际社会迅速传播开来，成为许多国家、地区、社会团体推进和实施教育改革和发展的指导原则，也成为社会发展和社会进步追求的一个重要目标。

党的十六大报告在阐述全面建设小康社会的宏伟目标时，明确提出要“形成全民学习、终身学习的学习型社会，促进人的全面发展。”自 2005 年开始，中国成人教育协会联合一些城市组织开展了每年一度的全民终身学习活动周，积极推动各地学习型城市建设。

(一)提出学习型社会的国际背景

1. 各国教育事业发展不平衡，教育急需改革

第二次世界大战后，一方面，各国教育事业得到了很大的发展(尤其是发达国家，不仅普及了小学教育和中等教育，高等教育也有了很大发展)；另一方面，发展中国家和地区全

部人口中竟有一半尚未进过学校，而教育本身还存在着严重的问题。人们普遍认为，许多国家那种虽然陈旧过时但仍受到高度重视的学院模式，损害了自由思想的表达、创造精神的培养和科学研究的发展；存在着把普通教育和技术教育分开、只为少数专业培养人才等弊端。对此，有人甚至提出“废除学校”“有体系不如无体系”的过激批评。从社会呼声和发展趋势来看，教育必须把理论和实践结合，把脑力劳动和体力劳动结合起来，学校不能和现实生活脱节。

2.科教兴国是强国富民的重要途径

人口的剧增，经济发展的巨大需求和新的就业机会的出现，强烈地刺激着教育事业的扩张；社会发展及其文明进步带来了不少负面影响(诸如环境污染、资源枯竭、城镇拥挤等)要求科学技术必须与教育活动结合起来，帮助人们既控制自然力量，又控制社会以及人们自己的决策和行为，以促进社会的可持续发展；第二次世界大战以后，一大批殖民地、半殖民地国家和民族获得独立，人民大众迫切要求接受教育，迅速发展教育是提高国家实力和地位的重要途径，是发展中国家实现民族解放和提高民族素质的有效形式。

教育的根本目的是培养人、造就人，现代社会比历史上任何时期都更需要教育在造就新人方面发挥它的独特功能。教育应当担负起时代赋予的历史重任，应当在培养人的终身学习、学会生存方面作出努力，应当培养人们有能力在各种专业中尽可能多地流动，并永远刺激人们自我学习和培训的欲望；应当培养人们不断获取和运用知识、技能的能力。

上述这些情况就促使了终身教育和学习型社会理念的产生。

(二)教育必须贯穿于人生全程

教育已经受到时代发展的强烈挑战，一个根本的问题就是学校教育体系能否符合时代对教育的要求，教育应当为社会做出怎样的贡献？

很久以来，教育的任务就是为一种固定的职能、一生的生存、一种特殊行业或特定的职位做好准备。教育灌输着属于古旧范畴的传统知识，这种见解至今仍然十分流行。然而，那种想在早年时期一劳永逸地获得一套终身有用的知识或技术的传统观念已经过时了。我们所处的时代要求人们学会生活，学会如何去学习，以便终身吸收新的知识；学会自由地和批判地思考；学会热爱世界并使这个世界更有人间关爱；学会在创造过程中并通过创造性工作促进发展。为此，教育必须贯穿于人生全程，必须扩展到社会生活的各个领域，必须贯彻培养社会新人的根本目的。

根据这些理由，教育体系必须重新加以评议。学习贯穿一个人的整个一生(时间长度，以及它的各个方面)，也包括全部的社会(教育资源、社会资源、经济资源)。它绝不是过去那种封闭、保守、狭隘的学校教育体系所能理解、包容得了的，而是教育发展史上的一场革命。终身学习在社会中具有前所未有的重要地位和崇高价值，这种社会就被称为学习型社会。

二、什么是学习型社会？

1.学习型社会的概念

所谓学习型社会，就是用相应的机制和手段来促进和保障全民学习和终身学习的社会。其基本特征是善于不断学习，形成全民学习、终身学习、积极向上的社会风气。

学习型社会是时代发展和社会进步的产物。它对学习的要求比以往任何时候都更强烈、更持久、更全面。全社会的人只有不断地学习，才能应对新的挑战。

学习型社会不是自然而然地形成的，需要人们根据经济社会发展的要求，努力建设学习型家庭、学习型组织、学习型企业、学习型社区和学习型城市等。

从国际社会的背景看，社会经济、政治和文化的发展是学习型社会提出的根本动因。从我国的基本国情和现实需要出发，提出学习型社会是时代的迫切要求。为此，我们必须以全民终身学习理念为指导，推进全民终身学习实践，促进人的终身发展与完善，这是学习型社会的本质特征和基本内涵；以制度创新为关键，构建终身教育体系及创建各类学习型组织，这是推进学习型社会形成的组织基础和社会依托；持续扎实地开展创建各类学习型组织，这是构建学习型社会的重要举措。

2. 学习型社会形成的思想基础是终身学习的理念

站在时代的高度，引导社会成员转变传统的教育观念，逐步确立终身学习的理念。这是推进学习型社会形成的思想基础。

具体地说，要把起点教育、阶段教育扩展为继续教育、终身教育，把学校教育扩展为社会教育、社区教育；由重正规教育、学历教育转变为正规教育和非正规教育、学历教育和职业资格证书教育并行并重；把终身教育扩展并提升为终身学习，完成个人同自身关系的根本转变：即把教育的对象变成自己教育自己的主体，受教育的人必须成为教育自己的人；终身教育、终身学习既是每个人应当享受的一项基本权利，也是每个人必须对社会及自身承担的义务与责任；教育、学习既是社会的需要、职业的需要，也是生活的需要、实现人生价值的需要，是生活中不可缺少的一部分，是人的生命价值的一部分；由学历社会走向学习社会。

一个人不论曾经学过多少，学习什么专业，在什么院校毕业，具有什么学历和职称，如果他不能继续学习，最终就必然不适应职业的新需要而被社会所淘汰。

8.2.2 终身学习

终身学习，就是说人的一生并非在上学（幼儿园、小学、中学、大学）的年龄段要学习，而且在生命的全过程（儿童、少年、青年、中年、老年）中都要学习。学习将伴随着人的整个生活历程，它影响着人的职业生涯发展和一生幸福。

一、终身学习的形成

1. 从历史看学习

据专家们分析：农业经济时代，只要 7～14 岁接受教育，就足以应付往后的 40 年工作生活之所需。工业经济时代，求学时间延伸为 5～22 岁，在工作中还需要学习新知识、新技能。在知识经济时代，知识更新速度大大加快，必须把 12 年制的学校义务教育延长为“80 年制”的终身学习，才能在新的社会环境中生存、发展、成功。

历史的发展、社会的进步严峻地对人们提出要求：学习化社会是社会发展的理想和结果，终身学习将成为每个人人生不可缺少的重要部分和理想境界。

2.终身学习理念的发展

终身学习(Lifelong Learning)是指社会每个成员为适应社会发展和实现个体发展的需要,贯穿于人的一生的、持续的学习过程。一言以蔽之:“活到老学到老”。

1987年,联合国教科文组织在《学习,财富蕴含其中》报告里指出,“学习是指个体终身发展。终身教育的理念”。求知、做事、生存、共处,这4个方面涉及了全人类终身发展课题,包括一个人的儿童期、青年期、成年期的成长历程。

1994年,“首届世界终身学习会议”在罗马隆重举行,终身学习在世界范围内达成共识。作为一个极其重要的教育概念,终身教育已经在全世界广泛传播。许多国家在制定本国的教育方针、政策或者构建国民教育体系的框架时,均以终身教育的理念为依据,以终身教育提出的各项基本原则为基点,并以实现这些原则为主要目标。

终身学习包括人一生所受的各种教育(学校学习和学校毕业以后自学及培训)的总和。它不仅是正规学习和非正规学习之间关系的发展,而且也是个人(包括儿童、青年、成人)通过社会生活实现其最大限度精神及物质目标,而构成的以学习为中心的要素。

人们也越来越认识到,实践无止境,学习也无止境。古人云:“吾生而有涯,而知也无涯”。我们处于知识经济时代,知识在爆炸式地增长,科学技术飞速发展,社会进步和产业变革对各行各业从业人员的职业素养提出了更高的要求。面对层出不穷的新形势、新情况、新问题,人们要想适应客观世界的持续发展和变化,就必须把学习从单纯的求知变成生活的方式,努力做到活到老、学到老,终身学习。

3.终身学习

终身学习强调公民个人是学习的主体,人的主体性在学习里比在教育里得到了前所未有的突现,而这正是人之所以为人的根本特性。

学习不仅是人的权利,而且是人的一种责任和义务。终身学习强调人的主体性、自主性、能动性、责任性,人的态度和动机,人的潜能的开发和人的完善。可见,终身学习比终身教育对于人的发展与完善的境界更高。

终身学习将成为我国和世界教育发展的必然趋势和本质特征。全民终身学习基本形成之时,即是学习型社会实现之日。

要做到终身学习,必须构建终身教育体系。这是一项宏大的社会系统工程。

4.终身教育

终身教育更多地强调国家或政府及其教育机构给公民提供教育机会和教育服务,以满足社会成员人生各个阶段对多种多样教育的需求。

终身教育体系以现代国民教育体系为主干,面向社会全体成员,贯穿人生全程,扩展到社会各个领域,涵盖正规教育、非正规教育、非正式教育和终身学习,以学习型组织网络为基础,以非正规教育为主体,整合社会各类资源和设施,更多注重把教育、培训、学习同社会的经济、政治、文化、生活紧密结合,致力于为人的终身发展和完善服务。

终身教育体系要求学校教育有序地向社会、社区开放,实现学校教育、家庭教育、社会教育、组织机构教育相互沟通,资源共享;实现青年和成人都有许多实践机会,把教育和劳动结合起来;支持青年乃至成人比较容易地离开工作岗位,重新进入教育圈子学习;建立教育带薪假制度(雇员带薪参加一定的脱产学习、半日制学习,或从事技术创新、科学研究)。

终身教育体系要把正规教育和非正规教育沟通、连贯起来,并着手建立在非正规教育机构或场合获得的学习成果的认证制度,以及与正规教育沟通或互换的制度。正规教育体系的内部也必须建立开放的机制,相互沟通,使得学习者在这个体系中能够纵横移动,并扩大他们可能得到的选择范围。

二、终身学习的意义

目前,终身学习已经成为促进全球社会发展的共同需求。一些发达国家(德、美、日等)都在保障终身学习方面制定了相应的一系列法规。我国也正在向着"形成全民学习、终身学习的学习型社会,促进人的全面发展"的目标努力。那么,终身学习的意义究竟是什么呢?我们可以从下列几点来理解。

1.人的生存与发展需要终身学习

学习是人类认识自然和社会、维持生存、不断完善和发展的必由之路。

人一出世,就开始了学习,从卧、坐、爬、吃、喝到走路、说话,在家长的监护下,在学习和实践中成长。为了成人后的独立生活和个人发展,必须具有某种职业本领,于是,进入小学、中学、大学,接受长达16年甚至更长的学校教育,专门从事学习。大学毕业后,人在德、智、体、美等方面都达到了一定的水平,具备了从事某些职业的任职资格,通过择业、就业,展开了自食其力、自谋发展的职业生涯。

在职业发展的道路上,为了组织和个人在竞争中求得生存和发展,必须适应新形势的需要,继续学习,学习新理念、新知识、新技能,不断"充电",与时俱进。在工作期间,一个人如不继续学习,没有新的能量补充,就不可能有源源不断的后劲,必然在竞争中被淘汰。

因此,人的生存与发展需要终身学习。

2.科学技术发展需要终身学习

由于科学技术、特别是信息技术迅猛发展,在20世纪末,曾使许多在技术岗位上工作的有权威、有经验、有资历的老干部、老职工迅速被年轻人所替代。这迫使大量中年人重新走进各种各样的培训班,乃至半脱产、脱产的教育机构进行专修,以适应新技术的要求。

科学技术的飞速发展引发了产业变革,一部分原有的职业被淘汰,出现了一批批的新职业。许多新职业都需要通过重新学习才能胜任。

3.维持职业素养不断提升的基本途径是终身学习

学习的作用不仅仅局限于对某些知识和技能的掌握,学习还使人聪慧文明、使人高尚完美、使人全面发展。它能使我们完善品德、增强能力、得到更大的发展空间,更好地实现自身价值。

人类文明、道德、知识和能力的传递就是依靠一代又一代的接力学习。这也是一个人职业素养得以形成、充实和提高的基本途径。人们在学校里的学习培养了基本的职业本领,为毕业后的就业奠定了基础。到了工作岗位,为了实现角色转变、适应岗位要求需要学习;为了胜任职务、创建业务绩效需要学习;为了融入组织、构建和谐人际关系需要学习;为了更新知识技能、扩展职业能力需要学习;为了晋升更高职务、展现自我价值需要学习;为了与时俱进、在竞争中脱颖而出更需要不停地学习。因此，要想跟上时代步伐，推动组织和个人共同发展，就必须不断提升职业素养，为此，就必须坚持终身学习。

8.3　社 会 实 践

知识源于实践，并对实践起指导作用。将知识转化为实践活动的动力，并将所学的书本知识转化为实际操作能力，应用到社会实践中，这是国家对新时期人才的根本要求。

大学生作为社会人才的重要群体，祖国人民寄予厚望。他们具有较高的理论基础、丰富的专业知识、一定的专业操作能力、较为成熟的思想品德，但是，一旦步入社会，却有不少人表现出了茫然不知所措的行为，不能发挥出自身的实际水平，既影响了个人发展，又影响了组织发展。因此，提高大学生的社会实践能力，是人才培养的关键一环。

8.3.1　社会实践的意义

一、社会实践概述

1. 什么是社会实践？

根据《辞海》(第六版)的解释，社会实践是人类有目的地改造世界的感性物质活动。

各派哲学对于社会实践有着不同的解释。

马克思主义哲学诞生的重要标志就是科学的社会实践观的确立。马克思主义哲学认为实践是主观见之于客观的能动性活动；是人类社会发展的普遍基础和动力；也是认识产生于发展的基础和动力。生产活动是最基本的社会实践活动，此外，还有阶级斗争、政治生活、科学试验、艺术、教育等多种形式。

社会实践具有客观性、能动性和社会历史性。

人类的全部历史就是由人们的社会实践活动构成的。

2. 新型人才需要具备良好的社会实践能力

知识经济时代对人才的根本要求就是，将所学的书本知识转化为实践活动的动力，转化为自身的实际操作能力，从而应用到生产实践和社会实践中，推动各项事业发展。

实践是认识的源泉，群众是最好的老师。书面知识和实践能力如同鸟之双翼，大学生应把向实践学习、向群众学习作为提高本领、完善自我的重要途径，将书本知识与基层的丰富实践结合起来，从实践中来汲取营养、检验知识、丰富阅历。

经济社会的高速发展急需提高大学生的社会实践能力。

3. 社会实践能力和工作经验是招聘单位选录新员工的重要条件

纵观就业市场，在招聘中强调学历和成绩的单位已经大约减至半数，比较而言，各类企业、事业单位和国家机关则更看重潜在职业素养，如心理素质、社会实践能力等条件。

用人单位反映，平时在学校参加过社团组织、担任过学生干部、策划过某些活动的大学生最受欢迎。这些毕业生实践能力强，具有较强的团队精神、组织能力和较好的人际关系，到了新单位后，上手很快，不久就能承担一些重要的岗位职责。

二、社会实践的意义

(一)在社会实践中增长才干

1. 发现个人的不足,提升自身素养

通过社会实践,大学生可以认识自身与社会需要之间的差距,看到知识和能力上所存在的不足,有针对性地设法锻炼、充实和提高。这有利于个人职业素养的优化。例如,通过社会实践活动,迫使自己去和陌生人打交道,联系群众,对于平时不善沟通的人来说,就会在磨炼中增强群众观点,提高沟通能力。

2. 增加社会阅历,积累工作经验

社会阅历和工作经验是在职场发展的决定性因素。它在大学校园里却是学不到的。只有参加社会实践活动,才能缩短毕业后适应社会的时间,在实践中日积月累,把自己的知识和人格通过适当的方式进行社会化,在实践中升华为阅历和经验。

3. 加深对现实社会的认识,强化科学的就业观

通过社会实践,大学生能够树立市场意识,对于经济社会中的优胜劣汰有所感受,抛弃一些错误的观念,了解真正意义上的竞争。这对于端正个人就业态度,实事求是地择业、定位,将起到积极作用。

社会实践可以使大学生提前进行社会化和个性化发展,客观地认知自我,具体地了解社会,迅速地走向社会需要的岗位。

(二)在社会实践中彰显人生

人生的价值在于奉献。大学生开展社会实践,既是自身成长、成才的需要,也是经济社会发展的客观现实需要。青年学生有着丰富的知识储备,蕴含着巨大的创造热情和活力,但是只有把实现个人价值与为国家作贡献紧密结合起来,把所学的知识转化为服务人民、服务社会的具体实践,才能拥有壮丽的青春和美好的人生。因此,大学生要积极投身于社会实践,要开展社会调查,热心公益事业,参加志愿服务,参与社区工作,在教育、科技、文化、卫生、法律、宣传、扶贫等各个领域的社会服务中大显身手。

在当前,大学生要积极行动起来,深入到企业、农村和社区中去,发挥自身专长、特长,带着知识和技术,带着满腔热情和奉献之心,帮助基层和群众去解决实际问题,为建设祖国、服务人民打下坚实的基础,为保增长、保民生、保稳定作出应有的贡献。

(三)社会实践是为社会服务和贡献、推动社会发展的必由之路

改革开放30多年来,中国特色社会主义的实践潮流正在奔腾向前。这是十几亿中国人民共同参与的伟大社会实践,不仅创造性地改变着中国,而且正在历史性地改变着世界。

各行各业的从业人员都在参加改造客观世界的某种社会实践,通过能动的社会实践来贡献社会、造福人民。他们在职业活动中要想建功立业、实现个人价值、为社会做出奉献,就必须有强烈的实践意识、高超的实践能力,在工作实践中实事求是、不断地解决实际问题,

有所发现、有所创新、有所突破。任何“纸上谈兵”“本本主义”均将一事无成。

从一定意义上说，社会实践过程、职业发展过程就是不断地完成具体任务、发现问题、研究问题、解决问题的螺旋形上升的循环过程。公务员的显赫政绩、企业家的资产增长、专家学者的学术成果、技术人员的发明创新、工人的技能革新、农民的脱贫致富，等等，都是在不同的劳动条件下通过实践，不断解决问题、不断奉献、不断创新而取得的。

因此，社会实践是为社会服务和贡献、推动社会发展的必由之路。

8.3.2　校内社会实践

校内社会实践是大学生与现实社会联系的桥梁。校内社会实践的重要平台主要有学生社团和团学组织两种类型。

一、学生社团

学生社团是大学生根据自身兴趣自由结合并经有关部门批准成立的群众性业余团体。它是同学们在自愿基础上组成的，不受院系、专业等限制。校园内大多数学生都曾参加过这类社团、或跨校社团、或网络社团。

作为学校课堂教育的补充和延伸，学生社团由于其专业的交叉性、活动的实践性、组织的社会性而具有实践和教育的功能。它为学生各种素养的提高提供了广阔的平台。大学生在社团组织中进行着潜移默化的自我教育、自我管理，有利于开阔视野、增长知识、陶冶情操、培养能力，促进全面发展，提高职业能力。

学生社团在国外许多大学同样存在，是极为普遍的业余活动团体。

根据我国高校学生社团活动的现状，大致可分为 4 种类型：

1. 理论研究型社团

这类社团以思想政治理论的学习和研究为主，通过讨论、演讲、温习经典著作、举办专题讲座等形式，联系实际，提高理论水平。

这类社团是学习和宣传党的思想和理论的窗口，是大学生自我教育的阵地。它包括社会主义研究会、邓小平理论研究会、毛泽东思想研究会、“三个代表”重要思想研究会等组织。

这类社团对于提高学生的政治觉悟和理论水平具有重要作用。

2. 专业学术型社团

这类社团结合课程学习，研究专业学术问题，深化和扩展专业知识，提高解决专业实际问题的能力。

这类社团的成员多为某个专业及相关专业的学生，也有跨学科的。它是深化知识、提高实践能力和创新能力的训练基地。它包括大学生科技协会、大学生创业中心、英语协会、电脑协会等。

3. 文体娱乐型社团

这类社团是学校社团的基础。它是由爱好文学、艺术、体育、娱乐等活动或具有这类特长的学生们自愿组成的。他们开展书法、写作、音乐、舞蹈、绘画、演讲、礼仪等讲座和训练，达到活跃生活、锻炼身体、陶冶情操、提高修养的目的。

这类社团包括文工团、文学社、摄影社、诗社、歌咏队、×球俱乐部等。

4. 时事公益型社团

大学生都很关心国家大事。他们主动了解国内外形势，学习和宣传党的政策，组织讨论，广泛交流，并开展宣传、爱心募捐等活动。他们在政治宣传教育方面发挥着很好的作用。

这类组织包括时事社、青年法学会、爱心社等。

二、团学组织

团学组织是指为了贯彻学校和有关部门的文件精神，促使学生德智体美全面发展的学生组织。这类组织与各种社会组织很相似，比较规范，其成员是组织中真正的中坚力量，在工作中有很大的自由发挥余地。他们在实践中实现自我管理、自我教育、自我发展。

毕业生中的优秀团干部和学生干部，由于思想品德、实践能力、协调能力更胜一筹，因而成为众多用人单位争相录用的对象。

团学组织主要是共青团和学生会的各级组织，以及班级或公寓。

1. 共青团组织

中国共产主义青年团(简称共青团)是中国共产党领导的先进青年的群众组织，是党的助手和后备军。共青团在党的领导下投身于革命和建设事业，具有光荣的历史。

校园内共青团的各级组织在校党委和上级团委的领导下开展工作。他们在激发大学生的政治热情和学习积极性，推动大学生德、智、体、美全面发展方面发挥着重要作用。在组织中担任职务的大学生受到工作实践的锻炼，其道德修养、沟通能力、独立工作能力等都有明显提高。

2. 学生会

学生会是在校党委领导和校团委指导下的大学生自治组织，是学校与学生联系的桥梁和纽带。它在发展和繁荣校园文化活动方面起着巨大作用。

学生会一般设校、院(系)两级，由大学生民主选举产生。其组织机构有办公室、学习部、宣传部、文艺部、体育部、外联部等。担任学生会的职务，有利于个性完善、素养提升和能力增强。许多杰出的政界、商界精英都曾是高校的学生会干部。

3. 班级或公寓

以学生班级或公寓为单元所开展的丰富多彩的校内活动，是另一种校内社会实践。这类活动主要是通过班级或公寓之间的比赛、评比，来促进同学们的身心健康和个性发展，培养同学们的集体主义精神。通过学习评比、卫生评比、歌咏比赛、球类比赛、广告设计大赛、英语演讲大赛等，对提高大学生多种职业素养会产生明显的促进作用。

8.3.3 校外社会实践

校外社会实践是指在校园外的社会条件下进行的提高职业能力、服务社会的实践活动。它使大学生比较深入地认识、体验社会环境和中国国情，有助于提高心理承受能力、人际沟通能力、应变适应能力、职业实践能力和社会融入能力。

校外社会实践的活动形式多种多样，下面进行扼要介绍。

一、专业实习

专业实习是指大学生根据教学计划或专项安排，到企业、基地或相应的社会组织进行实习锻炼，加深并扩展专业知识，增长实践能力。它是校外社会实践的重要形式。近年来，用人单位普遍强调毕业生应具备的“工作经验”主要就是指的这种专业实践经验。

专业实习能使大学生身临其境，进行专业模拟演练，在未来就业所处的社会环境、人际关系、业务活动中受到熏陶和锻炼，这将有利于缩短就业的适应期、迅速地融入社会。

二、社会调查

社会调查是大学生利用假期围绕经济社会发展的重要问题进行调查研究，提出解决问题的建议，形成调研成果的一种校外社会实践方式。

社会调查的内容和形式丰富多样。有的结合专业进行社会考察，了解本专业在国家建设中的地位和作用、发展现状、人才需求、就业形势等，从而激发学习专业的积极性。有的结合社会热点进行专题调研，提出自己的观点和见解，由此培养和提升个人分析、解决问题的能力。有的结合国情开展民族文化考察，例如进行锦绣山河、名胜古迹、革命历史等专题的参观和调查，由此增强爱国精神和民族自豪感。有的结合家乡的发展变化进行调研，了解家乡风土人情、自然资源、周边环境、今昔巨变，通过对其现状的评估和未来的思考，提出家乡建设的新设想。

社会调查可以使大学生深入现实社会，客观地认识社会现象，把握事物的本质和规律，锻炼分析和解决问题的能力。

三、志愿服务

志愿服务是大学生无偿地用自己的知识、能力为社会服务和奉献的自愿行动。它能有效地提高大学生的社会责任感、爱心、奉献精神和职业精神。

自1993年北京大学6名研究生成立“爱心社”至今，高校的青年志愿者活动风起云涌，爱心扶贫、助老行动、义务咨询、西部志愿行动等组织和行动广泛流行。不少大学生争当奥运会和亚运会的志愿服务者。

志愿服务已经成为人才培养的重要组成部分，成为弘扬友爱、互助、奉献精神，提高社会道德水平的有效载体。

四、勤工俭学

勤工俭学是大学生利用业余时间进行有偿劳动的一种校外社会实践形式。

调查表明，参加勤工俭学的学生大多能够体谅家长的辛苦，希望减轻家庭负担，通过勤工俭学等途径走上自食其力的道路；同时，能以积极的态度去了解社会、锻炼能力，渴望将来去建功立业。

勤工俭学的实践使大学生认识到钱、物来之不易，懂得了珍惜；使大学生通过个人努力，培育了自立、自强的意识；使大学生对于社会的复杂性和如何适应环境有所了解、体验，有利于以后职业化的发展；使大学生培养了时间观念和劳动纪律，生活紧张而充实；使大学生摸索、发现个人的价值，以利于寻求适合于个人的职位。

勤工俭学的形式多种多样，例如去餐饮服务行业当服务员，做家教，打零工（发传单、送货、钟点工），做兼职等。

五、文化、科技、卫生“三下乡”

从1997年开始，为了促进农村文化建设，改善社会风气，密切党群和干群关系，满足广大农民的精神文化生活需求，国家部署实施了文化、科技、卫生“三下乡”活动。

在全国大中专学生志愿者暑期“三下乡”社会实践活动中，大学生到农村传播自己在校所学的科学生活观念；传播多种形式的先进科技文化知识。医学专业学生参加卫生咨询和医疗服务。这种活动体现了知识分子与工农结合、教育同生产劳动结合的教育方针，有利于大学生健康成长，有利于推动农村精神文明建设。

六、科教、文体、法律、卫生“四进社区”

作为科技、文化、卫生“三下乡”活动的延伸和发展，“四进社区”是从2005年开始，全国高校开展的大学生志愿者科教、文体、法律、卫生进入社区的校外社会实践活动。其目的在于充分发挥实践育人的优势，鼓励大学生在实践中了解社会、增长才干，进一步提高思想政治水平和综合素质。

科教进社区，就是围绕“讲科学生活、建文明社区”的主题，组织大学生到社区与居民共同举办科普（读书、讲座、培训、竞赛等）活动。通过开办科普宣传栏、制作科普公益广告、宣传科学生活观念、进行网上远程科普教育等方式，传播科学生活观念，破除落后习俗，提高居民生活质量。

文体进社区，是组织大学生发挥个人特长，利用社区各种文体设施，帮助社区开展丰富多彩的文艺体育活动，弘扬传统美德、促进先进文化传播的社会实践活动。它通过开展文艺演出和辅导、体育锻炼和比赛、文体骨干培训、图书荐读等活动，引导群众提高文化鉴别和欣赏能力，满足家庭求知、求美、求乐、求新的精神需要。

法律进社区，是组织大学生配合普法教育，深入社区进行法律宣传工作的社会实践活动。通过创办法制宣传专栏、黑板报、图片展览，开展法律咨询、访谈，组织文艺演出等方式，有针对性地宣传有关城建城管、社会安定、促进就业、社会保障等方面的法律法规。在宣传中，尽可能联系实际，依法帮助居民解决实际问题，为提高居民法律意识、优化社区法制环境做出贡献。

卫生进社区，是组织医学专业大学生到社区普及医疗卫生知识、提供常见病的义诊和保健服务的社会实践活动。其主要工作是为居民做健康检查，开展医疗咨询、义务诊病，宣传健康生活的观念，关怀残疾人、孤寡老人、下岗职工、贫困群体的疾苦等。

第9章 创　新

9.1 创新概述

9.1.1 创新基础知识

一、创新简介

1.创新概念的由来

创新，其英文单词为Innovation，源于拉丁语，原意是更新、改变、创造新的东西。

1912年，美国哈佛大学教授熊彼特(J. A. Sehumpeter)第一次把创新引入了经济领域，用以解释资本主义经济发展的动因和历程，构建了创新理论。该理论指出，资本主义经济发展表现为通过企业家的创新活动以实现产业突变，通过不断创新来推动“创造性的毁灭过程”，导致资本主义经济周期性波动式向前发展。熊彼特认为，创新就是要建立一种生产函数，实现生产要素的从未有过的组合，创新包括5种具体情况，即开发新产品或改良原有产品、使用新生产方法、发现新市场、发现新的原料或半成品、创建新的产业组织。

20世纪中期，美国管理学大师德鲁克(Peter. Drucker)把创新引进了管理领域。他认为管理创新就是赋予资源以新的创造财富能力的行为。美国经济学家罗斯托提出了技术创新，并把它放在创新的主导地位。伊诺斯(L. Enos)则对技术创新给出了明确的定义：技术创新是几种行为综合的结果，这些行为包括发明的选择、资本投入保证、组织建立、制订计划、招用工人和开辟市场等。

20世纪70年代以来，许多著名的学者进一步对创新开展研究，使之形成了系统的理论。如今，“创新”二字扩展到了社会的许多方面，例如理论创新、制度创新、经营创新、技术创新、教育创新、分配创新等。

2.创新的定义

首先，我们翻看辞书对创新的释义。在《现代汉语词典》中，“创新”被解释为抛开旧的，创造新的。在《辞海》里，“创”为首创、创始之意；“新”指初次出现，与旧相对；改旧，更新。

概括起来，创新有三层含义：一是抛开旧的，创造新的；二是在现有的基础上改进更新；三是指创造新意或新的意境，具有开创性的构想。

进一步，我们寻找对于创新的定义。

对于什么是创新，迄今为止，并没有一个公众认同的准确定义。人们有多种多样的理解，例如定义为提出没人提过的新理念、研究出某种专利技术、采取提高工作效率或改进生活质量的新举措、重组旧企业并使之兴旺发达等。

综合归纳各方面的理论，可以看出，创新就是指人们对事物的整体或其中一部分进行变革，从而使其更新和发展。因此，我们认为创新可以这样界定：创新是人类为了满足自身的需要，不断拓展对客观世界及其自身的认知与行为的过程和结果的活动。

根据这样的界定，创新包含了下面几层含义：

(1)创新的目的是满足人类自身的需要(个人需要和社会需要)。

(2)创新的主体是人类，包括自然人和社会组织。

(3)创新的客体是客观世界，包括人类社会、自然界、科学技术等。

(4)创新的过程是不断拓展和改变对客观世界认知与行为的动态活动。

(5)创新的核心是创新思维。

(6)创新的关键是改变，向新的、有效益的方向进行数量和质量的改变。

(7)创新的结果有物质的(如指南针、飞行器、电话、因特网等)和非物质的(如新理论、新思想、新经验等)。

二、创新的作用

创新是一个民族进步的灵魂，是国家发达的不竭动力。创新在推动人类社会发展中具有重要作用。

1.满足人类生存与发展的客观需要

人类在生存与发展中有各种各样的物质需要和精神需要，前者如衣服、食品、房屋、车子、冰箱、电脑、手机等；后者如文化、娱乐、亲情、名誉、尊严、权益等。人类各个层次的需要，从基本生活需要，到实现自我价值，都必须依靠创新。

人们需要在雨天出行，鲁班发明了伞，满足了这一需求。人们需要在黑夜照明，爱迪生发明了电灯，安全方便地解决了这一课题。家庭主妇需要减轻家务劳动，史密斯发明了洗衣机，解除了洗衣的劳累。人们希望实现远距离快速沟通，电报、电话、手机、网上视频电话等一系列发明卓有成效地满足了这一需求。人类试图探索新的生存空间，地球卫星、载人飞船的发明使这一需求得以推行。总体来说，人类在提高生存质量和推进社会发展领域的一切需要，都是依靠创新来得到满足的。

2.深化人类对客观世界的认识

地球上的人类处在同一个客观物质世界。人们对这个世界有着各种各样的认识。但是，唯有创新才能使人们更加深刻、更加正确地认识它。例如，面对千姿百态、数量无限的动物、植物、微生物，用科学的观点看，大自然就是由30多种粒子和110种元素构成的。这种创新的认识是何等的简单而深刻！

望远镜的发明与更新使人类的视野拓展到了太阳系以外的宇宙空间。显微镜的发明与改进使人类看到了气象万千的微观世界。考古学的发现与成果让人类得以了解千万年前的历史实况。数字影像技术将使人类子孙后代能够看到当今社会发生的一切。正是各领域的创新不断深化着人类对客观世界的认识。

3.提高人类对客观世界的驾驭能力

最初的人类对周围的客观世界知之甚少，对大自然心存敬畏。出于生存与发展的需要，人类通过各种创新活动在不断探索对客观世界的驾驭能力。从使用石器、铜器捕猎，到探险、发现新大陆，发明蒸汽机、火车、汽车、飞机，发射人造地球卫星，宇航员进入宇宙空间站等人类认识世界、改造世界的能力日益提高。人类生活由此发生了巨大变化。

随着不断创新，人类驾驭客观世界的能力逐步增强，过去想做而做不到的许多事现在能够做到了，现在想做而做不到的事将来也有可能会做到。

三、创新的属性

1.创新是人脑的一种机能和属性

生理学家赫曼运用全脑模型研究创新的过程，在综合了前人的脑功能定位理论(大脑两半球有明确的分工定位，以不同方式处理信息，两者由胝体连接)和边缘系统理论的基础上，建立了全脑模型学说。该学说揭示了大脑思维形态和创新能力之间的关系，使创新在大脑活动中清晰化，证明了创新是大脑的一种机能和属性。

人的一切心理现象或创新意识、精神等都是人脑的一种基本功能，是与人类自身进化而同步形成的客观天赋。

心理学家对5岁的儿童进行了创新能力测验，其中合格人数高达90%。这说明人的创新能力是与生俱来的。随着年龄的增长，由于常规思维定势的因循守旧作用，创新能力明显下降。心理学家对20～45岁成年人进行创新能力测验，其中合格者只占5%。

2.创新是人类的本质属性

在人类劳动实践中，创新是产生、形成人及其特性的根本动力。正是由于人的不断创新，才使人在认识、改造自然和社会的历史中成为社会活动的主体，成为社会关系的创新者。

当现实不能满足人的需要时，人就要对现实进行否定和批判，对理想世界进行追求，就要进行创新。当今一切灿烂的物质文明和精神文明成果，都是人类为了满足生存与发展的需要而创新得来的。可以说，没有创新，就没有人类社会的存在与发展。

创新是人类的本质，是人类在与自然的交互影响下形成的一种自然禀赋。

3.创新是可以被某种因素激活或被教育培训引发的一种潜在的心理品质

人的创新意识和潜能可以被某种因素激活或被教育培训引发而转化成无穷的创新能力。例如，1986年，大连创新技法培训班的学员们利用“希望点列举法”提出了数十种关于家用电扇的改进设想，包括微型电扇、遥控电扇、太阳能电扇、驱蚊电扇等。数年之后，其中许多创意都已变成现实。那些学员却都不是电扇制造行业的人。

因此，人的创新潜能是巨大的。人的创新潜能只要在某种条件(教育、培训、事件或言语的启迪)下能被激活起来，就能迸发出创新的火花。

四、创新的特征

创新具有下列6个特征：

1.目的性

任何创新都离不开人们的某种具体追求，有其明确的目的性。全部创新过程就是围绕达到某种目的而展开的。

2.新颖性

创新是要解决前人没有解决的问题，无法进行模仿或再造，只能独辟蹊径、标新立异、脱颖而出。它要求突破常规，探索新路，提出常人不曾想到的新理念、新方法，提供前所未有的新材料、新工艺、新产品、新成果。

3.先进性

人类的创新活动引导着社会的发展和进步。历史上每一次伟大的创新，都成为生产力提高、文明进步和社会发展的催化剂。创新具有强烈的超前性和先进性。

4.价值性

创新的目的在于满足人类的需要，创新的物质成果或理论成果具有显著的经济效益和社会效益。它体现在经济社会发展上，其价值是难以估量的。

5.动态性

客观世界的发展变化是无穷尽的。创新也就不可能一劳永逸，要随着社会和组织的发展不断地创造和革新。一个企业在开创之时需要创新，在做大做强之时还需要创新，在竞争中保持不断发展的过程中更需要坚持创新。

创新离不开具体的社会环境，而与人们所处的生产、生活、科技、文化条件和社会需求密切相关。因此，创新具有动态特性。每个创新活动在实践过程中都因时间和空间的背景限制而取得当时认为最好的结果。随着时间的推移和科技的发展，在新的条件下，更高一级的创新需求和实践又会产生和开展。创新是无止境的。

6.风险性

由于受到科技发展和生产力水平的限制，人们在创新活动中对某些客观因素认识不足或无法适应，不能有效地控制隐患，这种不确定性就构成了一定的风险。这种风险可能给人们造成了相应的经济损失，甚至人员伤亡。它使创新者精神受挫，信心动摇。因此，创新者必须有风险意识，成功来之不易，它可能要经历许多次挫折和失败。

由于创新的不确定性因素非常之多，所以，其失败的风险很大。资料表明，3M公司号称能够正确预测当代95%的技术后果，它却承认其50%的非相关产品或世界首创型创新都失败了。吉列(Gillette)公司每3个上市产品中只有一个能取得市场成功，而这3个产品是从100项前期技术研究中得到的。

9.1.2 创新能力

近半个世纪以来，一些发达国家已经逐步成为创新型国家。他们的创新投入高(国家研发投入占GDP支出的2%以上)，科技进步贡献率达70%以上，自主创新能力强(国家的对外技术依存度指标通常在30%以下)，创新产出高。他们在全球经济发展中具有突出的优势。

在当今世界，国家之间的竞争主要表现为创新能力的竞争。提高我国国民、特别是青年一代的创新能力，加速成为创新型国家，是关系到国家未来和发展的大事。20世纪末产生的创新教育思想，主张教育以培养创新型人才为目标，着力促进人的创新精神和创新能力的发展。这是社会发展的需要。

一、我国大学生创新能力现状

创新能力是指人在以原有知识、经验为基础去创建新事物的活动中所表现出的潜在心理品质。具体而言，就是个体运用已有的知识、经验和可以利用的资源，通过创新思维和实践，产生某种新颖、独特、有社会价值或个人价值的思想、观念、方法、产品的能力。

创新能力的核心要素是创新思维。苹果落地的现象司空见惯，唯独牛顿由此得到启发而发现了万有引力定律。地静学说（地心说）统治了西方达1 000多年并无人说不，只有哥白尼敢于否定而创立了地动学说（日心说）。年轻的爱因斯坦能够提出狭义相对论；年轻的马克思能够引发世界思想史的革命；爱迪生一生竟有2 000多项发明……究其原因，就是因为他们具有优异的创新思维所引发的创新能力。

与发达国家相比，我国大学生的创新能力处于普遍偏低的状态。例如，我国留美学生的学习成绩大多优于一起学习的美籍学生，但是，10年之后，其科研成果却比人家少得多。究其原因，是美国学生思维活跃、动手能力和创新能力强。中科院对32所职业院校学生调查的结果表明，约有50%的学生认为自己和他人的创新能力“一般”，只有30%的学生认为“较好”。

大学生对于创新普遍具有一定认识，也想在学习中有所创新，但是，由于欠缺创造性思维方式，不善于利用和创造条件，缺乏必要的创新技能，不少人“虎头蛇尾”、毅力不够等多种原因，导致创新能力受到限制。

2003年起，国家正式启动创新能力培训体系。培训内容包括思维创新、方法创新和应用创新3个方面。在校大学生通过这种培训，在提高创新能力和综合素质的同时，还可以获得中国职业技能鉴定中心颁发的创新能力水平等级证书（中英文对照，国际通用）。

二、创新能力的成因

创新能力的形成来自人的遗传素质、环境条件、实践活动和创新思维4大要素。

1. 遗传素质

形成创新能力的生理基础和物质前提是遗传素质。遗传素质决定着个体创新能力未来发展的类型、速度和水平。

遗传素质又称禀赋、天赋，是个体与生俱来的解剖生理特点。它包括大脑和神经系统结构、机能特性，感觉器官和运动器官的机能，身体的结构和机能等。对于爱因斯坦大脑的研究发现，他的脑半球顶下页区域显著超长（比普通人超出15%），而且没有常人皆有的一种皱沟。正是这种与众不同的特殊构造成了他具有特强创新能力的生理基础。

大脑的生理解剖特点、生长发育规律等因素，在很大程度上影响到个体创新能力的形成和发展。

不同的个体，其遗传素质是有差异的。这表现为在不同方面（音乐、绘画、运动项目）的天赋。指挥家胡一舟虽然智力很弱，又未曾受过名师指教，却能指挥中央芭蕾舞剧院交响乐团演奏世界名曲。这就是其遗传素质造成的特异能力。

2.环境条件

形成和提高创新能力的客观条件是环境。环境的优劣影响着个体创新能力发展的速度和水平。

美国心理学家特曼曾对1 528名高智商学生进行了几十年的跟踪研究，结果表明高智商者并不一定能成为创新型杰出人士。这说明遗传素质只是成才的基础，但不是唯一因素。能否成为创新型人才，还要看其他的影响因素，如环境和教育的影响、自身的后天学习、社会实践等。

自幼与兽类(狼、狗、熊)生活在一起的“兽孩”，虽然有人的遗传素质，但其生活习惯与和他们一起生活的动物相似。这一现象说明，人的思想、语言、行为、能力等，都不是依靠个体生理成熟而自然形成的，都是后天社会生活的产物。

环境包括家庭、学校和社会。个体的社会能力、职业能力(含创新能力)的形成与家庭的养育、学校的教育和社会的影响有着密不可分的关系。

3.实践活动

实践是形成创新能力的唯一途径，也是检验创新能力和创新活动成果的标准。实践是人类改造世界的活动。这也是人类与其他动物的行为有本质区别之所在。人类在改造客观世界的过程中，经常遇到新情况、新问题，旧的矛盾解决了，新的矛盾又会产生。这要求人们不断突破常规，寻找新办法、新途径。只有通过实践进行创新，才能推动社会发展。

正是依靠实践，通过不断创新，人类从自然界获得了生活资料和生产资料，满足了自己生存与发展的需要。因此，实践是促进人的创新能力持续发展的动力和途径。

人的创新能力水平如何，要通过在实践中获得创新成果的质量和速度来检验。人们在实践中获得的认识、概念是否正确，必须拿到实践中去检验。没有经过实践检验的认识成果就不能算作创新成果。因此，实践也是检验创新能力水平和创新活动成果的唯一标准。

4.创新思维

形成创新能力的核心与关键是创新思维。没有创新思维，就没有创新能力和创新活动。

三、创新能力的构成

对于创新能力内涵的研究，国内学者有不同的见解。张宝臣等人认为，创新能力是个体运用一切已知信息(包括已有的知识和经验等)产生某种独特、新颖、有社会或个人价值的产品的能力。它包括创新意识、创新思维和创新技能。

1.创新意识

创新意识是指个体对于客观事物和现象所持有的一种推崇创新、追求创新、乐于创新的观念和意识。它引发个体产生强烈的创新动机，确立创新目标，充分发挥自己的智慧和潜能，最大限度地去实现创新。

循规蹈矩、缺乏创新意识的人，对于平常的事物和现象很少有所质疑和思考，总是较多地肯定已有事物的合理性，设法适应已有事物，没有对它实施变革的观念。具有创新意识的人，对于已经形成的思想、理念、方法和事物则是保持着总想有所发现、有所改进的求新意识。他们好奇心强，敢于质疑，善于思索，由此产生创新动机和行为。

2. 创新思维

创新思维是指个体在创新意识的驱动下，综合运用多种思维方式，对已有的知识、经验、信息进行新的思维加工组合、形成新的思想、观点、理论的思维过程。它不同于常规思维，而是在人们的发明或创新活动中必须运用的思维方式。这种思维方式使创新者发明或发现一种新技法，用以处理某种事物或现象，产生有价值的成果。

3. 创新技能

创新技能是指实现创新活动所需要的智力技巧、情感技巧和行为技能的综合。它除了需要一定的操作能力和完成能力之外，更需要创新思维能力、学习能力(应用新知识、新技术)、信息处理能力，还应通晓现代创新技法。

创新者只有具备一定的创新技能，才能实现其创新目标，创造应有的价值。

9.2 创新思维

9.2.1 创新思维概述

凡属创新活动，皆离不开思考，离不开创新思维。创新能力的核心因素就是创新思维。

一、创新思维的含义

1. 思维

在《现代汉语词典》中，思维是在表象、概念的基础上进行分析、综合、判断、推理等认识活动的过程。它是人类特有的一种精神活动，是从社会实践中产生的。

在《辞海》中，思维的释义是考虑、思量；是指意识、精神，与“存在”相对；是指理性认识，或理性认识的过程。思维是人脑对客观事物能动的、间接的和概括的反映。它是在社会实践的基础上进行的，包括逻辑思维和形象思维。思维的工具是语言；思维的形式是概念、判断、推理等；思维的方法是抽象、归纳、演绎、分析与综合等。

2. 创新思维

创新思维就是主体在强烈的创新意识驱动下，通过综合运用各种思维方式，对原有知识、信息进行新的思维加工，从而形成新思想、新观念、新理论的思维过程。换句话说，创新思维是指那些突破传统的思维习惯，以新颖独特的方法解决问题的思维过程。

创新思维是创新活动的源泉与核心。一切创新活动始于创新思维。

二、创新思维的构成

创新思维由如下6个要素构成：

1. 积极的求异性

创新思维是一种求异思维方式。它对于司空见惯的现象或已被公认的权威性论断不轻信、不盲从，而是保持一种置疑的、分析的、批判的态度；对于所遇到的各种新问题，不是循规蹈矩地按老章程办，而是采用新的思路、方式去对待和解决。

积极的求异性并非为求异而求异，它是坚持实事求是的原则，按照科学规律去“标新立异”的。这种积极的求异性是创新思维的重要构成要素。

2. 敏锐的洞察力

所谓洞察，就是深入、清楚地察知。洞察是知觉与思维互相渗透的一种认识活动。洞察力是指通过对事物的不断观察，将现有事物与已知事物联系起来，分析其相似性、特异性，从中发现其内在联系和本质所在的一种认识能力。

敏锐的洞察力能够使人透过事物的表面现象抓住问题的本质和关键，进而“茅塞顿开”，为解决问题开辟新的途径，构成了创新思维的重要因素。

3. 创造性想象

想象是利用原有的表象（过去感知过的事物的形象）形成新形象的心理过程。它是人脑在外界刺激物的影响下，对过去存储的若干表象进行加工改造而成的。想象的内容来源于客观现实。人们能够想象出往昔和当前从未感知过的事物的形象。这种想象对于人们进行创造性活动和掌握新的知识经验起着重要作用。

一切发明、发现和各种创新活动都离不开想象。在科学发展和人类进步的历史中，丰富的幻想、学者的假说、伟人的预见、新事物（材料、工艺、机器等）的出现，其中起着重要作用的一个环节就是想象。创造性想象往往是各种创新思维的出发点。

4. 活跃的灵感

灵感的原始含义是神灵的感应。现在通用的含义则是在文学、艺术、科学、技术等工作活动中，由于艰苦学习、长期实践、不断积累知识和经验而突然产生的富有创造性的思路。特别是指在面对疑难问题时，经过长时间冥思苦索，在某种契机下突然醒悟，获得了解决问题的新思路、新方法的思维过程。

灵感是一种人们自己无法控制、创造力高度发挥的突发性心理现象，即在文艺、科技创新过程中以完全不曾预料到的方式突然获得的异常强大的创造能力。灵感状态下产生的作品具有高度的独创性，是不可模仿的。创新者在灵感状态下思想情感的表达是十分敏捷和有序的，并伴随着高涨的亢奋情绪。

灵感的产生来源于创新者对某一问题的长期思考、探索、实践和经验积累。它可能出现在原型的启发下，也可能出现在注意力转移致使紧张思考的大脑得以放松的时机。

5. 适当的知识结构

作为创新思维的原材料，创新主体必须具备适当的知识结构。它包括有适当深度与广度的基础知识，在创新领域有特长的专业知识，以及有关的实时信息。

6. 新颖的表达

创新要求有其独特的、新颖的、不落俗套的表达方式。具体而言，一是要提出一套新的概念、原理、范畴；二是要形成表现新的思维方式的结构体系；三是要运用准确、鲜明、生动、形象和不拘一格的语言、文字、图案、形体，以创新的形式予以表达。

新颖的表达是创新思维的构成要素。它能够促使创新成果被人们接纳。

9.2.2 创新思维的类型

创新思维是一种能够引发出创新性设想的思维形式。它是不受现成的常规思路约束，寻求对问题的全新的、独特性的解答的思维过程。归纳起来，创新思维具有下述8种类型。

一、发散思维

发散思维又称辐射思维、扩散思维、多向思维或求异思维，是指在思考某一事务和问题时，从仅有的信息中尽可能向多方向扩展，不受常规方式、方法和范围的约束，从而求得多种(包括常规和非常规的)设想的思维。美国心理学家基尔福特曾指出，发散思维就是从给定的信息中产生信息，着重依据同一输入信息而产生各种各样、为数众多的输出信息。

也可以说，发散思维是指从一个目标出发，沿着各种不同的途径去思考，探求多种答案的思维。例如，要回答哪两个月连续都是31天的问题，一般的线性思维答案是7月和8月；发散思维的答案则是除此之外，考虑到1月至12月的周期循环，还有12月和1月的答案。

不少心理学家认为，发散思维是创造性思维的重要特点，是测定创造力的主要标志之一。发散思维具有三个维度。其一是流畅度，指发散的量；其二是变通度，指发散的灵活性；其三是独创度，指发散的新奇成分。

二、收敛思维

收敛思维又称聚合思维、集中思维，是指人们为了解决某一问题而调动已有的知识、经验和资源去寻找唯一答案的思维活动。它围绕一个中心问题，从不同角度将思维指向中心点，通过比较、分析，找出一个最佳解决方案。常见的收敛思维有求同法、求异法、聚焦法等。

1.求同法

在不同场合反复发生某种现象，而这些场合中只有一个条件是相同的，那么，这个条件就是发生某种现象的原因。我们把寻找这个条件的思维方法叫做求同思维法。作为一种寻求现象因果关系的方法，求同思维法在日常生活和科学研究中被人们广泛应用着。

例如，不同职业、不同年龄的人，凡属能够坚持锻炼身体者大多身体健康。由此可知，健康的原因是锻炼身体。同样，也可以得出吸烟有害健康的结论。

2.求异法

某种现象在场合甲出现，在场合乙不出现，而甲、乙两种场合只有一个条件不同，因此，这一个条件就是出现某种现象的原因。寻找这一条件，就是求异思维法。

例如，阿凡提应邀赴宴，第一次身穿破衣裳被拒之门外，第二次身着华贵服装才被笑脸迎入。这是为什么呢？运用求异思维法，答案在于服装不同。

3.聚焦法

聚焦法是指围绕某一问题反复思考，使思维聚拢，形成思维的纵向深度和强度，积量变为质变，最终解决问题的思维方法。

例如，达尔文为了探索物种进化的答案，随军舰远航考察，在长达27年的艰苦岁月里，专心致志地研究动植物习性、遗骸、标本、化石，最终写出惊世巨著《物种起源》。

三、侧向思维

侧向思维又称“旁通思维”，其思路、方向不同于正向思维或逆向思维，它是沿着正向思维旁侧开拓出新思路的一种创造性思维。通俗地讲，侧向思维就是利用其他领域里的知识和资讯，从侧向迂回地解决问题的一种思维形式。侧向思维有 3 种运用方法。

1. 侧向移入

侧向移入是解决技术难题或进行管理创新、产品创新的最基本的思维方式。它要求跳出本行业惯用思路，将其他领域行之有效的技术、方法、原理直接移植过来加以利用；或者从其他领域事物的特征、属性、机理中得到启发，产生能够突破原课题的创新设想。

例如，长期以来，人们为了减少摩擦，一直在改变滚珠形状、轴承结构或润滑剂等方面不断地改进，终不能带来大的突破。后来，有人从高压空气可以使气垫船漂浮、相同磁性材料会相互排斥并保持一定的距离的现象中得到启示，由此发明了空气轴承(不用滚珠和润滑剂，只需向轴套中吹入高压空气，使旋转轴呈悬浮状)和磁性轴承(用磁性材料制成)。又如，我国鲁班由茅草的细齿拉破手指而发明了锯；威尔逊移入大雾中抛石子的现象，设计了探测基本粒子运动的云雾器等。

2. 侧向转换

它是指放弃常规解决问题的设想，将问题转换成为其侧面的其他问题，或将解决问题的手段转为侧面的其他手段，从而利用解决其他问题的技术、方法来取得课题的突破。

3. 侧向移出

侧向移出是指突破原有应用领域和对象，将现有的设想、方案、发明、技术、产品转移到其他领域和对象，实现其他领域和对象的创新。这是一种立足于跳出本领域，克服线性思维的思考方式。

侧向思维的特点是思路活泼多变，善于联想推导，且富有浪漫色彩。它给人以这样的印象：看似问题在此，实则“钥匙”在彼，可谓“他山之石，可以攻玉”。

四、逆向思维

逆向思维，也叫反向思维，是对司空见惯的似乎已成定论的事物或观点反过来思考的思维方式。它敢于“反其道而思之”，从问题的相反面深入探索，树立新思想，创立新概念。

对于某些问题，尤其是一些特殊问题，摆脱朝着一个固定的思维方向思考问题，而朝着相反的方向思索，从结论往回推，倒过来思考，或许会使问题简单化、易于解决，甚至因此而有所发现，创造出奇迹。这就是逆向思维及其魅力所在。例如，司马光面对小朋友掉进水缸的险情，不是采取通常“救人离水”的思维模式，而是果断地用石头把缸砸破，“让水离人”，这就是运用了逆向思维。逆向思维可以突破思维惯性，出奇制胜，从另一方向走向真理。

1. 逆向思维具有普遍性

由于对立统一规律是普遍适用的，而对立统一的形式又是多种多样的，有一种对立统一的形式，相应地就有一种逆向思维的角度，所以，逆向思维也有无限多种形式。如性质上对立两极的转换：软与硬、高与低等；结构、位置上的互换、颠倒：上与下、左与右等；过程上的逆转：气态变液态或液态变气态、电转为磁或磁转为电等。不论哪种方式，只要从一个方面想到与之对立的另一方面，都是逆向思维。

2. 逆向思维具有批判性

逆向与正向是比较而言的，正向是指常规的、常识的、公认的或习惯的想法与做法。逆向思维则恰恰相反，是对传统、惯例、常识的反叛，是对常规的挑战。它能够克服思维定势，破除人们由于经验和习惯而造成的僵化的认识模式。

3. 逆向思维具有新颖性

循规蹈矩的思维容易使思路僵化，摆脱不掉习惯的束缚，得到的往往是一些司空见惯的答案。其实，任何事物都具有多方面属性。由于受过去经验的影响，人们容易看到熟悉的一面，而对另一面却视而不见。逆向思维能克服这一障碍，出人意料，给人以耳目一新的感觉。

逆向思维的思路甚多，可以根据事物的属性、原理、过程（程序）、状态、结构、功能（作用）、观念等多种渠道，从其相反方向思考，以求解决问题。例如，“风尾裙”来源于属性逆向思维；伽利略发明水温度计来源于原理逆向思维；流水线作业来源于过程逆向思维；反复印机的发明来源于过程逆向思维；两向旋转发电机的发明来源于状态逆向思维等[①]。

五、联想思维

联想思维是指由所思考的某种事物、概念、现象而联想到与之有关的另一种事物、概念、现象，由此产生一种没有固定思维方向的自由思维活动的创新思维过程。它是通过两种以上事物之间存在的关联性与可比性，去扩展人们固有的思维，由已知推未知，由旧见新，从而获得更多的设想和预测。

联想思维的主要形式包括幻想、空想、玄想。其中，幻想，尤其是科学幻想，在人们的创造活动中具有重要的作用。联想思维具有5种方式：

1. 接近联想

接近联想是指由于某事物或现象的刺激而产生与它在时间或空间上相接近的事物或现象之间的联想，进而产生某种创意的思维方式。世界上有许多事物总是在空间或时间上

---

① “风尾裙”：一条裙子因烧了个洞而价落难卖，店主突发奇想，在那个洞的周围又挖出许多小洞，巧加修饰，美其名曰“风尾裙”，于是销路顿开，名声远扬。

温度计：意大利物理学家伽利略为设计医用温度计而屡遭失败。在一次实验中，他注意到水的温度变化引起水的体积变化，突然产生了反思，水的体积变化必然也能反映出其温度变化。沿着这一思路，他发明了当时的温度计（水温度计）。

流水线作业：美国汽车大王福特在街头看到牛肉仓库的几个工人顺序地切割牛的里脊肉、胸肉、头肉、腿肉。他突然想到了与此相反的过程，设想汽车工人顺序地安装汽车的所有零部件，由此，产生了汽车的流水作业线，生产效率大大提高，奠定了福特公司在汽车行业的龙头地位。

反复印机：复印机的功能是把图文印在纸上。日本理光公司的科学家从复印机功能的相反方向进行思考，设法使纸上的图文消失，由此发明了反复印机。这就可以使一张纸反复使用许多次。

两向旋转发电机：长期以来，发电机都是各有一个定子和转子，定子固定，转子旋转。我国发明家苏卫星运用状态逆向思维，让定子也转动起来，发电效率比常规发电机提高了4倍。

存在着联系的。如果能够巧妙地把彼此接近的事物联想起来，往往会产生新的创意。

宋朝苏东坡为了治理杭州西湖，最初苦于挖出淤泥无处堆放，进而联想到用淤泥堆筑长堤；联想到招募农民在原来淤泥地带种麦以积累治湖资金。这是运用空间接近联想而产生的创举。

2.相似联想

相似联想是指由于某事物或现象的刺激而想到在外形、性质、结构、原理等方面与之相似的其他事物或现象的联想，进而产生某种创意的思维方式。

人们头脑里经常会产生相似联想，例如职业生涯的"高原现象"与企业发展的"瓶颈"，"品牌联盟"与"狐假虎威"；更具有创新意义的是一些仿生物发明，例如蝙蝠与雷达，蜻蜓与直升机等。

3.对比联想

对比联想是指由于某事物或现象的刺激而想到在时间、空间或各种属性上与之完全对立或存在显著差异的事物或现象的联想，进而产生某种创意的思维方式。

冰雪寒冬与酷暑炎夏、纳米技术与宇宙观测、俊美与丑陋、欢乐与痛苦等，都属于对比联想。许多著名的诗句就包含有对比联想，如"大漠孤烟直，长河落日圆"(王维)"朱门酒肉臭，路有冻死骨"(杜甫)"年年岁岁花相似，岁岁年年人不同"(刘希夷)等。

对比联想突出的特征就是背逆性、挑战性、批判性。

4.因果联想

它是指由于两个事物存在因果关系而引起的联想。这种联想往往是双向的，既可以由起因想到结果，也可以由结果想到起因。

人们根据自己的知识和经验很容易产生因果联想，例如由酒后驾车联想到车祸、由蛹虫联想到飞蛾等。值得一提的是，因果联想成就了煤油替代汽油的需求。由于煤油不易汽化，难以在内燃机中使用。有人看到一种红叶野花能在早春雪地开放，由此联想到野花依靠红叶而快速吸收热量得以存活，如果把煤油染成红色，它也会加快吸收热量。通过试验，果然解决了煤油汽化的难题。

5.连锁联想

连锁联想是从一点出发，一环扣一环地产生一连串的联想，由此引发新的设想的思维方式。

有一家小化肥厂，考虑到化肥生产线软水处理、冷冻设备、剩余的蒸汽还可以用来生产饮料，于是就办起了饮料厂。进一步，他们又想到了香精生产；而制作香精需要花，他们就开发了玫瑰花基地，办起了香精厂。这是他们的第一个连锁联想。第二个连锁联想是利用化肥余留的渣和石灰窑的板石来开办水泥厂，进而生产水泥制品、进行化工机械维修、办塑料厂、组建建筑工程公司。两套连锁联想使这家小厂发展成了8个工厂。

六、想象思维

想象思维是人脑通过形象化的概括作用，对已有的记忆表象进行加工、改造或重组的思维活动。想象思维的基本元素是记忆表象。它以记忆表象为基础，对它进行加工，从而形成新的形象。新的形象是对客观现实的超前反映。人们通过想象不仅能构想出生动的、夸张的事物形象,而且还能创造出客观现实未曾有过的崭新形象。"想象力是一个创造性的认识功能。它有本领从自然界提供的素材里创造出另一个想象的自然界"(康德)。

许多创新思维形式都是在想象思维的基础上进一步深化和发展起来的。作家、艺术家的优秀作品,科学家的卓越成果,大都离不开想象思维。想象思维在发明创造中起着主导作用。想象思维具有下述4种方式:

1.组合想象

组合想象是指这样一种思维过程:它根据头脑中某些客观存在的事物形象,分别抽出其中一些成分或元素,加以改变,由此构成具有新的结构、性质、功能的独特事物形象。

组合想象通过对原有事物的联系和组合,可以构成见所未见、闻所未闻的新事物形象。组合想象在人类生活各个领域的创新活动中发挥着巨大的作用。爱因斯坦说:"找出已知装备的新组合的人,就是发明家"。例如,把鞋和轮子组合在一起,发明了旱冰鞋。

2.填充想象

填充想象是指这样一种思维过程:在只认识到某事物某些组成部分或环节的条件下,在头脑中对该事物的其他组成部分或环节加以充实、填补,构成一个完整的事物形象。

填充想象的运用历来甚多。亚里士多德看到月球的弧形阴影,将此阴影加以延伸,用想象中的球形物填充起来,从而预见到地球是圆的。三国时期,曹操让人在新建的相国府大门上写了个"活"字,许多人莫名其妙,杨修看后,想到活字在门上构成"阔"字,阔者宽也,原来曹操嫌门太宽了,于是命人拆掉大门重建。

3.预示想象

预示想象是在已有的知识、经验、形象的基础上,在大脑中构成当前尚未存在、未来可能产生的某种事物形象的思维过程。

下面举例说明预示想象。曾有一个篮球运动员,只穿了一条内裤在球场练习投篮。一个朋友把20个鸡蛋放在场边地上送给他,随即走开。当他决定回家时,顿觉为难。经过一番思索,他仔细设想了放掉篮球的气,把篮球弄成盆状用来装鸡蛋的各种可能情况,终于带走了鸡蛋。

通过预示想象,人们可以对自己为解决某种问题而设想的方案、操作、后果和可能遇到的问题做出预测,采取相应的措施、避免不希望出现的情况,促成希望得到的结果。

4.导引想象

导引想象是指人们通过具体细致的想象和体验自己为完成某种任务而顽强努力,以及完成任务后的成功情景与喜悦心情,从而高度协调地发挥着自身潜在的智力、体力,促进任务顺利完成的想象思维过程。

导引想象的关键在于发挥心理状态的积极影响,以"情"育"思",以"情"助"思"。它能够有效地调动人的潜意识,使潜意识充分发挥作用,达到心理暗示的效果。这在那些复杂问题的解决和艰巨任务的完成中是特别有用的。

例如,许多战胜病魔和死亡的康复者、许多奥运冠军和各种奖牌的获得者、许多具有传奇经历的成功者,他们中间的大多数人都曾卓有成效地发挥了导引想象的作用。

七、灵感思维

灵感思维是人们在对某一问题的长期思索中，受到某种启发，突然获得解决办法的心理过程。英国工人哈格里夫斯为了发明纺纱机而长期从事实验研究。一天晚上回家，他不慎踢翻了妻子正用的纺纱车，当他慌忙去扶正时，看到翻倒在地的纺纱车仍在转动着，只是原先横着的纱锭成为直立状态。他在惊愣之余猛然想到：如果用一个纺轮带动多个竖着排列的纱锭不就可以多纺纱了吗！他由此灵感出发，终于发明了装有8个纱锭，适用于棉、毛、麻纤维的珍妮纺纱机。

灵感思维具有下列4种型式：

1. 思想点化型

我们把人们在平常的阅读或交谈中，偶然得到他人思想的启示而出现灵感的心理过程叫做思想点化型灵感思维。

例如，达尔文从马尔萨斯人口论中读到"繁殖过剩而引起竞争生存"时，他突然想到：在生存竞争的条件下，有利的变异会得到保存，不利的变异则被淘汰。此论点促进了生物进化论的思考。这就是思想点化。

2. 原型启发型

原型启发型灵感思维是指受到某种事物的原型（现象、状态等）的启发而产生灵感的心理过程。原型启发型灵感有时是偶然出现的，有时是通过联想、类比推理试验而发现的。这种灵感来自原型的启发，由此展开思路，加速思维进程，提高思维水平，有所创新。珍妮纺纱机的发明就来源于受到纺车状态变化的启示而产生的原型启发型灵感。

3. 形象发现型

形象发现型灵感思维是指通过人物的形象或产品的外观造型的刺激而产生灵感的心理过程。意大利画家拉斐尔构思的一幅新圣母像久未成形。偶然在一次散步时看到一个健康、美丽、淳朴、温柔的小姑娘在花丛中剪花。这个富有魅力的小姑娘形象触动了他的创作灵感，成就了名画"花园中的圣母"。

4. 情景激发型

情景激发型灵感思维是指由于环境刺激使情感受到震撼而产生灵感的心理过程。

许多现实主义文学名著都是社会生活激发出的创作灵感，例如，我国作家柳青经过长期农村生活体验写出的《创业史》，前苏联作家奥斯特洛夫斯基根据其革命生涯写出的《钢铁是怎样炼成的》等。

八、直觉思维

在有些情况下，人们在解决问题时不经过严密的逻辑推理，只根据个人知识和经验就直接做出猜想或判断，我们把这种思维方式称为直觉思维。

在第二次世界大战期间，美国的鱼雷由于速度较低而战果不佳。军方向爱迪生求助。爱迪生没有细加论证，凭直觉立即提出一个办法：制作一个像鱼雷那样大的肥皂，由军舰在海里把它拖行若干天，肥皂受到阻力作用必然改变形状，然后按照肥皂变形后的形状（流线体）制造鱼雷。事实证明，这种办法果然使新鱼雷的航速大大提高。

直觉思维没有逻辑思维那种循序渐进的思维环节，主体也意识不到其思维过程，它的认识或判断具有突发性、直接性。直觉思维的产生与主体的知识、经验、思维品质相联系，因而具有明显的个体特性。

直觉思维由于缺乏逻辑思维的推理和论证，因而具有非必然性。直觉思维的结论还需要科学的论证和实践的检验。

9.3 创新技法

做任何事情，解决任何问题，都必须采取行之有效的方法。实现创新也不例外。自20世纪初，一些创新学家就开始研究创新的技术和方法。他们根据创新思维的发展规律，收集、分析大量成功的创新事例，归纳、总结出了一系列技巧和方法，以供人们学习、借鉴和仿效。创新技法将创新理论体现为具体的、规范的、可操作的运行程序，有利于人们掌握和运用。创新技法具有宽广的适用范围。

我们在本节将精选实用价值较大、应用广泛的6类创新技法加以介绍。

9.3.1 智力激励法

一、智力激励法的概念

智力激励法又叫头脑风暴法（Brain Storm），是由美国创新技法的奠基人奥斯本（A. F. Osborm）提出的。它以小组讨论会的形式让大家畅所欲言，互相启发、互相激励，产生思维共鸣，群策群力，引出更多新创意。这是当前世界上应用最普及的创新技法。

智力激励法是一种集体创造活动。它能够激发人的热情，活跃思维，各抒己见，集思广益，展现群众的智慧和创造力。

1. 智力激励法的特点

(1)解放思想，集思广益。考虑到社会环境和压力对于人们自由表现思想观点具有某种抑制作用，采用一种会议形式，营造宽松的氛围，让大家毫无拘束地自由发表见解，即使荒唐可笑的想法也不会受到评判。

这种会议由于气氛自由宽松，有利于激发人们的热情和兴趣，使他们解放思想、标新立异、提出违反常规的新设想，开拓思路，最大限度地发挥创造性；有利于博采众人之长，集思广益，获得解决问题的最佳方案。

(2)联想效应增强。在会议上，一个人的发言和创意往往对其他人的想象力带来刺激，并引起震荡，进而填补知识空隙，诱发激励。研究表明，在集体联想时，成年人的自由联想可以提高65%～93%。

(3)竞争创新。在会议情景下，形成了人人都有提出创意的欲望，彼此互动，互相促进，激发了争强好胜之心，踊跃发表创新见解。

心理实验证明，竞争意识可以使人的心理活动效率提高50%以上。

2. 智力激励法的实施原则

(1)自由畅想。智力激励法的实施,要求与会者解放思想,打破习惯势力和主观偏见的束缚,自由畅想,力求创新。

(2)暂不评判。对于会议上提出的见解和设想,暂时不作“好与坏”“是否可行”一类的评判。因为许多新设想并不成熟、不完善,甚至过于离谱,但它可能启发了别的设想,如果过早否定,就可能扼杀许多新创意。

暂不评判,目的在于得到更多的新创意。

(3)以量求质。会议上提出的设想越多越好。设想数量多,进行选择、比较的余地就大。我们要特别重视在会议后半段时间所提出的一些设想。这些设想的质量较高。

(4)综合改善。由于在会议上提出的原始设想大都未经深思熟虑,不够完善,这就需要鼓励与会者进行补充、改进,引出新设想。在会后,还需要组织专人对所有设想做进一步的梳理、评判、选择、综合和优化,从而形成行之有效的最佳方案。

二、智力激励法的组织和实施

1. 智力激励法的组织

智力激励法旨在发挥集体的创新能力。为此,就需要一定的组织形式,即谈论会应有的主持人、参加人、记录员,时间,地点等。

(1)主持人。主持人应当掌握论题的内容、背景和目的,善于启发和引导与会者围绕中心议题发表意见,创造一个无拘无束、畅所欲言的气氛,提醒记录员准确地记下各种见解。

(2)参加人。参加人一般以 10～15 人为宜。若人数太多,与会者不能充分发言,不利于集思广益;若人数太少,知识结构偏窄,难以彼此启发与互补,不利于提高设想质量。

参加人的专业结构应有合理的搭配,并在身份、职务、级别、学历等方面大体相近,以利于知识互补和充分发表意见。组织方也可以选择对议题有实际经验的行家作为会议核心,以利于提高会议效果。

(3)记录员。通常配备专职记录员 1～2 人。其任务是准确、详细地记录与会者提出的方案、设想和建议。

(4)地点。通常把会议地点选择在能够避免干扰的地方,必要时可以关闭通信工具。

(5)时间。激励会议一般限制在 30～60 分钟。若时间过长,则人很容易疲劳,思维迟钝;若时间过短,则与会者思路尚未展开,难以引出最佳设想。

2. 智力激励法的实施

智力激励法的实施步骤如下:

(1)准备。提出议题、确定主持人、选择参加人、选定会议时间和地点、安排会议有关服务项目。

利用邀请函或电子邮件,提前通知全部与会人员。

(2)引导。在开会之前,可以通过播放音乐、品茶、喝咖啡等方式来营造轻松愉快的良好氛围。

主持人首先简明扼要、通俗易懂地介绍议题,说明与议题有关的必要信息。

在议论过程中，用不同的方式重新叙述问题，牢牢地抓住问题的实质，并且多使用“怎样……”的语句，启发多种解题思路，为提出各种设想作准备。鼓励与会者多提解决方案。

(3)畅所欲言。与会者自由畅谈，各自根据不同的创新思维模式对议题提出解决方案和设想。借助于大家的知识互补、信息刺激和热情感染，形成各种创新设想。

(4)整理归纳。会议记录的各种解题设想，大多是未经深思熟虑的，需要加以整理，并做进一步的加工和完善，才具有实用价值。

首先，应由主持人或秘书主动收集与会者在会后产生的新设想。由此，往往可以得到一些更有实用价值的新设想。其次，由专家组(3 人、5 人或 7 人)或问题提出人对会议记录的设想进行筛选、判断，并做综合、改善；从合理性、环保性、经济性、可行性、可操作性等方面做出评价，确定优选的创新方案。

9.3.2 组合型技法

一、组合型技法的概念

世界上一切事物都是由一些初级的简单事物组合而成的。因此，组合就是一种创新方法。组合型技法就是按照一定的目的和原理，把多种科技原理、现象、事物进行新的组合，从而获得具有统一整体功能的新技术、新产品的创新技法。

组合型技法并非简单的拼凑，其中多种元素都是为了同一目标而互相支持和补充的。新组合体的效能远远高出原有元素单独效能之和，具有质的飞跃。

知识体系的三次大组合曾带来了近代社会的三次技术革命。第一次是牛顿的经典力学组合了开普勒天体运行三定律和伽利略物体运动定律，产生了以蒸汽机为标志的技术革命。第二次是麦克斯韦的电磁理论组合了法拉第电磁感应定律和拉格朗日、哈密顿数学方法，产生了以发电机、电动机为标志的技术革命。第三次是迪拉克的相对量子力学组合了爱因斯坦的相对论和薛定鄂方程，产生了以原子能技术和计算机技术为标志的新技术革命。

二、组合型技法的类型

常用的组合型技法有 5 种类型：

1.同类自组

把同类物品组合在一起而构成新的产品，这种创新方法就叫同类自组。例如，香港市场上的“三合米”是由中国、泰国、澳洲三个产地的大米组合而成的；美国的“鸡尾酒”是由俄国、法国、意大利的葡萄酒和德国的威士忌组合而成的。

2.异类组合

把不同领域的技术或不同功能的物品组合在一起而构成新的事物，这种创新方法叫做异类组合。异类组合适用范围广泛，具有广阔的创新前景。

根据参与的对象不同，异类组合可分为如下 6 种情况：

(1)元器件组合。它是将原来用于不同领域的元器件按照新功能的要求组合在一起而构成新产品。这种方法创新的产品在家电市场和工农业生产中比比皆是，例如，照相机、收录机、洗衣机、电视机、手机、计算机、拖拉机、联合收割机、数控车床、机器人等。

(2)功能组合。它是将某一物品作适当改造,使其增加一些功能的创新方法。这种新产品可以一物多用,例如著名的“瑞士军刀”“万用表”,还有用一片金属进行巧妙加工而制成的一种多用途小工具(具有开罐头、起瓶盖、扭转螺母等功能)等。

(3)材料组合。将不同材料组合在一起达到取长补短、改善性能的效果。这种创新方法制成的产品很多,如混纺毛线、玻璃纤维制品、塑钢门窗、高速切削刀具、特种合金等。

(4)方法组合。在生产工艺和处理技术中,把两种以上的不同方法组合起来构成新的方法。例如,对于水的灭菌处理,单独用激光或超声波都只能杀死一部分细菌,如果两种方法组合使用,则可灭除全部细菌。

(5)技术原理与手段组合。通过技术原理与手段的组合而推出新产品,是获得许多新发明的途径。例如,喷气式发动机是弗朗克·怀特把喷气推进原理与燃气轮机组合而发明的;晶体电子显微镜是艾伦·克鲁格把衍射原理与电子显微镜组合而发明的;能够速效止痛的“魔针”(曾获尤里卡世界发明博览会6枚奖牌)是我国熊小伟把中医经络理论与现代电子技术组合而发明的。

(6)现象组合。它是把不同的物理现象组合起来,形成新的技术原理,产生新的发明。例如,用来清除肾结石的体外碎石机,就是一位德国科学家将电力液压效应和声波聚焦效应两种现象组合起来而发明的。

3.重组组合

对事物进行不同层次的分解,然后按照新的目的和方式重新组合,构成新的成果。这种创新方法是针对特定事物实施的,主要是改变该事物各组成部分之间的空间形体、位置。

最常见的重组组合有工厂生产作业线的布置,商场营业柜台的安排,不同使用对象的汽车、自行车、手表、电视机、真空吸尘器等。

4.共享组合

不同的物品中常有一些完全相同的零部件,将这些物品中的其他部件分别制作,共同享用这些相同的零部件,这种组合创新方式就是共享组合。例如有一种儿童玩具小汽车,它有一个共同享用的电动机模块,可以和不同的车身组装成卧车、卡车、赛车、警车、吊车、公交车、翻斗车等。

5.综合

综合是将不同类别的事物归在一起,也就是把不同种类、性质的事物组合在一起。

综合是推陈出新、创造成果的重要途径。当代那些重大的科技成果无一不是综合利用不同门类技术的结果。就拿阿波罗登月项目来说,项目总指挥韦伯指出:“阿波罗飞船计划中,没有一项是突破性的新技术,关键在于综合”。飞船有300多万构件,调用了2万多企业、120所大学、42万科技人员,历经11年才取得成功。

综合创新可以沿着多条渠道进行:

(1)综合不同的科学原理,可以创造新原理。例如,爱因斯坦综合了万有引力理论与狭义相对论,创立了广义相对论。

(2)综合已有的知识成果,可以发现新规律。例如,门捷列夫系统地综合了从拉瓦锡到纽兰兹近百年内发现的元素周期变化的事实和论点，发现了元素周期率。

(3)综合不同的科学方法，可以创造出新方法。例如，笛卡儿综合几何学方法和代数方法，引进了坐标系，创造了解析几何的新方法。

(4)综合已有的不同学科，可以创造出新学科。例如，空间科学、海洋科学、环境科学、城市科学等许多学科都是综合有关一些原有学科而形成的。

(5)综合不同的技术，能够创造出新技术。例如，日本先进的钢铁工业技术体系就是综合了奥地利的氧气顶吹、法国的高炉重油、美国的高炉高温高压、德国的熔钢脱氧、瑞士的连续铸钢等多种技术而形成的。

(6)综合各种艺术形式，可以创造新的艺术形式。当代的影视艺术就是综合了美术、摄影、音乐、文学、戏剧、舞蹈等艺术形式而形成的。

9.3.3 设问检查型技法

一、设问检查型技法概述

创新的关键是发现问题、提出问题。对于任何事物都多问几个为什么，通过巧妙的设问，可以启发想象、开阔思路、引导创新。

设问检查型技法是以提问的方式对要改进、创新的事物进行分析、综合，使问题具体化，缩小探索范围，逐项对照检查，以求从多个角度缜密地思考，探求最佳的创新方案。

设问检查型技法要求抓住事物带普遍意义的方面进行提问，从不同角度设问检查，突破旧框框，取得创新方案。它几乎适用于各种类型与场合的创新活动，如产品开发、改进管理等。目前，有许多各具特色的设问检查方法。比较有名的是奥斯本核检清单法(A. F. Osborm checklist technique)、和田十二法、5W1H法。我们简要介绍其中前两种方法。

二、奥斯本核检清单法

这是创造工程学奠基人奥斯本提出的一种方法。其要点是根据创新对象列出有关问题，逐个核对、分析，从中找到解决办法或创新设想。奥斯本拟订了包括75个问题的核检表，可以归纳为六类问题的九组提问。

1. 六类问题

(1)由现状到目的(转用)。

(2)由目的到现状(代替)。

(3)质的变化(改变)。

(4)排列组合(调整、颠倒、组合)。

(5)量的变化(缩减、扩增)。

(6)借助其他模型(启发)。

2. 九组提问

(1)能否他用。考虑现有的事物有无其他用途，可以从多个角度进行扩散思维。具体创新时，通常从思路、原理、技术、功能、材料、产品应用、系统配套等方面进行探索。

(2)能否借用。考虑创新问题能否借鉴移植别的思路与技术、模仿别的事物来解决。例如，在医学界引进微爆破技术来粉碎体内结石；飞船登月借鉴了巨型货轮借助驳船过渡靠岸的方式等。

(3)能否改变。考虑现有事物的结构、形状、颜色、气味、声音可否加以改变。举一个结构改变的例子，圆形漏斗的下端改成方形后，解决了使用中因瓶内空气阻碍使液体不易灌入的问题。

(4)能否扩大。考虑现有事物的性能可否通过增大其尺寸、强度、速度、数量、价值以求得提升。巧妙地运用加法和乘法，可以提供大量的创新构思。对原有事物的强化技术、增添附加功能、增多数量等，都可以产生新的效果。

(5)能否缩小。考虑能否消除现有事物中的某些部分，使它变小、变轻、变薄。例如，计算机由大型装置演进为台式机、“笔记本”；通信手段从固定电话缩小到“大哥大”手机等。

(6)能否替代。考虑现有事物能否被别的原理、功能、材料、工艺、动力等来替代。三国时期“曹冲称象”的故事就是利用替代法创新解决问题的例子。

(7)能否调整。考虑针对现有事物能否进行一定的调整，如改变布局、改变型号、调整计划、调整规格等。古代“田忌赛马”的故事就是依靠调整了赛马对阵的布局而取胜的。

(8)能否颠倒。考虑能否以相反的角度重新处理现有事物，如正反颠倒、主次颠倒、位置颠倒、作用颠倒、上下颠倒等。

(9)能否组合。考虑现有事物能否进行适当组合，如在原理、方案、形状、功能、部件、材料等方面进行某种组合。

这种方法提供了创新活动的基本思路，强迫人们去思考，是一种强有力的启发创新思维方法。

三、和田十二法

我国创造学者许立言等人根据奥斯本核检清单法，与上海和田路小学共同研究提出了老少皆宜、普及型的创新十二法。其具体内容有 12 条：

(1)加一加。可否在原物上添加些什么？如时间、高度、厚度、宽度、重量等。

(2)减一减。可否从原物上减去些什么？如时间、高度、重量等。

(3)扩一扩。使原物放大、扩展，会怎么样？

(4)缩一缩。使原物压缩、缩小，会怎么样？

(5)变一变。改变一下形状、颜色、音量、气味、次序等，会怎么样？

(6)改一改。原物存在什么缺点或不足之处需要加以改进？它在使用时是否给人带来不便或麻烦？有解决这些问题的办法吗？

(7)联一联。某事的结果与其起因有何联系？能否从中找出解决问题的办法？把某些东西或事物联系起来，能帮助人们达到什么目的？

(8)学一学。有什么事物可以让自己模仿、学习一下吗？模仿它的结构、形状，会有什么结果？学习它的原理、技术，又会有什么结果？

(9)代一代。有什么东西可以代替另一件东西？如果用别的材料、零件、方法等，代替另一种材料、零件、方法等,行不行?

(10)搬一搬。把某件东西搬到别的地方,还能有别的用处吗?把这个想法、道理、技术搬到别的地方,也能用得上吗?

(11)反一反。如果把一个事物或一件东西的正反、上下、左右、前后、里外、横竖颠倒一下,会有什么结果?

(12)定一定。为了解决某个问题或改进某件产品,为了提高学习、工作效率和防止可能发生的事故或疏漏,需要规定些什么吗?

9.3.4 联想类比型技法

一、联想类比型技法概述

1.联想类比型技法的概念

联想类比型技法是借助于人们原有知识和经验的启迪,通过两个或两类对象之间某些属性的相同或相近,推出它们的其他属性也可能相同或相近的方法。这种方法的核心特征在于比较、类比。

人类在探索未知世界的进程中,常常把未知的事物与已知的事物做比较,把陌生的对象与熟悉的对象做比较。许多现象存在着质的区别,但只要它们服从相似的某些规律,通常都可以运用类比的方法进行研究。正如哲学家康德所说:“每当理智缺乏可靠论证的思路时,类比法往往能指引人们前进”。

物理学家惠更斯曾用类比的方法提出了光波的概念。当时,人们已经发现光和声有一系列相同的性质,如直线传播、反射、折射、干扰,惠更斯根据声波具有波动性,就推断出光波也可能有波动性。

2.类比的方式

类比是指不同事物或现象在一定关系上的部分相同或相似。美国创造学家戈登研究、总结出了4种最基本的类比方式:

(1)直接类比。直接类比是从自然界或已有成果寻找与创造对象相类似的东西做比较。例如,鲁班从手指被茅草叶割破而以直接类比的思路发明了锯子;武器专家仿照鱼鳃启闭的动作设计出了发射子弹的自动机构等。

(2)拟人类比。拟人类比是指在创造发明活动中,发明者把自己设想为创造对象的某个元素,模仿人身的外形、结构、功能等进行创造。例如,挖土机是模拟人体手臂的动作而设计出来的;机器人是模仿人在某种场合的思维和行为而设计的。

(3)象征类比。象征类比是借助具体的事物形象和象征符号来比喻某种抽象的概念或思想感情的类比。这样做可以使问题形象化、立体化,开拓创新思路。

象征类比在日常生活、建筑、雕塑、影视、绘画中应用甚广。例如,用“绿叶”象征“生命”;用“橄榄枝”象征“和平”;用“森林火灾”象征“渐进的毁灭”等。

(4)幻想类比。幻想类比又称为空想类比或狂想类比。它是利用幻想来启迪思路,变已知为未知的主要机制。古代神话、童话、传奇故事中的许多幻想,在科学技术逐步发展之后,有很多已经变成现实。例如,“日行万里路”“千里眼、顺风耳”“嫦娥奔月”“腾云驾雾”“秀才不出门,便知天下事”等。

二、移植类比法

将某个领域内已经发展成熟的原理、技术、方法,引用或渗透到其他领域,以求改进或创造新的事物。这就是移植类比法。

在科学技术发展史上,许多“外行”发明家都是采用的移植类比法。例如,最初的自行车是一位医生发明的;复印技术是一位专利法律师发明的;液压变矩器和液压联轴节是船舶电气工程师发明的等。

移植类比法创新的主要途径有:

1.原理移植

一些通用的基本原理在许多领域的理论或技术中皆可应用,人们由此可以根据不同的目的和要求进行移植创新。例如,根据绝对温度高于零度的物体都有红外辐射这一原理,可以在许多领域进行应用创新,制作医疗诊断、遥感、测距、夜视、瞄准、自导等器材。

2.功能移植

把具有某种特定功能的专用材料、器件、装置、技术以某种形式移植应用到需要同样功能的其他领域。例如,电脑的功能可以在科技、医疗、工业、军事、航天、船舶等许多领域发挥作用。

3.方法移植

在科学技术的发展中,有许多利用方法移植进行创新的事例。例如,笛卡儿把代数方法移植到几何领域,创立了解析几何;人们把照相方法移植到印刷排字中,产生了先进的照相排版技术等。

4.回采移植

使用现代新技术、新材料对某些弃置不用的陈旧事物进行改造,使之具有新的实用价值。这就是回采移植。例如,现代的箭镞采用锌铬合金和可变焦距瞄准镜,其杀伤能力远远超过了古代的弩。现代的航船采用铝合金、计算机和自动化技术,已经成为高速万吨巨轮,远非古代的“孤帆扁舟”。

三、综摄类比法

综摄类比法又称为提喻法、举隅法、集思法,是美国威廉·戈登(W. J. Cordon)教授提出的创造技法。它是以已知事物为媒介,将不同事物和毫无关联的知识要素结合起来,激发人们的潜力,产生创新设想。综摄类比法是一种理论化程度高、技巧性强、效果显著的创新技法。通常以小组讨论形式进行,也可个人使用。

1.综摄类比法的模拟技巧

戈登为综摄类比法提出了4种具体可行的模拟技巧:

(1)人格性模拟。这是一种感情移入式的思考技巧。这要先把自己设想为该事物,再考虑有何感觉,又如何去行动,最后寻找解决问题的方案。

这种方法只有高度集中精力才有可能做到。

(2)直接性模拟。这种技巧是以某事物作为模拟范本，直接把研究对象范本联系起来进行思考，从而提出解决问题的方案。

(3)想象性模拟。这种技巧是指利用人类的想象能力，通过童话、小说、谚语、幻想等来寻找灵感，以获取解决问题的方案。

(4)象征性模拟。它是把问题想象成为物质性的，即非人格的，借此激发思维，挖掘创造潜力，获取解决问题的方案。

2.综摄类比法的实施

在以小组创新形式实施综摄类比法时，要求由知识背景和人格特征不同的5～7人组成小组。各成员的特点是跨学科、超领域、广泛交叉渗透。

首先要界定需解决的问题，让大家集中注意力，抓住要点，分析问题。接着，通过识别事物之间的异同，发挥各种类比的作用，从而捕捉富有启发性的新思路。着重运用异中求同和同中求异的思维，产生新见解、新观点，寻求解决问题的方案。

综摄类比法也可以由一个人构想实施。例如，日本南极探险队准备首次在南极过冬。他们必须把汽油运到越冬基地，但因输油管长度不够，众人束手无策。队长西倔荣三郎突发奇想：用冰制作管子。问题在于如何把冰弄成管状呢？队长想到了铁管和医疗绷带，问题迎刃而解。他们把绷带缠在铁管上，在外面浇水结冰，然后拔出铁管，制成了冰管；再把许多冰管连起来，就解决了输油问题。队长正是运用了综摄类比法，利用一些已知事物作媒介，把毫无关联、不同领域的知识要素结合起来，创造了新产品。

四、仿生学法

仿生学法又称生物模拟法，是一种通过模拟生物的结构或功能原理而导致发明创造的方法。生物经过亿万年的进化，形成了卓越的导航、跟踪、能量转换、生化合成、运动结构等系统和功能，具有许多优于现代人工装置的性能。

纵观科技发展史，由于模仿生物现象而引发的创造发明是非常多的。例如，从“蜻蜓”到“直升机”，从“蝙蝠”到“雷达”，从“萤火虫”到“冷光源”，从“袋鼠”到“跳跃式极地汽车”等。

利用仿生学法进行创新的主要思路有下列6个方面：

1.原理仿生

这是一种模仿动物的运动原理而进行创新的方法。

前苏联动物研究所通过对动物运动原理的研究，根据蜘蛛爬行原理设计了军用越野车；根据蛇的爬行原理设计出降低了噪声的履带车；利用企鹅奔跑原理制成了雪地汽车。

2.技术仿生

这是通过模仿生物的独特技术而进行创新的方法。

建造泰晤士河底隧道，曾因土质松软、渗水、容易塌方而难于施工，长期困扰着施工人员。布鲁内无意中发现一只蠕虫在其外壳保护下钻进坚硬的橡树皮。他猛然醒悟：河底施工也可以利用“保护壳”，用空心钢柱打入河底作为“构盾”，步步为营地保护掘进。“构盾施工法”由此产生。

3. 力学仿生

力学仿生是通过模拟生物的机械原理、结构力学、流体力学的特性而实现创新的方法。这种方法产生了许许多多的机器、装置、医疗器械等新事物。

人们根据鱼类、鸟类的体型的流体力学特性先后研制了各种水中航行器、空中飞行器和宇宙航天器;模仿蛋壳、贝壳、乌龟壳的弯曲表面发明了建筑物的薄壳结构。一位法国园艺师却发明了现代建筑离不开的钢筋混凝土,这来源于模仿植物根系的盘根错节、交叉成网而使松软的泥土坚实牢固的力学特性。

4. 化学仿生

化学仿生是通过模拟生物的化学合成、能量转换和生物酶的催化作用等来进行创新的方法。它主要用来创造高效催化剂等化学产品、化学工艺,以及新材料、新能源等。

人们为宇宙飞船设计的“宇宙绿洲”,就是通过模拟生物“电池”、光合作用的原理以及自然生态体系所创造的生态循环系统。此外,在人工模拟酶、模拟生物固氮、模拟光合作用等方面也正在酝酿着新的突破。

5. 控制仿生

这是通过模拟生物的反馈调控、运动控制、动物自动导航等功能原理来创造新的控制系统的方法。

运用在高速飞行器上的振动陀螺仪是模仿昆虫楫翅导航的控制系统而研制成的。在不能使用磁罗盘的高纬度地区,用于航空和航海的“偏光天文罗盘”是利用蜜蜂复眼的偏振光导航技术而制成的。

6. 信息仿生

这是通过模拟生物的感觉(视觉、听觉、嗅觉、触觉)、智能、信息储运机理来创造新的信息系统的方法。

人们模拟猫眼视觉领域的“直线检测器”,研制出了能够对机器人眼发送的信息进行处理的专用计算机。狗的嗅觉比人要灵敏 1 万倍,能分辨出 200 万种物质及不同浓度的气味,长期被用于保安、侦察。现在的“电子警犬”比狗鼻子要灵敏 1 000 倍,它是模拟狗鼻子,根据不同物质气味对紫外线的选择性吸收来进行信息处理而研制成的。

9.3.5 分析列举型技法

一、分析列举型技法概述

(一)分析列举法的定义

分析列举法是将对一个熟悉的事物重新进行观察、分析,列出其各方面的特性,从中发现存在的问题,提出改进意见和设想,实现创新的一种方法。它有利于克服人们因对周围事物熟视无睹而形成的感知障碍,全面细致地考察问题,“温故而知新”。

分析列举法有两个特点:一是强制性的分析,即在把事物分为众多要素之后,不能只做重点分析，而必须分析列举出的所有因素；二是一览表式地展开，即通过各种(特性、缺点、希望点等)一览表的形式帮助人们发现问题、明确目标、解决矛盾。

(二)分析列举法的作用及局限性

1.分析列举法的作用

(1)有利于把思维从僵化、麻木状态下解放出来。人们初次接触某个事物，会有新鲜感，容易发现问题，时间一长，便会习以为常，熟视无睹。分析列举法打破这种习惯性的障碍，强制性地、重新全面细致地分析事物，就克服了感知觉不敏锐的状态，有助于开阔思路，有所创新。

(2)促使人们全面感知事物。由于人们的思维方式和感知方式不尽相同，当他们面对某一创新课题时，头脑里能够调出的信息就具有一定的片面性，限制了对问题的分析。借助于列举法，可以深入到事物的各个方面，不致有所遗漏。这有利于产生更多的新设想。

(3)有利于作出客观判断。分析列举法强调尽量全面的列举，深入细致地分析，避免过早下结论，这就有利于作出客观判断。这种方法在改进老产品和开发新产品中极其有用。

2.分析列举法的局限性

(1)分析列举法主要用来提供某种创新思路，进一步地解决问题尚需借助于其他技法。

(2)分析列举法要求对事物进行全面细致的分析，过于繁琐，因此，它只适用于较小的、简单的课题。

二、常用的分析列举法

常用的分析列举法有特性列举法、缺点列举法、希望点列举法和成对列举法。

1.特性列举法

通过对需要改革的事物进行分析，尽量列举它的各种特征和属性，从而找出革新方向和新的设想。这种创新技法就叫做特性列举法。特性列举法的实施步骤如下：

(1)把对象的特性全部列表写明。如果对象过于庞杂，则应加以分解，选择一个有具体目标的较小课题。

(2)进行特性列举。可以按照名词特性(整体、部分、材料、制造方法)、形容词特性(形状、颜色、感觉、性质、状态)、动词特性(作用、功能)三个方面进行列举，也可以按照物理特性(导电、硬度、重量)、化学特性(氧化、耐酸)、结构特性(固定、可拆卸、混合)、用途特性(吃喝、娱乐、穿戴、军用)、经济特性(成本、售价)等许多方面进行列举。

(3)在所列举的项目下试用可代替的各种特性加以置换，引出具有创新性的设想。这一工作要求详尽地分析每一特性，提出问题，找出改进的思路。

(4)提出革新设想，并对新设想进行评价，向满足人们需求的目标努力。

这种方法适用于小产品革新或发明，一般来说，课题越小、越简单，就越容易成功。例如，小型多用圆规就是一位高中生按照特性列举法的思路发明的。首先，把圆规的特性全部列表；接着，进行具体的特性列举，写出圆规脚、铅笔头、螺丝、垫片、扭头等结构特点，确定它们的组合功能是作图和绘画;然后,逐项分析这些特性的缺欠和不足,如夹铅笔不方便、结构不够小巧、功能偏少等;最后,针对发现的缺点提出改进措施,吸收其他产品的优点,创造出集刻度尺、三角板、量角器等功能于一身的多用圆规。

2.缺点列举法

缺点列举法是抓住事物的缺点进行分析,以确定发明目标的创新技法。它直接从社会需要的功能、经济、审美等角度出发,研究对象的缺点,提出改进方案。因此,这种方法要比特性列举法简单易行。缺点列举法的实施步骤如下:

(1)列举对象的缺点,务求深刻、详细。

(2)将缺点归类整理。

(3)逐条分析所列的缺点,考虑是否能够做到缺点逆用、化弊为利;思考改进方案。

在使用缺点列举法进行创新时,可以个人思考,也可以集体研究。为了提高可行性和使用价值,企业还可以通过多种渠道广泛征集用户意见。此外,将同类产品集中起来,对照比较,从中找出改进之处,也会收到实效。

3.希望点列举法

这是一种通过列举个人和他人的多种希望或需求,进而确定发明目标的创新技法。它不受原有事物的束缚,要求发明者为了实现某种希望而提出新设想,所以是一种积极主动的创新技法。例如,空调设备的发明来自于人们希望冬暖夏凉;电报、电话的发明来自于人们希望远程通信;宇宙飞船的发明来自于人类希望登上其他星球等。希望点列举法的实施方法有 3 种:

(1)会议法。举行由 5～10 人参加的希望点列举会议,由主持人说明革新项目或产品更新议题,激励与会者互相启发,畅所欲言,不受拘束地列举各种希望点。

(2)访谈法。派人直接走访或电话询问特定群体(如用户、营销人员等),倾听各种意见、希望和建议。

(3)书面搜集法。设计出卡片、调查表,向广大用户、营销人员和本单位职工征求意见、希望和建议。

4.成对列举法

这是一种把某一范围或任意选择的两个对象结合起来,成对列举其特征,从中寻求创新设想的创新技法。成对列举法的实施步骤如下:

(1)列举。把某一范围内所能想到的全部事项依次列举出来。

(2)联想。任意选择全部事项中的两项,组合成对,联想这对组合的意义和价值。

(3)筛选。对众多的成对组合所产生的结果进行分析、判断和筛选。

例如,要设计多功能家具,第一步,先列举出室内所有家具:桌、椅、床、柜、灯、镜、书架、沙发、电视等。第二步,将所列出的家具两两组合成对:床和柜、柜和镜、桌和书架、床和沙发等。第三步,分析上述各种成对组合的情景、优点、价值,进行筛选,寻求创新。由此,一批新产品就问世了,诸如兼有沙发与床两种功能的沙发床、带有穿衣镜的衣柜、有箱子与床板构成的箱床等。

9.3.6 卡片整理型技法

卡片整理型技法是将有关创新议题的信息或设想记入卡片,从排列卡片中寻找逻辑关系,进而形成系统创新方案的创新技法。卡片整理型技法有 KJ 法、德斐尔法、ZK 法、NM 法、SKS 法、77 法等许多种,其中最常用的是 KJ 法和德斐尔法。

一、KJ 技法

1. KJ 法概述

KJ 法是以其创始人川喜田二郎的姓名命名的。他根据多年的野外考察,总结出一套科学发现的方法。这就是首先如实地把大量事实收集起来,通过对这些事实的归纳和有机组合,发现问题的全貌,进而建立假说或创立新学说。后来他把这套方法与智力激励法结合在一起,使之具有提出设想和整理设想两种功能,便形成了 KJ 法。

KJ 法的突出特点是在比较分类的基础上由综合求得创新。它主要适用于解决那些情况错综复杂、混淆不清的问题。例如,在企业运营中出现供、产、销不协调,效益下滑的状况。这种方法可以促进团队学习,开阔视野,加强整体观念,减少内耗,集中精力解决问题。在使用 KJ 法时,为了有效地促成坦诚与开放的态度,需要有一个富有经验的主管来引导。

2. KJ 法的实施步骤

(1)准备。选定创新课题。确定主持人和与会人 4～7 人。准备好黑板、粉笔、卡片、文具等用品。

(2)广泛收集设想。可以采用智力激励法来收集与会人员提出的各种设想,其数量达到 30～50 条,依次写到黑板上。

(3)制作基础卡片。将每条设想概括为 2～3 行的简短文字,写到卡片上。每人写一套,构成基础卡片。

(4)将基础卡片分成小组。与会者按照个人思路各自进行卡片分组,把内容有某种相同之处的设想归纳在一个小组,加以标题,用绿色笔写在一张卡片上,构成小组标题卡。不能归纳成组的基础卡片,每张自成一个小组。

(5)将小组标题卡片分成中组。将每人所写的小组标题卡和自成一个小组的卡片放在一起。经过大家讨论,将其中内容相似者归纳在一起,加以标题,用黄色笔写在卡片上,构成中组标题卡。不能归类者自成一个中组。

(6)将中组标题卡片归成大组。经过讨论,把中组标题卡片里内容相似者归纳成大组,加以标题,用红色笔写在卡片上,构成大组标题卡。

(7)编排卡片。按照各类卡片的隶属关系,将它们贴到一张大纸上的适当位置,并用线条把彼此有关联者连接起来。

如果在编排之后发现不出有任何联系,则应重新分组和排列,务求找到联系。

(8)确定方案。根据卡片的制作和编排,在找出彼此联系后,与会者就会获得解决问题的某种启示或设想。通过与会者讨论或会后专家组评审,就可以确定最佳设想,作为创新的方案。

二、德斐尔法

1. 德斐尔法概述

德斐尔是希腊的一个地名。那里有一座阿波罗神殿，相传是群神聚会、预卜未来的神喻圣地。这种创新技法之所以用德斐尔命名，是借喻“群体智慧”之意，因为这是一种依靠群体智慧进行创新的技法。德斐尔法避开了“权威”或“多数”的束缚，采用匿名单独发表意见的方式，通过反复地填写问卷，得到各种意见，集结问卷填写人的共识，获得创新设想。

德斐尔法的首创者是美国的赫尔莫(Helmer)等人。1946 年，他们在开展定性预测工作中，为了克服在集体讨论时存在的屈从于权威或盲目服从多数的缺陷，首次采用此法。

现在，德斐尔法广泛地被应用于许多领域的预测，如科技、教育、人口、军事、医疗、经营、需求等预测；还用来进行评价、决策、管理、规划的工作。

2. 德斐尔法的实施步骤

(1)确定领导小组成员。这些成员应有开发创新的基础能力，更要有创意解释能力和创见甄别能力。他们负责创新主题的拟定，每次调查表的编制、收集、分析、筛选，最后形成创新方案。

(2)发出第一份调查表。组织方向团队成员发出第一份初始调查表，收集参与者对于所定创新议题的观点。这份调查表既有要求回答的问题，又有与创新课题有关的背景信息。

(3)发出第二份调查表。该表列有其他人的意见。要求填表人根据几个具体标准对其他人的意见进行评估。

(4)发出第三份调查表。该表列有第二份调查表提供的评估结果、平均评价、所有共识，要求填表人修改自己原先的观点或评价。

(5)总结出第四份调查表，其内容包括所有评价、共识和遗留问题。将此表交给组织者予以综合处理。此法所得到的创新设想充分评估了每个人的见解，不会忽视已被提出的任何重要观点。

9.4 创新实践

9.4.1 突破思维障碍

人人都想创新，但并非人人都能做到。创新的关键在于能否突破客观存在的消极思维定势。

根据心理学家的研究，人的创造性是生来就有的。创新能力随着年龄增长而急剧下降，其原因在于，人们受到传统的教育，遵循常规的思路和方法进行思维，重复过去的思维过程，形成了思维定势。

一、思维定势

1.什么是思维定势?

思维是人脑对客观事物能动的、间接的和概括的反映。定势是指由一定的心理活动所形成的准备状态;它决定着同类后继心理活动的趋势。

思维定势是指人们多年形成的知识、经验、习惯,固化为认知模式,决定着同类后继心理活动趋势的准备状态。

在长期的学习、工作和生活实践中,每个人都养成了自己惯用的、格式化的思考模型。当遇到问题时,人们往往都是不假思索地运用自己固有的思维模式去进行思考和处理。

人的思维能力总是处在发展和变化之中,但也存在一种相对稳定的状态。这种状态由一系列的思维定势所构成,并表现为一系列思维定势的品质。

思维定势是一种按照常规处理问题的思维方式。它反复思考同类或类似问题,从而形成定型化的思维态势。它是人类心理活动的普遍现象,在相当大的程度上也是创新思维的最大障碍。

2.思维定势的作用

思维定势既有其积极作用,也有其消极作用。

(1)思维定势的积极作用。思维定势对于个体道德修养、遵纪守法、社会安定具有积极作用。

思维定势对于解决日常问题具有非常重要的意义。面对常规问题,它能使人利用原有的知识和经验,迅速确定方向、确定方法、顺利地解决问题。它可以使人在应对类似问题时不走或少走弯路,从而节省时间和精力。

在日常生活中,思维定势可以帮助人们解决每天遇到的90%以上的问题。

(2)思维定势的消极作用。思维定势容易使人产生思想上的惰性,养成机械、呆板、千篇一律的处世习惯。当遇到与旧问题表面相似而实质根本不同的新问题时,思维定势会把人引进误区。

事实表明,消极的思维定势对于许多新问题的解决具有较大的负面影响。这主要表现在墨守成规、难以开启新思路,难以标新立异、独辟蹊径。消极的思维定势是束缚创新思维的枷锁。

二、思维定势的形式

常见的思维定势有经验型、权威型、书本型、从众型、直线型、自我中心型等。

1.经验型思维定势

经验型思维定势是指一些人总是按照以往的经验,不自觉地用自己习惯了的思维方式去分析、处理问题的一种思维定势。具有这种思维定势的人把经验夸大化、绝对化,没有注意经验的相对性和局限性。“守株待兔”故事中的主人公的思维方式就是一种典型的经验型思维定势。

经验型思维定势常常使一些人在传统的、常规的、经验的、习惯的行为模式上长时间地进行思考，而不能转入其他的新思路。他们艰难地在“众里寻她千百度”，却不知“蓦然回首，那人却在灯火阑珊处”。

2.权威型思维定势

权威含有尊严、权力和力量的意思，通常是指人类社会实践过程中形成的具有威望和支配作用的力量；也指在某些领域享有威望的人或物。权威的存在是社会发展的必要条件。

在我们学习和工作的各个方面，都存在着一些权威。人们对于权威普遍怀有崇敬之情。权威是社会上的一种客观存在，它有利于社会的稳定和发展。在科技、文化、政治等许多领域，“专业权威”“教育权威”“行政权威”都会使人们去“听话”“服从”、奉命行事、不敢有异议。不少人还常常引用权威的观点作为根据，证明自己或某种事物的正确。

在思维过程中盲目迷信权威，以权威论断的是非为是非，缺乏独立思考能力，这种思维属于权威型思维定势。

我们应当尊重权威，但不能迷信。任何权威皆有其局限性，并非事事高明。例如，科学技术处在不断发展中，由于时代、行业、地点、条件不同，许多新的权威正是从挑战旧权威的过程中崭露头角的，“江山代有才人出，各领风骚数百年”。伽利略在25岁时就敢于向亚里士多德关于自由落体运动规律的权威论断提出质疑。他通过著名的比萨斜塔实验，证实了自由落体速度与重量无关，推翻了流传千年的亚里士多德结论。

举世闻名的“罗森塔尔”效应有力地说明了权威型思维定势所产生的积极作用。1968年，罗森塔尔一行人来到一所小学。他们从六个年级各选3个班的学生进行“未来发展趋势测验”。然后，罗森塔尔将一份“最有发展前途者”名单交给了校长和相关老师，并嘱咐务必保密，以免影响试验的正确性。其实，这些名单上的学生是罗森塔尔随便挑定的。8个月后，罗森塔尔等人又去该校复试。他们发现那些名单上的学生成绩个个进步突出，且自信、乐观、进取心强。事实表明，罗森塔尔的权威性“谎言”发挥了作用。它调控了老师对名单上学生能力的评价，老师又通过自己的言行感染学生，从而使学生自尊自强、发奋上进，造成了“罗森塔尔”效应。

3.书本型思维定势

书本型思维定势简称书本定势，是对书本知识完全认同与盲从、严格按照书本要求行事的思维定势。属于这一类型的人把书本知识夸大化和绝对化，迷信书本，以书本言论为判断是非的标准，凡是书本上否定的或没有说的事物，自己就不敢想、不敢做。

我们熟悉的“按图索骥”“郑人买履”“纸上谈兵”等寓言故事都生动地说明了书本定势的危害。书本定势违背了辩证唯物主义的认识论，阻碍创新，不利于职业发展。

我们应当树立科学发展观，坚持实践出真知。人们通过实验、实践、研究，将不断总结出新的理论和知识。理论在发展着，书本在更新着，“本本主义”者注定是要落伍的。

4.从众型思维定势

从众也称“遵从”，是指个人在群体压力影响下改变自己的意见或行为，以和群体保持一致的现象。它往往表现为少数人对多数人的追随。

从众型思维定势简称从众定势，是一种缺乏主见或不敢坚持己见、盲目顺从众人意见的思维定势。他们从来以众人的是非为是非，人云亦云，没有或不敢坚持自己的主见。

历来的社会经验表明："人多好办事""法不责众"，在群体中"随大流"、跟随大多数人的意志会比较安全，风险较小。这使从众者有一种安全感和归属感。

从众定势是一种愚弱心态。它使人不敢与众不同，以致扼杀了个人的独创性思维。

要想摆脱从众定势的思维，必须树立自信心，独立思考，想一想是否真有道理、是否切实可行，然后再做判断。因为每个人的情况各不相同，适合自己特点的才是最好的。

要想摆脱从众定势的思维，还必须有勇气，不怕冷嘲热讽，敢于标新立异。例如，在一次研究如何提高发射卫星的推力时，一个年轻人勇敢地提出减少燃料的建议，遭到多数人反对。华罗庚慧眼识卓见，支持年轻人按照减少燃料的思路解决了难题。

5. 直线型思维定势

直线型思维定势是指人们面对复杂多变的事物，仍用简单的非黑即白、非此即彼的方式去思考问题，认定只有一个正确答案的思维定势。

直线型的思路使人把多元化的问题变成一元化，只抓其中一个问题，而抛开其余问题，使思维活动进入一个单行道，看不到别的出路和选择。例如，美国曾为航天员在太空用圆珠笔写不出字而投入大量人力和资金进行秘密研究，终于研制出了专用的"太空笔"。在一番庆贺之余，有位官员想知道苏联航天员用的是什么笔。于是，通过谍报人员的努力，得到了答案：铅笔。本来，对于在太空用圆珠笔写不出字这个问题可以有多条解决思路：能否使用除圆珠笔外的其他笔？可否研制在太空使用的专用笔？有无可以替代笔的其他工具？等等。然而，美国航天局当时却是按照直线型思维定势行事，采取了事倍功半的决策。

6. 自我中心型思维定势

自我中心型思维定势是指那种完全不顾别人的存在和感觉，按照个人立场和观念、用个人的标准去思考和处理问题的思维定势。这种思维定势常常使一些人成为自私自利者，或本位主义者，或刚愎自用者，或飞扬跋扈者。

每个人的知识、能力和经历不同，看问题的角度和思维方式也不相同，所以，对于如何解决同一问题也就会产生意见分歧。如果一个人以自我为中心考虑问题，就容易忽视别人的想法、感受和建议，不能客观地对待他人的真知灼见，有失公正。

在思考问题时，只有清除自我中心型思维定势，才能博采众议，集思广益，从而打开思路，拓展思维空间，实现发明和创新。

突破思维定势的观念，就是要培养发散思维方式，思考问题应尽可能向各个方向扩散，不受惯用"框框"的束缚，求得多种方法和结果。

9.4.2 扩展思维视角

一、思维视角

视角是指思考问题的角度、层面、路线或立场。思维视角就是人们思考问题的角度和立场。

人们站在不同的角度和立场，对于同一问题进行思考、分析，就会得出不同的结论。因此，我们要学会站在不同的立场，从多个角度去考察、分析问题，进而全面地、妥善地解决问题。在创新活动领域，扩展思维视角尤为重要。

创新是产生新概念、构思新事物、制造新变化的过程。在此过程中，如果仍沿用旧观念、旧视角来观察、认识和分析事物，就很难超越前人的成果。因此，要想创新，就必须抛弃那些旧经验、旧结论，从新的视角切入，才能有所发现，有所突破，有新成果。

二、扩展思维视角的意义

1.全面认识客观事物

客观事物本身具有多个层面、多个角度。我们从不同的角度、不同的侧面观察某一事物，常常会得到不同的概念和结论。“盲人摸象”的故事，苏轼游庐山写的著名诗句“横看成岭侧成峰，远近高低各不同”，都形象地说明了这一论点。

由于每个人社会地位、受教育背景、阅历各不相同，他们观察问题的立场、思路、结论难免都带有一定的主观性和片面性，很难准确地了解事物的本质和全貌。我们要学会全面认识客观事物，必须扩展思维视角。

2.重视事物之间的关联性

世界万物都不是孤立存在的。它们与周围的事物有着千丝万缕的联系。在难于对某种事物进行观察和研究时，往往可以从与它有联系的另一种事物身上找到突破点。

众所周知，刑警抓捕罪犯常常是从与犯罪活动有关的一些人身上发现突破口。在第二次世界大战中，一队苏军发现德军阵地上连续数日都有一只猫出现。由此估计养猫人应是高级军官，附近可能是德军指挥部。据此，他们调集兵力，猛攻德军阵地，果然摧毁了德军一个司令部。

把思维视角放宽，从研究事物之间的关联性着手，来寻求解决问题的途径，这是取得突破和创新的重要方法。

3.重视事物是发展变化的

各种事物都处在运动、发展和变化之中。因此，我们不能只着眼于事物当前的状况，不能孤立、静止地看问题，应当看到事物发展变化的趋势。

许多问题的妥善解决，不但要考虑当前处境，而且要考虑客观发展趋势、考虑长远利益，才能做好。下面，我们来看看营销学里经常提到的一个案例。

美国一个鞋业公司的老板为了开拓非洲市场，派出其财务主管前去考察。一星期后，主管打来电话：“这里人不穿鞋，所以这里一点市场都没有”。接着，老板派出最好的推销员前去考察。一星期后，推销员发回电报：“这里的人目前不穿鞋，是个巨大的潜在市场，可以考虑开发”。公司总经理为了弄清情况，再次派出市场营销高手前往考察。两星期后，营销高手发回电报：“这里人不穿鞋，但他们的脚都有疾病，穿鞋对脚会有好处，而且他们的脚比较小，所以我们必须重新设计我们的鞋；另外，还要在广告及市场开发方面加大投入。但是，本地出产的菠萝特别甜，我们可以运进来鞋子，运出去菠萝。这样的市场机遇千载难逢，应该毫不迟疑地去干”。

在上述案例中，同一个问题，不同的人从不同的角度去观察、分析，得出了各不相同的结论。营销高手从发展的观点提出了具有长远效益的创见。

三、扩展思维视角的方法

1. 从对立的视角思考

这是一种从对立的、完全相反的角度去思考问题的方法。它也就是常说的逆向思维。

司马光砸缸救伙伴的故事流传甚广。常规的水中救人观点是设法把人从水里捞出来，使人脱离水；司马光的观点是设法放出缸中水，使水脱离人。这是在特定条件下，从对立的视角思考而产生的一个创举。

一个老渔民有两个儿子，大儿卖伞，小儿卖盐，日子过得挺好。但是，老渔民却整天忧心忡忡。人问何故，他说：“晴天，我担心大儿的雨伞不好卖；雨天，我担心小儿的盐没法晒。”有位高人点化他：“你反过来想想，晴天好晒盐，雨天好卖伞。”老渔民猛然醒悟，从以往的“天天愁”变成了“天天乐”。同样一件事，只考虑其不利的一面，就会不愉快；从对立的视角出发，多观察其有利的一面，就会很高兴。

2. 从无序的视角思考

创新实际上是一个破除和超越习惯思维的过程。它需要打破那些平素思考问题的固有模式，打破常规，从无序的视角入手。具体地说，在创新思维的初期，应该尽可能地打破头脑中的所有条条框框，包括那些“法则”“定理”“规律”“守则”“常识”之类的东西，进行一番“混沌型”的无序思考，让思维从零开始。

从无序的视角思考问题，有助于发现常规戒律封堵的一些现象和理念，从而引发出创造性思维和成果。

3. 转换问题获得新视角

人们在生活中不断遇到简单的、复杂的、熟悉的、陌生的等各种各样的问题。按照常规的思维方式，有的容易解决，有的很难解决，有的不能解决。对于那些难以解决和不能解决的问题，如果能从转换问题获得新视角入手，往往可以发现转机和解决途径。

“曹冲称象”的故事就是转换问题获得新视角的典型实例。当时的称重工具无法直接称量大象的体重，而要制造出所需要的称量工具，却又前景渺茫。曹冲把常规难以解决的称重问题转换为分批称石头的问题，这种视角的更新使称重方法得以创新，解决了常规办法解决不了的问题。

9.5 课堂活动——创新的维度

创新从何入手？创新有多少个维度？

通过对有关创新主题的学术文献的综合调查，通过与一些龙头企业创新活动管理者的讨论，在《世界经理人》中，提出了企业创新的12个维度。我们把它摘录出来，供大家阅读。然后根据从中受到的启示进行讨论，借以开阔创新思路。

一、阅读材料——创新的12个维度

1. 产品和服务

要求企业向顾客提供有价值的产品和服务。例如，宝洁公司2001年推出的佳洁士电动牙刷，它内装一次性电池、价廉、非常便于携带和使用，使他在第二年就成了全球最热销的名牌产品。

2. 平台

平台喻指基础环境，这里的平台是指构成产品组合或服务组合基础的通用组件、组装方法或技术。平台创新的一个重要方面就是利用"通用性的力量"，即利用模块化设计来快速地、经济地提供不同组合的衍生服务。这种方式所进行的创新往往能够创造出惊人的价值，然而却常被企业忽视。

3. 解决方案

解决方案是指为解决客户问题而对产品、服务和信息进行的定制化组合。例如，迪尔公司为了适应农民提高播种、耕作和收割效率的需求，对于一系列产品和服务(包括移动电脑、GPS跟踪系统及相应的软件)进行了不同组合，提供端到端的解决方案。这大大提升了企业的经营效率。

4. 客户

客户是指那些使用或消费企业的产品和服务来满足自己需求的个人或组织。围绕客户进行创新，企业可以发现新的客户细分市场或未被满足的(甚至是不明确的)客户需求。

例如，维珍移动美国公司就是瞄准了30岁以下的消费者这个服务不足的顾客细分市场而成功地进入美国移动服务市场的。为了吸引客户，公司推出了时尚手机、娱乐功能、诱人的定价、无合同约束、不拘礼俗的维珍品牌。创业不到三年，就在激烈的竞争中赢得了数百万用户。

5. 客户体验

注意并考虑客户在与企业打交道的过程中所看到的、听到的和感受到的一切，围绕客户体验进行创新。这是一条重要的创新途径。它要求企业重新思考与顾客之间的接触界面。

6. 价值获取

价值获取指的是企业用来重新获取所创造的价值的机制。围绕价值获取来进行创新，企业可以发现新的收入来源，开发出新的定价系统，甚至提高企业通过与顾客、合作伙伴的互动来获取价值的能力。

7. 流程

流程是指企业为开展业务运作而进行的作业流程。流程再造理论于20世纪末形成，主张对企业的业务流程进行根本性的再思考和彻底性的再设计，从而降低成本、提高效率、改善产品和服务质量。

围绕流程进行创新，就是企业通过重新设计、部署或拆分作业流程，以便提高生产效率，提供更好的产品和服务质量，或者缩短产品研发周期。

8. 组织

这里的组织不是泛指一般的社会组织，而是指企业构建自身、合作关系、员工角色和职责的方式。

组织创新涉及对企业活动范畴的重新思考，对各业务单元和岗位角色、职责、激励机制等环节的重新定义。

9. 供应链

供应链指的是保证产品、服务和信息从来源处到达市场的一系列活动和手段的链接。围绕供应链进行创新，企业可以通过供应链精简信息流，改变自身结构，加强各协作者之间的合作来实现。

10. 渠道

渠道就是指销售渠道，即销售的途径或门路。它是企业将产品或服务投入市场及目标顾客区域的配销通道。围绕渠道进行创新，主要是以现有销售渠道为基础，创造性地开辟新的渠道。

11. 网络

网络是企业及其产品和服务与顾客联系的桥梁。畅通的网络是某些企业具有竞争优势的一个重要因素。

围绕网络进行创新，主要是设法提高网络的效率，以提升企业产品和服务的价值。

12. 品牌

品牌是指企业对其产品和服务所定的名称、术语、记号、象征、设计或其组合。它主要是用于消费者识别的。品牌由两部分组成：一是品牌名称，即可用语言称呼的部分；二是品牌标志，即可以被识别但不能用言语称呼的部分（如符号、设计、色别等）。

围绕品牌进行创新，企业应当考虑如何对自身品牌进行创造性地使用或延伸。

二、讨论

按照5～10人分组进行讨论。30分钟后，全体同学集中在一起，听取小组代表发言，整理出有价值的建议，提交给有关方面作为参考。

（1）对于阅读材料中的内容有无不甚明白之处？互相间进行咨询和探讨。

（2）针对某一维度上的创新，你有什么独特的设想？

（3）除了在阅读材料中提出的12个创新维度外，你发现还有哪些可以进行创新的维度？

第10章 团队合作

10.1 团队概述

10.1.1 团队

团队精神是指在社会互动中，人与人、群体与群体之间为了达到互动、各方都有某种益处的共同目标而彼此相互配合的一种联合行动。它在科学研究、军事行动、建筑工程、抗洪救灾、文体活动等领域都是非常重要的。一个人的力量是有限的。团结形成的力量是无穷的。凡属重大科技成果和丰功伟绩，都是团队合作、集体劳动的结果。

在大学期间，就必须树立团队合作意识。

一、团队的定义

1. 何谓团队？

20世纪后期，为了提高经济效益，一些企业从简化组织结构层次着手，对企业资源、业务重新整合而建立了一种新的组织形式，被称为团队。

它通常是由若干知识与技能互补、彼此协作、实现某一共同目标的员工所组成的。其主要特点表现为：团队成员具有共同的绩效目标及工作方法，工作内容交叉程度高，相互间密切协作，彼此负责和约束。

卡岑巴赫(J. R. Katzenbach)和史密斯(D. K. Smith)在其合著的《团队的智慧》中对团队给出的定义是：团队是数量有限的一群人，他们技能互补，具有协同的认知，固守彼此的职责，为实现同一目标而团结奋斗。

团队的人数是根据其目标和管理模式来确定的，一般为6～30人。如果少于6人，可能难以形成团队的分工体系，难以完成比较复杂的任务。如果超过30人，则团队可能需要划分成若干个子团队。当然，也有例外，例如，微软公司的OFFICE团队就拥有上千名工程师。

2. 团队与群体的区别

群体是我们熟悉的一个概念。广义而言，群体是由许多有共同点的人或物组成的整体。例如英雄群体，明星群体，建筑群体等。狭义而言，群体是指两个以上个体组成的集合体。群体可以是正式的，例如旅游团、某年级某班的同学等；也可以是非正式的，例如候车厅的旅客、观看球赛的一群观众等。

团队也属于群体，但又不是一般的群体，而是一种特殊的群体。它是为了实现某个目标而由互相依赖的个体组合而成的群体。团队与群体有什么区别呢？下面，我们从6个方面加以说明：

（1）在领导方面，一般群体都有明确的领导人；而团队可能就不一样，尤其团队发展到成熟阶段，成员共享决策权。

（2）在目标方面，群体的目标必须跟组织保持一致；而团队成员除了必须保持团队目标外，还可以产生自己的目标。

（3）在协作方面，群体的协作性可能不是很强，有时成员还有些消极，有些对立；而团队成员之间则是一种高度齐心协力的关系。

（4）在承担责任方面，群体的领导人担负着很大的责任；而在团队中除了领导者要负责之外，每个成员也要负责，甚至要共同负责。

（5）在技能方面，群体成员的技能可能是各种各样的，也可能是相同的；而团队成员的技能是相互补充的，把不同知识、技能和经验的人综合在一起，形成角色互补，从而达到整个团队的有效组合。

（6）在绩效方面，群体的绩效是每一个个体的绩效相加之和；而团队的绩效是由大家共同合作的成果，远远大于个体绩效相加的价值。

3. 团队的优越性

团队的优越性，可以简单归纳如下：

（1）团队成员非常团结。他们之间有很高的信任度，犹如“一家人”那样亲密无间，精诚团结。

（2）有利于提高工作绩效。

（3）组织能够从多元化的员工（他们技能互补）中获得利益。

（4）大幅度地提高了组织的灵活性，

二、团队分类

（一）团队的组成

团队的组成是根据其目的、结构、成员和持续时间4个特征维度来组合构成的。

（1）团队的目的有产品开发、企业再造、问题解决和希望实现的其他目标等。

（2）团队的结构可分为受监控团队和自我管理团队两种。

（3）团队的成员可分为功能型的和交叉功能型的两类。

（4）团队的持续时间可分为临时的和长久的两类。

（二）团队的分类

团队可以按照不同的依据进行分类。我们在这里介绍两种。

1. 按照团队的运作方式不同进行分类

（1）实体运作型团队。它由一名管理者和若干下属成员组成。其成员可以是来自特定相关领域的员工，也可以是不同领域的专家。

来自特定相关领域的员工往往组成某种职能型团队。由于各个成员在同一职能领域，所以，相对而言，职权、决策、领导及交互作用等问题都比较简单。由不同领域的专家所组成的团队往往是跨职能团队。他们协调决策，常常完成各种跨部门的任务。

(2)虚拟型团队。这种团队利用计算机技术把实际上分散的成员联系起来以实现共同的目标。在这种团队里，成员通过宽带网络、可视电话系统、传真、电子邮件、网上在线会议等方式进行沟通、联系和协作。

2.按照团队的目标和自主权限进行分类

(1)问题解决型团队。这种团队最常见的目标是提高生产质量、提高生产效率、改善企业工作环境等。团队成员为任何实现目标而相互交流，提出建议，由领导层决策，而每个成员几乎没有什么实际权利来根据建议采取行动。

"质量圈"是20世纪80年代最流行的一种问题解决型团队。它由5～12名员工组成，每周有若干小时碰头，着重讨论如何改进质量。他们可以对传统的工作程序和方法提出质疑，提出评估方案，而由管理层来确认问题所在，并采取行动。

(2)自我管理型团队。为了提高团队成员参与决策的积极性，一些企业着手建立独立自主、自我管理的团队——自我管理型团队。

这种团队通常由10～15名员工组成，其责任范围甚广，可以挑选队员，决定工作分配、步骤、作息等，具有相当大的独立自主权。

美国最大的金融保险机构路得教友互动会，曾在4年时间中减员15%，而业务量增加了50%，其主要的原因就是推行了自我管理型的团队，提高了员工的满意度。

(3)多功能型团队。多功能型团队是由来自同一等级不同领域的员工组成，成员之间交换信息，激发新的观点，解决所面临的重大问题，诸如任务突击、技术攻坚、突发事件处理等。

例如，20世纪60年代，爱必尔诺威公司采用了一支大型的任务攻坚团队，卓有成效地开发了360类反馈系统。团队成员来自公司各个部门。由于团队成员知识、经验、背景和观点不太相同，加上处理复杂多样的工作任务，因此需要用相当长的时间来建立有效的合作。这种团队的成员应具有很高的合作意识和个人素质。

10.1.2 团队精神

所谓团队精神，就是内部信任全局意识、协作精神和服务精神的集中体现。也就是说，团队的每个成员都必须为了团队的目标和利益而互相协作，尽心尽力，共同做出奉献。

有人对美国硅谷的公司进行了专项调查，发现那些完全由聪明人组建的公司，由于缺乏团队精神，失败者竟高达95%。这种情况被称为"阿波罗现象"。"阿波罗现象"说明：个个都很优秀的成员未必能够组成一个战无不胜的高效团队。这正如完全由一流球星组成的球队有时还不能战胜一支配合默契的二流球队一样。

一个团队的优劣，关键在于有无团队精神。团队精神具有个性化因素，也可以在团队中磨炼养成。团队精神具体体现在内部信任、全局意识、协作精神和服务精神4个方面。

一、内部信任

团队组织的基石是内部信任，即团队成员之间坦诚相待、彼此信任。

1.信任的重要性

信任对于团队的重要性体现在下列4点：

(1)有助于相互间的信息共享。

(2)有助于组织给团队的更多支持和更大的自主权。

(3)有助于提高成员的工作满意度和对组织、团队的忠诚度。

(4)有助于团队任务的顺利进展及成功，从而提高团队绩效。

可以说，团队信任的建立有利于促进组织、团队、个人三方的“共赢”。

2.建立信任的过程

研究表明，信任有一个连续的发展过程。在建立信任的初期，属于“计算型信任”。一方面，被信任方会仔细盘算：假如得到了对方信任会有什么收益，假如失去了对方信任又会有什么后果。另一方面，信任方高度重视被信任方的行为表现，计算由于信任他人可能带来的收益与风险。信任方只有在确认信任对方会给自己带来收益时，才会选择信任对方。随着时间的推移，成员之间交流增多，逐渐对信任不再需要做特别检验，信任关系加深。这种类型的信任在很大程度上属于理性的行为，它根据被信任方的一贯表现和可靠程度做出判断。

经过较长时间的协作共事，团队成员之间彼此的信任感由浅入深，信任程度日益加强，彼此的信任便发展到了一个较高的层次，即“认同型信任”。

在“认同型信任”阶段，双方认同彼此的价值观，能够建立其情感联系，完全了解彼此的需要和愿望，非常信任对方。

认同型信任含有感情因素。它使双方更加关注彼此的需要，并努力满足对方。这种信任使得团队成员之间的关系非常牢固。它使团队成员强烈地感受到自己是团队的一分子，自觉地把个人工作和团队发展联系在一起，产生一种强烈的归属感、一体感。

团队领导者始终都会给下属成员以充分的信任，鼓励他们发挥所长，让他们感到不是孤立无援，而是有组织和同事作为坚强后盾，从而树立起无坚不摧的信心奋力工作。

二、全局意识

全局意识是指把个人利益需求与团队目标利益放在一起来考虑。在团队中，个体的价值判定是建立在团队成果的大前提下的。只有在实现了团队目标利益的基础上，自身利益才可能达成。

全局意识要求团队成员在个人利益与团队利益发生冲突时，必须把团队利益放在第一位，要理性地牺牲个人利益，确保全局利益。绝不可为一己私利而损害全局利益。

三、协作精神

协作精神的形成有赖于换位思考的思想方法。如果团队成员能够站在对方的“位置”

上思考问题，理解对方，这就是以自己的行动表明对对方的关心。这种关心也会换来对方对自己的尊重。换位思考体现了彼此的尊重。人人都需要被尊重，而受到尊重会使人增强自信心，团队成员之间的关系会由此更加巩固。

团队成员之间在生活上互相关心、互相帮助，在工作上技能互补、互相协作，在共事中做出贡献。他们利益共享、相互宽容、彼此信任。他们有很强的凝聚力，追求团队的整体绩效。他们深知，任何一种业绩都是依靠团队成员的同心合力取得的；只有每个成员都尽心尽力、发挥出个体的优势和潜力，在共同的目标基础上协调一致，才能使团队发挥出整体的威力，产生出整体大于各部分之和的协同效应。

很多地方都需要有协作精神。例如，在一个电子设备的作业线上，一个工人把正负极装反了。下一工序的工人如果有协作精神的话，就会给他指出和更正，保证产品合格；如果没有协作精神，就会以与己无关或取笑的心态对待，造成不良后果。

世界著名交响乐团指挥家卡拉扬在回答自己如何指挥时说："我只强调三个音来使我的乐队变成团队。首先强调起音，起音不齐，乐曲就乱。第二是强调个人的专业音，不管是吹喇叭的还是打鼓的，都要表现出在专业上是最佳的音。第三个音是团队音，当你奏出自己的专业音后，要考虑对整体的影响，是否会成为别人的干扰音。"这一事例说明：卡拉扬具有强烈的团队协作意识，一支优秀团队的战斗力来自每个人密切协作而产生的能量。

一个团队的协作精神的形成，需要上下级之间和成员之间的有效沟通。

为了培养团队协作精神，在人际交往和与人共事中需要学会倾听，用心倾听；争取理解他人，并加强沟通以确认自己的理解；以他人的思路为导向，使信息传达更易于理解；做到与他人"感同身受"。

韩国三星公司在招聘员工时，不仅看重个人能力，更加看重个人是否具备合作与谦让美德，是否能与人协作，把工作做得更为出色。

四、服务精神

团队的服务精神也就是一种大客户中心观念。在团队成员之间的彼此协作过程中，协作各方都是彼此的客户；需要从对方的需求出发，最大限度地满足"客户"的需求。因此，服务精神的实质就是客户中心意识，随时反思自己的"客户"价值实现状态。团队内部的这种彼此服务精神，必然形成有效的团队服务精神。

服务精神就是奉献，团队成员共同承担集体责任，各尽其能，为社会付出，为客户服务，共同做出奉献。

10.2 团队建设

10.2.1 团队组建

一、团队需要具备的条件

研究指出，一个团队通常需要具备下述 8 个条件。

1. 明确的目标

明确的目标反映了团队成员的共同愿望和要求，是保持团队内部平衡、稳定发展的基础。团队的任何决策和计划、团队的任何成员，都是围绕这个目标而行动的。

团队成员受到团队目标的激励，可以据此调整自己关注的重心，为实现团队目标而奉献力量。明确的目标使得团队成员清楚地了解团队希望自己干什么，以及成员之间如何互相协作才能实现目标。

"上下同欲者胜"(孙武《谋功篇》)，只要团队的领导和成员上下一致，明确目标，同心同力，就一定能实现目标。

一个没有明确目标和领导的团队，很容易在无效运作和内耗之中崩溃。美国康宁公司总结十多年的团队运作实践时发现，其中的失败者有51%是由于目标迷失。

2. 相关的技能

团队成员的技能组合对于团队的效能具有重要影响。

一个团队应当具备实现团队目标所必需的相关技能。团队成员应当做到个人技能与所担当的角色相匹配。在执行任务中，团队成员的各种技能高度互补，能够密切协作，促进计划目标更好实现。

正像一个交响乐团需要有指挥、琴弦乐师、木管乐师、铜管乐师、击打乐师等多种人才，一支足球队需要有主教练、守门员、前卫、前锋、后卫等多种技能的成员那样，他们利用个人技能，各司其职，在集体协作中以自己的独特贡献，共同创造了成功与辉煌。

3. 互相信任

团队成员之间的互相信任是团队的一个重要特征。

团队成员经过长时间的共事和交往，对于彼此的人品和能力有了较深较稳定的了解，建立了"认同型信任"，达到了深信不疑的程度。他们之间互相信任，在感情上已成了"自己人"，有可靠和安全感，消除了猜疑。

4. 团队归属感

在那些成熟的团队中，团队成员对团队表现出高度的忠诚和奉献精神。他们彼此拥有亲近感、归属感。这种团队归属感很强，能够成为团队成员的身份象征。他们把自己属于该团队的身份看做是自我的一个重要方面，愿意为实现团队的目标而尽心尽力地去工作。

5. 良好的沟通

沟通是团队合作的纽带。沟通的目的是协调团队成员之间的认识和行动。

团队成员存在着个体的差异，所以意见分歧经常发生。无论上行或下达，如果沟通受阻，都将造成工作延误或失利。沟通是否及时和有无成效，往往关系到具体工作的成败。

团队成员之间由于相互了解，很容易通过清晰理解的方式交换信息(语言信息和非语言信息)，实现良好的沟通。团队成员之间的沟通一般表现为他们积极的反馈互动。良好的沟通可以消除猜疑，化解不满情绪，保证有益的理念和信息及时发挥作用，为团队创造绩效。

6. 谈判互动

团队的内部分工在某些方面并不像岗位职责那样清晰明确。而且，团队成员的职业角色具有灵活多变性，往往在不断地进行调整。对此，有关的团队成员就需要通过谈判互动来加以调解，以便达成一种比较默契的分工，从而有利于全面完成任务。

团队中的工作关系时常变换，要求团队成员必须具有谈判互动的技能。

7. 恰当的领导

一个恰当的领导者能够知人善任、促进团队成员之间的各种技能、资源得到最优化的组合，使其充分发挥潜力；善于沟通，能够调动下属的自信心和积极性，使他们齐心协力；能够培养出若干业务能手，使其获得晋升机会；具有明显的人格魅力，能够与下属队员建立起信任关系。

一个恰当的领导者未必去做指示或实施控制，而往往是担任教练和后盾的角色，对团队提供指导、支持和服务。这不仅适合于自我管理团队，当授权给小组成员时，也适用于任务小组或多功能型团队。

传统方式的领导者习惯于发号施令，很难带出一支高效团队。

8. 内外支持

团队要取得绩效，一方面，需要得到来自外部（团队所在的组织）的资源支持，这些资源是团队完成任务所必需的；另一方面，需要依靠内部合理的支持体系，即本团队的管理规范、绩效评估、激励、培训系统等。

合理的内部支持体系应能支持并强化团队成员的职业行为，以取得更高的工作绩效。

二、团队的组建

一个新团队的组建与发展通常都经历 4 个阶段，即组成阶段、磨合阶段、规范阶段和履行职责阶段。

1. 组成阶段

在团队组建初期，每个成员对团队期望甚高，很想有所作为，但面对新环境，彼此表现得都很有礼貌、客气而疏远。他们对于团队目标、其他成员的人品和技能等许多问题都不甚了解，对于能否同其他成员合得来也心中无数。

团队成员以自己的观点为准则，有些保守和固执，有冲突时常常不直接说明，关系显得生疏，工作开展不够流畅。整个团队有一种服从团队领导强权的倾向。

组织者在此阶段应向全体成员说明团队的工作目标和前景预测，说明计划、任务、标准、进度等要求，促进相互了解和协作。

2. 磨合阶段

团队成员开始执行分配给自己的工作任务。在工作中，由于实际业务运作情况与个人期望的方式有一定差距，造成个人的不满和挫折感，怀念过去，甚至对领导或其他成员心生敌意，形成冲突；彼此沟通不够，尚未建立起互相信任，不够团结。

组织者在此阶段应当对团队成员进行团队运作所需技能的培训，建立并贯彻团队的规章制度，通过会议和交往来促进相互了解，及时处理冲突，减轻心理压力，逐步建立起彼此的信任与合作关系。

3.规范阶段

通过前一个时期的磨合，团队成员逐渐接受了现有的工作环境，能够广泛地交流信息、观点和感情，彼此开始互相信任和尊重，合作意识大大增强。团队的凝聚力开始形成，大家逐渐习惯于在一起工作，内耗明显减小。团队的工作模式形成规范，并得到普遍认可。

组织者在此阶段要加强对成员工作的指导，扩展集体决策和解决问题的途径，适当地授权和授能。

4.履行职责阶段

这是团队的高效运作阶段。团队成员之间互相关心、互相支持，配合默契，能够有效地解决问题、完成任务。团队内部达到高度统一，有把握实现共同的目标。

10.2.2 高效团队

根据美国《财富》杂志的最新统计资料，在世界企业“500强”中，有80%以上都在极力倡导团队工作方式。许多创造辉煌的企业，例如美国的通用电气、摩托罗拉，日本的丰田、索尼，荷兰的菲利普等，都是依靠他们的各种团队实现的。这些团队的工作卓有成效，我们称之为高效团队。

随着市场竞争的日益激烈，现代企业更加强调发挥高效团队的作用，快速响应市场需求，提高工作效率，维持企业的长盛不衰。

一、什么是高效团队？

一个团队的有效性可以从5个方面来评估：

1.成员参与度

成员参与度是指团队成员参与团队活动的频度和力度。它表现在：

(1)团队每个成员把参与看做自己的责任。

(2)每个人都有同等发言权，并得到同等重视。

(3)他们的意见都能够被充分利用。

(4)所有成员都能了解充分的信息。

(5)团队在进行决策时总是邀请适当的成员参与。

(6)他们都可以并有义务分享一份领导责任。

2.团队人际力

团队人际力是指团队成员在一起工作相处的技巧。其具体表现为：

(1)每个人都把团队会议看做头等大事。

(2)每个成员都能够完全参与到团队会议中去。

(3)在团队会议中，大家专注于主题，并遵守时间。

(4)每次会议都有序进行，卓有成效。

(5)大家都很擅长达成一致意见。

3.团队和谐度

团队和谐度是指团队成员共处的情绪、和谐度和信任感。其表现为：

(1)团队成员彼此相互尊重。

(2)大家感到都能够自由地表达自己真实的看法。

(3)大家在团队内部体验到透明和信任感。

(4)大家都认为可以互相依靠。

(5)团队成员不允许个人事务妨碍团队的绩效。

4.团队凝聚力

团队凝聚力是指团队成员对目标的关注和一致性。其具体表现为:

(1)大家对团队的目标、要求都很明确,并达成一致。

(2)对于实现目标,大家有强烈一致的信念。

(3)每个团队成员对自己的角色定位十分明确,并乐于接受和承担。

(4)如果让大家分别列出团队的重要事宜,每个人的看法会十分相似。

(5)大家在进行决策时,都会分清主次,顾全大局。

5.成员贡献度

成员贡献度是指团队成员为实践自己的责任所付出的努力和所取得成就的大小。其具体表现为:

(1)团队成员实践他们的承诺。

(2)每个成员都表现出愿为团队的成功分担责任。

(3)每个成员都让大家充分了解自己。

(4)大家都能主动而富有创造性地提出自己的理念和建议。

(5)每个成员都努力完成自己的任务。

如果团队在上述5个方面都很优秀,那么,它就是一支高效团队。

二、个体在高效团队中应具备的能力

1.团队成员应具备的能力

团队的每个成员都有自己特定的地位和作用。为了发挥各自应有的作用,在团队的人际互动中,他们必须具备良好的理解、通情、宽容和沟通能力。团队也会帮助他们提升这些能力。

这里所说的4种个人能力中,理解是指确认成员之间的不同,彼此能够公平公正地对待;通情就是通情达理,能够利用换位思考的方法来理解他人的观点;宽容是要以开放的心态面对别人不同的价值观、意识和行为;沟通是在人际交往和协作中善于通过沟通来化解彼此的矛盾,及时解决存在的问题。

一般来说,团队成员的能力和作用表现为完成工作任务、维护集体的良好关系、作为团队的执行者、作为团队的组织者等方面。

2.团队成员的能力倾向自测

自测表10-1用来估测团队成员的能力倾向。

表 10－1　团队成员能力自测表

序号	团队成员能力与作用	总是这样	经常这样	有时这样	很少这样	从不这样
1	在集体讨论中提供信息和观点	4	3	2	2	0
2	从别人那里寻求信息和观点	4	3	2	2	0
3	提出小组工作计划，确定各成员职责	4	3	2	2	0
4	集中各成员的相关观点和建议，总结讨论的要点	4	3	2	2	0
5	给别人带来活力，鼓励他们努力工作	4	3	2	2	0
6	要求他人来总结小组讨论，以确保他人真正理解小组决策	4	3	2	2	0
7	鼓励别人参与，用心倾听，重视他们的贡献	4	3	2	2	0
8	以良好的沟通技巧帮助别人交流，保证相互理解	4	3	2	2	0
9	能讲笑话和打趣，借此减轻同事的紧张感，增加工作乐趣	4	3	2	2	0
10	注意观察小组的工作方式，帮助大家研究、改进工作	4	3	2	2	0
11	促成有意见分歧的成员进行讨论，以协调思想，增进凝聚力；能够主动调解别人不能解决的冲突	4	3	2	2	0
12	向其他成员表示接受、支持和喜爱；赞扬别人的建设性行为	4	3	2	2	0

表内列有12种行为。每个人在右边相应的5种表现中选择其一。然后，将序号1～6的各行得分相加，乘以100，除以24，结果为A；将序号7～12的各行得分相加，乘以100，除以24，结果为B。

如果A的分数高，表示此人重于完成工作任务。如果B的分数高，表示此人重于维护小组良好的关系。如果A和B的分数皆高，则表示此人既是一个很好的团队执行者，又是一个很好的团队组织者。

10.3 团队的角色定位

10.3.1 团队角色理论

在一个团队中，每个成员都扮演着不同的角色。他们的地位、职能和作用各不相同。

英国贝尔宾(R. M. Belbin)教授于1981年出版了他的专著《团队管理：他们为什么成功或失败》，提出了团队角色理论。在他的团队角色模型中，贯穿着这样一个理念：没有完美的个人，只有完美的团队。

一、团队角色

贝尔宾教授认为，一支结构合理的团队应该有8种角色。他们分别为实干家、协调员、推进者、智多星、外交家、监督员、凝聚者、完美主义者。

1. 实干家(Implement)

实干家，又称执行者，这种人工作勤奋，具有一定的实践经验、组织能力和自我约束力。他在团队中坚持实事求是，能够把建议和计划转换为实际行动，是可靠的执行者。

实干家的特点是比较顺从，务实可靠，有点保守。其缺点是缺乏灵活性，应变能力差，对没有把握的主意不感兴趣。

2. 协调员(Coordinator)

协调员看问题比较客观，能够对各种有价值的意见不带偏见地兼容并蓄。他时刻牢记团队的目标和方向；能够选择需要决策的问题，并分清其先后顺序；能够帮助确定团队的角色分工、责任和职责；能够总结团队的感受和成就，综合团队的建议。

协调员的特点是沉着、自信，具有控制局面的能力。其缺点是在智能和创造力方面并非超常。

3. 推进者(Shaper)

推进者积极、主动、有干劲，随时准备向传统、低效率、自满自足现象挑战，有紧迫感，视团队成功为目标，追求高效率。他能够寻找和发现团队讨论中可能的方案；一旦找到了自己认为很好的方案或模式，就会顽强地推荐，希望团队成员都追随之。他能够推动团队达成一致意见，并向决策过渡。他常常自觉不自觉地在团队扮演“二当家”的角色。

推进者的特点是主动探索、思维敏捷、胸怀坦荡。其缺点在于急躁、易冲动，易于激起争端；由于总是就事论事，说话直率，容易给别人形成压力，经常伤人不伤己。

4. 智多星(Plant)

智多星，又称谋划者。这种角色富有智慧，想象力强，知识面广，才华横溢。他善于提出建议和计划，能够提出批评，并有助于“抛砖引玉”、引出不同观念。

智多星的特点是有个性，思想深刻，不拘一格。其缺点是不拘礼仪，不重细节，往往高高在上。

5. 外交家(Resource Investigator)

外交家,这种角色勇于迎接新的挑战,不断探索新的事物,有很强的人际沟通能力。他广泛地接触具有不同观点的个人或群体;善于参加磋商性质的活动;善于调查研究外部资源,接受新鲜事物,引进外部信息,成为团队得到外部信息的“传感器”。

这种角色的特点是性格外向,热情、开朗,好奇心强,对外联系广泛,消息灵通。其缺点是见异思迁,兴趣转移迅速。

6. 监督员(Monitor Evaluator)

监督员,或称监督-评估员。这种角色讲求实际,判断力强,分辨力强。他能够将繁杂的材料予以简化,并澄清模糊不清的问题;能够分析问题,并做出评估和判断;能够对他人的见解做出评价;在谈论问题时,喜欢给别人泼冷水,敢于直言不讳地提出和坚持己见。

监督员的特点是清醒、理智、谨慎。其缺点是缺乏热情,缺乏想象力。

7. 凝聚者(Team Worker)

凝聚者,或称团队工作者。这种角色具有很好的倾听能力,善于适应周围的环境和群体,能够促进团队的合作。他可以帮助别人,支持他人;能够打破讨论中的沉闷;能够采取行动来扭转或克服团队中的分歧。

凝聚者的特点是性情温和,善解人意,对人际关系极为敏感,擅长人际交往。其缺点在于为人比较中庸,在危急关头往往会优柔寡断。

8. 完美主义者(Finisher)

完美主义者,或称确保工作完成者。这种角色属于理想主义者,追求完美,持之以恒。他特别强调任务的目标要求和作业活动日程表;热衷于对方案进行推敲,并指出错误、遗漏以及被忽视的细节;能够刺激他人投入业务活动,并促使团队成员产生时间紧迫感。

完美主义者责任心强,有紧迫感,工作勤奋有序。其缺点往往是不够洒脱,过分拘泥于细节,有焦虑感。

二、团队角色的定位

贝尔宾团队角色理论告诉我们,一支团队的构建需要一些具有不同特长的不同角色,这些角色的合理搭配和密切协作,才能够使团队高效能地发挥作用。

一个人在团队内的角色定位,在客观上依赖于所在组织的一系列规章、制度、模式和机制,在主观上则需要个人对所任角色有准确的自我认知。具体地说:

1. 角色定位在组织化过程中进行

为了降低内耗,使团队高效运作,创造共赢,必须进行组织化。组织化是角色定位的基础。组织化的过程是一个逐步淡化个人关系、权利、权威的过程,更是一个反对权利派系和裙带关系的过程。

团队要求所有成员都不是对特定的某个人负责,而是对角色责任和角色原则负责;每个成员都隶属于其所在职位,受制于工作职责而不是每一个人。在工作中,大家都是同事关系、合作伙伴;对于一些问题的看法和处理,坚持“对事不对人”,要严格地按照规则办事,绝不可感情用事。

在组织化的过程中，所有成员都要知道团队应该做什么，不该做什么。每个成员要认准自己的核心竞争力在哪里，要围绕自己的核心竞争力寻找能够发挥个人优势的角色，定位于适合发挥个人优势的角色；应当了解这个角色的职责是什么，应该做哪些，不该做哪些，并付诸行动，严格避免“角色错位”。

在组织化的基础上，每个成员各承担一个角色，只有分工不同，而无尊卑之别。每个角色都是团队整体不可缺少的组成部分，但谁都不能取代整体。每个角色都可以获得自己的利益，但又不允许为了个人利益而损害整体利益或他人利益。组织利益高于个体利益，团队任何角色的个人利益都不得凌驾于组织利益之上。

2.组织制度对角色定位的保障

组织需要有自己的科学管理制度，用来引导组织成员自我适应、自我协调、自我发展。这种制度是对各个角色应该做什么、不该做什么的引导和规范。正是这种制度的推行，在客观上保障了组织成员的角色定位，使个人严格履行角色职责。

由于组织需要不同的角色，而不是同一种“螺丝钉”，这就需要根据每个成员的不同特质（个性、专业技能、特长等）进行角色定位。为此，组织在职业生涯规划管理工作中需要建立关于角色定位的配套机制，包括角色规划、角色激励和角色培训、考核等。

首先，组织要建立角色规划机制，以特质为先决条件，设计每一个职位的角色生涯阶梯。从新员工开始，就帮助他们寻找合适的角色位置，并在角色的不断适应和调整过程中逐步确定。

其次，组织要建立角色激励机制，把技能评级、提薪提职都按照角色原则设计，鼓励员工在他们最适合的角色上发展、争取成为“角色明星”。

再次，组织还需要建立角色能力培养和考核机制，通过一系列的培训、引导和考评环节，逐渐强化每个员工的角色能力。

要实现整个组织的角色定位，必须在每个成员按照特质合理定位的前提下，构建优势互补的团队组合，依靠角色的互补达到完美的组合，建成高效团队，创造更大的绩效。

3.角色定位的目标是职业化

角色定位的最终目标是使个体职业化。职业化就是要合理培养个体的价值观，做好职业的自我定位和个性弱点的矫正，明确并发挥自身的核心竞争力，改善自己面对公众的形象，认准目标，高质量、高效率地做好本职工作。

团队成员是否职业化，可以从3个方面来衡量：

(1)组织认同感。一个职业化的角色对组织文化具有高度的认同感，并在行为规范上以某种团队的身份出现。他总是从团队的目标和行动考虑问题，而不是总想着自己要怎么样。他对自己所属的团队有高度认同感。

(2)个体服从组织。组织在进行决策之前，都会广泛听取所属成员的意见，然后通过综合归纳，形成最终决策。当着某一决策已被确定后，所有成员就应该坚决贯彻执行。也可能这一决策不符合自己的思路，甚至完全与个人意见对立，但是，作为一个成员，必须在行动上履行承诺、忠实执行。个体必须无条件地服从组织、服从团队，这是个体职业化的重要表征。

(3)自我管理。任何一个组织，在业务运作中，上司都不可能盯着每一个下属、每一件事务。特别是现代企业管理，其主旋律为开放与平等，常以授权、激励来提高下属的创造性，使得员工具有更大的自由度和活动空间。这要求每个员工都要做到自我管理、自我领导，严格管理自己的时间，安排好工作日程，履行角色职责，确保完成目标任务。

10.3.2 团队角色自测

在本节中，我们通过回答团队角色自测问卷的方法来了解一下自己属于团队角色模型中的哪一种角色。这是自我认知的一个重要方面。

一、团队角色自测问卷

这个问卷共有7题。每题有8个陈述句。每题计10分，可以分配给它的8个陈述句。分数的多少依照陈述句体现个人情况的程度来分配，即最能体现个人行动的句子得分最高(极端情况是把10分全给某一句子)，以此类推。

受测人根据个人实际情况在后面的团队角色问卷答题卡内填入分数，按照给定的规则进行计算，测出自己的角色类型。

1.我认为我能为团队做出的贡献是：

(1)我能很快发现并把握住新的机遇。

(2)我能与各种类型的人合作共事。

(3)我生来就爱出主意。

(4)我的能力在于，一旦发现某些对实现集体目标很有价值的人，就及时把他们推荐出来。

(5)我能把事情办成。这主要靠我个人的实力。

(6)如果最终能导致有益的结果，我愿面对暂时的冷遇。

(7)我通常能意识到什么是现实的，什么是可能的。

(8)在选择行动方案时，我能不带倾向性，也不带偏见地提出一个合理的替代方案。

2.在团队中，我可能有的弱点是：

(1)如果会议没有得到很好的组织、控制和主持，我会感到不痛快。

(2)我容易对那些有高见而没有适当地发表出来的人表现得过于宽容。

(3)只要集体在讨论新的观点，我总是说得太多。

(4)我的客观算法使我很难与同事们打成一片。

(5)在一定要把事情办成的情况下，我有时使人感到特别强硬、专断。

(6)可能由于我过分重视集体气氛，我发现自己很难与众不同。

(7)我易于陷入突发的想象之中，而忘了正在进行的事情。

(8)我的同事认为我过分注意细节，总有不必要的担心，怕把事情搞糟。

3.当我与其他人共同进行一项工作时：

(1)我有在不施加任何压力的情况下，去影响其他人的能力。

(2)我随时注意防止粗心和工作中的疏忽。

(3)我愿意施加压力以换取行动，确保会议不是在浪费时间或离题太远。

(4)在提出独到见解方面,我是数一数二的。

(5)对于与大家共同利益有关的积极建议,我总是乐意支持的。

(6)我热衷寻求最新的思想和新的发展。

(7)我相信我的判断能力有助于做出正确的决策。

(8)我能使人放心的是,对那些最基本的工作,我都能组织得“井井有条”。

4.我在工作团队中的特征是:

(1)我有兴趣更多地了解我的同事。

(2)我经常向别人的见解进行挑战或坚持自己的意见。

(3)在辩论中,我通常能找到论据去推翻那些不甚有理的主张。

(4)我认为,只要计划必须开始执行,我就有推动工作运转的才能。

(5)我有意避免使自己太突出或出人意料。

(6)对承担的任何工作,我都能做到尽善尽美。

(7)我乐于与工作团队以外的人进行联系。

(8)尽管我对所有的观点都感兴趣,但这并不影响我在必要时下决心。

5.在工作中,我得到满足,因为:

(1)我喜欢分析情况,权衡所有可能的选择。

(2)我对寻找解决问题的可行方案感兴趣。

(3)我感到,我在促进良好的工作关系。

(4)我能对决策有强烈的影响。

(5)我能适应那些有新意的人。

(6)我能使人们在某项必要的行动上达成一致意见。

(7)我感到我身上有一种能使我全身心地投入到工作中去的气质。

(8)我很高兴能够找到一块可以发挥我想象力的天地。

6.如果突然给我一件困难的工作,而且时间有限,人员不熟:

(1)在有新方案之前,我宁愿先躲进角落,拟定出一个解脱困境的方案。

(2)我比较愿意与那些表现出积极态度的人一道工作。

(3)我会设想通过用人所长的方法来减轻工作负担。

(4)我天生的紧迫感,将有助于我们不会落在计划后面。

(5)我认为我能保持头脑冷静,富有条理地思考问题。

(6)尽管困难重重,我也能保证目标始终如一。

(7)如果集体工作没有进展,我会采取积极措施去推动。

(8)我愿意展开广泛的讨论,意在激发新思想,推动工作。

7.对于那些在团队工作中或与周围人共事时所遇到的问题:

(1)我很容易对那些阻碍前进的人表现出不耐烦。

(2)别人可能批评我太重分析而缺少直觉。

(3)我有做好工作的愿望,能确保工作的持续进展。

(4)我常常容易产生厌烦感,需要一个有激情的人使我振作起来。

(5)如果目标不明确,让我起步是很困难的。

(6)对于我遇到的复杂问题,我有时不善于加以解释和澄清。

(7)对于那些我不能做的事,我有意识地求助于他人。

(8)当我与真正的对立面发生冲突时,我没有把握使对方理解我的观点。

二、团队角色自测问卷答题卡

表10－2为团队角色自测问卷答题卡。

表10－2　团队角色问卷答题卡

题号	团队角色															
	实干家		协调员		推进者		智多星		外交家		监督员		凝聚者		完美主义者	
		得分		得分		得分		得分		得分		得分		得分		得分
1	(7)		(4)		(6)		(3)		(1)		(8)		(2)		(5)	
2	(1)		(2)		(5)		(7)		(3)		(4)		(6)		(8)	
3	(8)		(1)		(3)		(4)		(6)		(7)		(5)		(2)	
4	(4)		(8)		(2)		(5)		(7)		(3)		(1)		(6)	
5	(2)		(6)		(4)		(8)		(5)		(1)		(3)		(7)	
6	(6)		(3)		(7)		(1)		(8)		(5)		(2)		(4)	
7	(5)		(7)		(1)		(6)		(4)		(2)		(8)		(3)	
合计																

受测人根据自己的情况,依次给每个问题的8个句子分配分数,写在得分栏内。在把分数按列加起来,就得出了个人扮演团队中各种角色的分数。

在8种角色的得分中,分数最高的那一项就是受测人表现出来的角色;分数第2或第3的那两项属于受测人的角色潜能。

如果某项得分低于5分,说明受测人不能去扮演相应的那种角色。

如果得分在10分以上者有3项,说明受测人可以扮演这3种角色的任何一种。这由受测人的兴趣和能力来决定。

如果某项得分在15分以上,说明受测人在相应的角色上表现突出,有很好的发展前途。

如果某项得分特别高,超过18分,那就可以断定受测人最适合扮演这种角色,就是这种角色的人。

10.4 课堂活动——信任前行

一个优秀团队的重要特点就是成员之间互相高度信任。信任是对他人言语、行为、承诺的可靠、肯定的期望，相信对方会做出对自己有利之事，而不会利用自己的弱点去获取利益。信任是建立在对他人人品和能力的信任基础上的，体现了一方对另一方的诚实度、可靠性有足够的信心。

培养信任感可以从许多方面努力，例如为人诚实守信、处事公平、积极工作、乐于助人、关心集体等。这里，我们进行一项通过运动知觉来培育信任感的活动。

一、活动目的

(1)通过活动，增强活动参与人对合作伙伴的信任。

(2)通过活动，体会如何让他人信任自己。

(3)通过活动，理解信任对整个团队的影响。

二、活动内容

可以选择小树林、大厅、或一片空地，设置有空纸箱、桌凳或其他物品构成的路障，作为活动场所，准备好若干只眼罩，按照如下安排，进行活动。

(1)将团队中的每 4 人分成一组。其中 2 人为活动参与者，另 2 人为活动保护者。活动参与者中有 1 人取 1 副眼罩戴上，并在同伴的引导下走完预先设定的一段路径。另外两个保护人跟随保护蒙眼人的安全，不使他跌倒或碰触障碍物。

(2)活动参与者在其中 1 人戴上眼罩之前，可以交谈协商，约定沟通(非语言)信号和联络方式。一旦戴上眼罩，2 人在此后便不可再说话，只能采用特殊行为和非语言交流方式(如口哨、掌声、跺脚等)进行沟通，促进彼此间的相互信任。引导人应小心谨慎地引导蒙眼人绕过障碍，随时让伙伴知道路上的情况。蒙眼人要在伙伴的引导下走到预定的终点。

为了降低活动的难度，引导人也可以采用搀扶方式，用手扶着蒙眼人的前臂向前行走。

(3)两名活动保护人要时刻关注蒙眼人的状况，遇到危险时及时保护。为了避免或减轻意外跌倒时对身体的伤害，蒙眼人应保持“缓冲”姿势，即向前伸出双臂，小臂向上弯曲，手掌向外，手的高度与脸齐平。

(4)蒙眼人走到终点后，依次交换角色，保证每组的 4 个人都戴上眼罩走一趟。

三、讨论

围绕下列问题，组织同学们讨论：

(1)对于戴上眼罩走路有何感想？

(2)前面的蒙眼人和后面的蒙眼人在走路时有无不同的感觉？为什么？

(3)你的伙伴的哪些行为使你必须信任他？为什么？

(4)如果回到日常生活中，你会要求同学做哪些事来增强互相信任？

(5)在日常生活中,有哪些因素阻碍了团队成员的互相信任和支持?应该如何去克服它?

四、总结

通过蒙眼行走,同学们会在走向终点的路途中依靠感觉或知觉来信任自己的合作伙伴,并转而让伙伴信任自己。这种亲身体验说明,依赖于运动知觉可以产生相互信任感。这种信任感是语言交流所无法达到的。

互相信任是团队合作的基础,是有效达成团队目标的重要条件。团队成员能否做到互相信任,在很大程度上取决于他们之间能否主动接纳并真正信赖。当团队缺乏信任时,不仅会造成整个团队的不和谐,而且还会影响到团队任务的顺利完成。

附　　录

附录1　IT职业划分表

类别	IT主体职业					IT应用职业							IT相关职业
序号	1.1 软件类	1.2 硬件类	1.3 网络类	1.4 信息系统类	1.5 制造类	2.1 控制类	2.2 应用系统开发	2.3 设计类	2.4 商务类	2.5 娱乐类	2.6 教育类	2.7 通信类	
1	1.1.1 系统分析师	1.2.1 计算机维修工	1.3.1 计算机网络管理员	1.4.1 计算机操作员	1.5.1 半导体器件测试工	2.1.1 单片机应用设计师	2.2.1 嵌入式系统开发师	2.3.1 计算机平面设计师	2.4.1 网络编辑员	2.5.1 数字视频制作师	2.6.1 网络课件制作师		3.3.1 电子标签操作员
2	1.1.2 计算机程序设计员		1.3.2 网络系统设计师	1.4.2 信息系统安全师	1.5.2 半导体器件制作工艺师	2.1.2 控制系统设计师	2.2.2 网站开发师		2.4.2 计算机网络客服务人员	2.5.2 数字音频制作师			
3	1.1.3 软件测试师		1.3.3 网络综合布线员	1.4.3 信息系统管理师	1.5.3 半导体器件制造工	2.1.3 逻辑控制芯片编辑员	2.2.3 游戏程序开发师		2.4.3 网上销售员	2.5.3 三维动画制作员			
4	1.1.4 软件项目管理师		1.3.4 网络建设工程师	1.4.4 数据库系统管理员	1.5.4 半导体器件支持工	2.1.4 数据自动采集与分析员	2.2.4 射频识别系统开发师			2.5.4 游戏美术设计师			
5	1.1.5 系统架构设计师			1.4.5 信息系统监理师	1.5.5 半导体器件封装工								
6				1.4.6 信息系统评估师									

续表

类别	IT 主体职业					IT 应用职业							IT 相关职业
7				1.4.7 信息资源开发与管理员									
8				1.4.8 信息系统设计员									

注：资料摘自 2006 年中国就业培训技术指导中心与国家劳动和社会保障部发布的《IT 行业职业分类成果报告》。

附录 2　情 商 测 试

多年来，世界 500 强企业一直很重视员工的情商，把情商作为员工招聘、培训、任职的重要参考。为了帮助员工了解自己的情商状况，一些公司（如可口可乐、麦当劳、诺基亚等）曾用下列 33 个试题进行测试，限定时间 25 分钟，最高得分为 174。受测人一旦准备就绪，即可计时答题。

一、情商测试题

第 1～9 题，从每题的 3 个答案里选择其一，尽可能少选中性答案。

1. 我有能力克服各种困难。（　　）

A. 是的　　B. 不一定　　C. 不是的

2. 如果我能到一个新的环境，我要把生活安排得（　　）

A. 和从前相仿　　B. 不一定　　C. 和从前不一样

3. 一生中，我觉得自己能达到我所预想的目标。（　　）

A. 是的　　B. 不一定　　C. 不是的

4. 不知为什么，有些人总是回避我或对我冷淡。（　　）

A. 不是的　　B. 不一定　　C. 是的

5. 在大街上，我常常避开我不愿打招呼的人。（　　）

A. 从未如此　　B. 偶尔如此　　C. 有时如此

6. 当我集中精力工作时，假使有人在旁边高谈阔论，（　　）

A. 我仍能专心工作　　B. 介于 A，C 间　　C. 我不能专心且感到愤怒

7. 我不论到什么地方，都能清楚地辨别方向。（　　）

A. 是的　　B. 不一定　　C. 不是的

8. 我热爱我所学的专业和所从事的工作。（　　）

A. 是的　　B. 不一定　　C. 不是的

9. 气候的变化不会影响我的情绪。(　　)

A. 是的　　B. 介于 A,C 间　　C. 不是的

第 10～16 题,如实选答下列问题,并把答案填入括号内。

10. 我从不因流言蜚语而生气。(　　)

A. 是的　　B. 介于 A,C 间　　C. 不是的

11. 我善于控制自己的面部表情。(　　)

A. 是的　　B. 不太确定　　C. 不是的

12. 在就寝时,我常常(　　)。

A. 极易入睡　　B. 介于 A,C 间　　C. 不易入睡

13. 有人侵扰我时,我(　　)。

A. 不露声色　　B. 介于 A,C 间　　C. 大声抗议,以泄己愤

14. 在和人争辩或工作出现失误后,我常感到震颤、精疲力竭,而不能继续安心工作。(　　)

A. 不是的　　B. 介于 A,C 间　　C. 是的

15. 我常常被一些无谓的小事困扰。(　　)

A. 不是的　　B. 介于 A,C 间　　C. 是的

16. 我宁愿住在僻静的郊区,也不愿住在嘈杂的市区。(　　)

A. 不是的　　B. 不太确定　　C. 是的

第 17～25 题,从 3 个答案中选择最适合自己的一个,少选中性答案。

17. 我被朋友、同事起过绰号、挖苦过。(　　)

A. 从来没有　　B. 偶尔有过　　C. 这是常有的事

18. 有一种食物使我吃后呕吐。(　　)

A. 没有　　B. 记不清　　C. 有

19. 除去看得见的世界外,我的心中没有另外的世界。(　　)

A. 没有　　B. 记不清　　C. 有

20. 我会想到若干年后有什么使自己极为不安的事。(　　)

A. 从未想过　　B. 偶尔想过　　C. 经常想到

21. 我常觉得自己的家庭对自己不好,但是我又确切知道他们的确对我好。(　　)

A. 否　　B. 说不清楚　　C. 是

22. 每天我一回家就立刻把门关上。(　　)

A. 否　　B. 不清楚　　C. 是

23. 我坐在小房间里把门关上,但仍觉得心里不安。(　　)

A. 否　　B. 偶尔是　　C. 是

24. 当一件事需要我做决定时,我常觉得很难。(　　)

A. 否　　B. 偶尔是　　C. 是

25. 我常常用抛硬币、翻纸、抽签之类的游戏来预测吉凶。(　　)

A. 否　　B. 偶尔是　　C. 是

第 26～29 题，按照实际情况如实回答“是”或“否”，打√标记。

26. 为了工作我早出晚归，早晨起床我常感到疲惫不堪。

A. 是　　B. 否

27. 在某种心境下，我会因为困惑而陷入空想，将工作搁置下来。

A. 是　　B. 否

28. 我的神经脆弱，稍受刺激就会使我战栗。

A. 是　　B. 否

29. 睡梦中，我常常被噩梦惊醒。

A. 是　　B. 否

第 30～33 题，每题有 5 个答案：1—从不，2—几乎不，3——一半时间，4—大多数时间，5—总是。选择每题最切合自己的一个答案，打√标记。

30. 在工作中，我愿意挑战艰巨的任务。

1　2　3　4　5

31. 我常发现别人好的意愿。

1　2　3　4　5

32. 我能听取不同的意见，包括对自己的批评。

1　2　3　4　5

33. 我时常勉励自己，对未来充满希望。

1　2　3　4　5

二、测试评分

各题的得分按照下述规定统计：

第 1～9 题，回答 A 得 6 分，回答 B 得 3 分，回答 C 得 0 分，合计：

第 10～16 题，回答 A 得 5 分，回答 B 得 2 分，回答 C 得 0 分，合计：

第 17～25 题，回答 A 得 5 分，回答 B 得 2 分，回答 C 得 0 分，合计：

第 26～29 题，回答“是”得 0 分，回答“否”得 5 分，合计：

第 30～33 题，回答 1 得 1 分，回答 2 得 2 分，回答 3 得 3 分，回答 4 得 4 分，回答 5 得 5 分，合计：

最后，把上述 5 类题各得的合计分相加，便得到受测人的情商得分。

如果得分低于 90 分，属于情商较低者。这类人常常不能控制自己，很容易受情绪影响。在许多时候，容易被激怒、发脾气，乃至失去理智。

如果得分在 90～129 分之间，属于情商一般者。这类人对于一件事，在不同时间可能有不同表现。这与个人意识有关。

如果得分在 130～149 分之间，属于情商较高者。这类人往往都是快乐的人，不易恐惧或忧愁，为人正直、热情开朗、工作负责、有同情心。

如果得分高于 150 分，属于情商高手。这类人有着高于常人的情商，有助于成就一番世人瞩目的事业。

附录 3　沟通能力自测

沟通能力是指妥善处理组织内外人际关系的能力。良好的沟通能力是建立和谐人际关系的前提。它有利于一个人自我意识的发展与完善，有利于融入社会、适应社会，有利于职业顺利发展。

大学生都希望养成良好的沟通能力。为此，我们需要了解自己当前的沟通能力处于何等水平。这里，通过下述简单的自测问卷可以得到答案。

一、沟通能力问卷

本问卷共有 15 个问题。每个问题各有 3 项选择。

1. 你是否经常感到词不达意？

A. 是　　B. 有时是　　C. 从未

2. 他人是否经常曲解你的意思？

A. 是　　B. 有时是　　C. 从未

3. 当别人不明白你的言行时，你是否有很强的挫折感？

A. 是　　B. 有时是　　C. 从未

4. 当别人不明白你的言行时，你是否不再加以解释？

A. 是　　B. 有时是　　C. 从未

5. 你是否尽量避免社交场合？

A. 是　　B. 有时是　　C. 从未

6. 在社交场合，你是否有愿望与别人交谈？

A. 是　　B. 有时是　　C. 从未

7. 在大部分时间里，你是否喜欢一人独处？

A. 是　　B. 有时是　　C. 从未有

8. 你是否曾因为不善辞令而失去改变生活处境的机会？

A. 时常有　　B. 偶尔有　　C. 没有

9. 你是否特别喜欢不必与人接触的工作？

A. 是　　B. 有时是　　C. 不是

10. 你是否觉得很难让别人了解自己？

A. 是　　B. 有时是　　C. 从未

11. 你是否极力避免与人交往？

A. 是　　B. 有时是　　C. 不是

12. 你是否觉得在众人面前讲话是很难的事？

A. 是　　B. 有时是　　C. 不是

13. 别人是否常常用“孤僻”“不善辞令”等来形容你？

A. 是　　B. 有时是　　C. 从未有

14. 你是否很难表达一些抽象的意见？

A. 是　　B. 有时是　　C. 不是

15. 在人群中，你是否尽量保持不出声？

A. 是　　B. 有时是　　C. 不是

二、记分

答题人顺序阅读每题，各选择 A，B，C 中之一项作答。选 A 者记 3 分；选 B 者记 2 分；选 C 者记 1 分。

将本人所选择的 15 个题的记分加在一起，得出总分。

三、沟通能力判断

按照总分的多少，可以判定自己的沟通能力倾向：

(1)总分在 15～22 之间，表明你在人际沟通方面过分积极，有时可能导致消极后果。

(2)总分在 22～38 之间，表明你是一个善于沟通的人。

(3)总分在 38～45 之间，表明你还不善沟通，必须采取措施提高自己的沟通能力。

参考文献

〔1〕 曹随,王燕梅.中国大众创业学[M].北京:中国经济出版社,2004.
〔2〕 陈龙海,李忠霖.职业提升训练[M].北京:北京师范大学出版社,2008.
〔3〕 陈龙春,杨敏.大学生创业基础[M].杭州:浙江大学出版社,2007.
〔4〕 郝春生.高职大学生心理健康指导[M].北京:清华大学出版社,等,2008.
〔5〕 胡剑锋.大学生职业指导[M].北京:北京大学出版社,2006.
〔6〕 刘明新,罗家玲.职业伦理与职业素养[M].北京:机械工业出版社,2009.
〔7〕 宁焰,霍国元.就业指导与实践[M].西安:西北工业大学出版社,2008.
〔8〕 宋振杰.经理人九大能力训练[M].北京:北京大学出版社,2006.
〔9〕 前沿文化.网上开店、经营、装修与营销从入门到精通[M].北京:科学出版社,2010.
〔10〕 秦朝钧,冯方,邹文娜.职业化养成理论与实践[M],武汉:华中科技大学出版社,2009.
〔11〕 曲振国.大学生就业指导与职业生涯规划[M].北京:清华大学出版社,2008.
〔12〕 尚久悦,王宏德.职业情商与心理素质[M].北京:机械工业出版社,2009.
〔13〕 田新蕊,王海英.创新能力实用教程[M].北京:石油工业出版社,2009.
〔14〕 王陆海,周明.IT 职业规划与职业化塑造[M].北京:科学出版社,2008.
〔15〕 伍茂国,徐丽君.人际交流[M].北京:中国纺织出版社,2003.
〔16〕 夏征农,陈至立.辞海.6 版,彩图本[M].上海:上海辞书出版社,2009.
〔17〕 徐畅,庞杰.大学生基本素质训练教程[M].北京:清华大学出版社,2009.
〔18〕 严肃,陈先红.大学生心理素养[M].合肥:中国科学技术大学出版社,2008.
〔19〕 叶林菊.心理素质的养成与能力训练[M].天津:南开大学出版社,2009.
〔20〕 乐敏等.大学生职业生涯规划与管理[M].上海:复旦大学出版社,2008.
〔21〕 张体勤,牟思伦.大学生诚信修养概论[M].济南:山东人民出版社,2009.
〔22〕 朱智贤.心理学大词典[M].北京:北京师范大学出版社,1989.
〔23〕 庄明科,谢伟.职业素养入门与提升[M].北京:北京理工大学出版社,2009.